早わかり
宇宙ガイド

銀河に浮かぶ直径1光年の天体集団

太陽系
Solar System

地球が属している太陽系は、約46億年前に誕生した。太陽を中心に公転する8つの惑星と衛星、準惑星、小惑星、彗星などの天体で構成されている。8つの惑星のうち、地球よりも太陽に近い軌道（地球の内側の軌道）をめぐる水星、金星を「内《ない》惑星」、太陽から遠い軌道（地球の外側の軌道）をめぐる火星、木星、土星、天王星、海王星を「外《がい》惑星」という。

太陽系の直径は約1光年で、直径約10万光年の天の川銀河（銀河系）に属し、その中心から約2万8000光年離れた「オリオン腕《わん》」と呼ばれる部分に位置する。天の川銀河の回転にともない、太陽系も秒速約217キロメートルのスピードで動いており、およそ2億5000万年で天の川銀河内を一周している。

途方もない宇宙の規模からすれば、太陽系はほんの小さな恒星系だが、人類にとってはまだその全容すら見ることもできていない、非常に大きな存在だ。

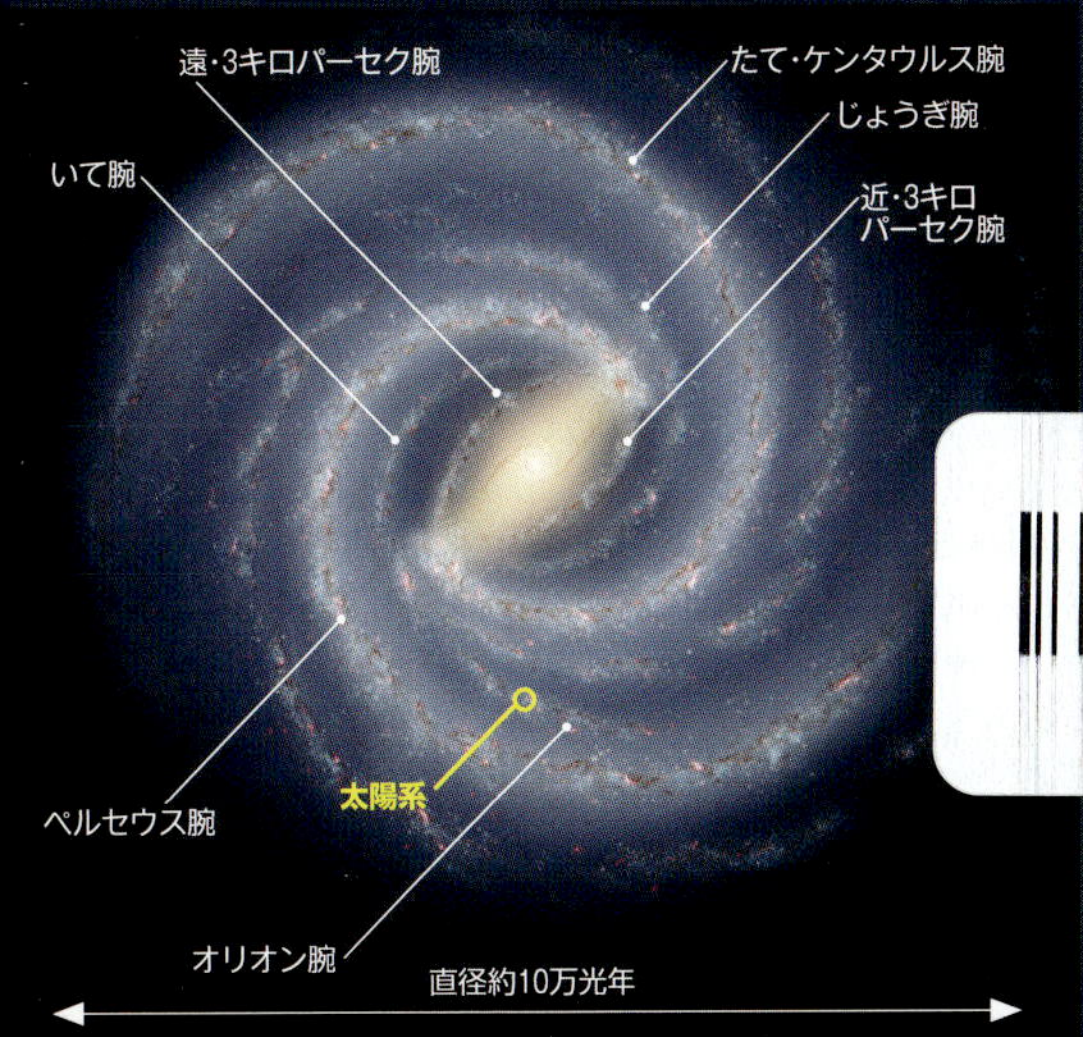

© NASA

太陽系の惑星はどう並んでいる?

太陽を中心に、8つの惑星が図のように並んでいる。最大の惑星は地球の約11倍の大きさを持つ木星で、大きさは順に土星、天王星、海王星、地球、金星、火星と続く。最小の惑星は水星で、地球の5分の2ほどの大きさだ。

© Illustration by Medialab, ESA 2001

早わかり宇宙ガイド

太陽系カタログ

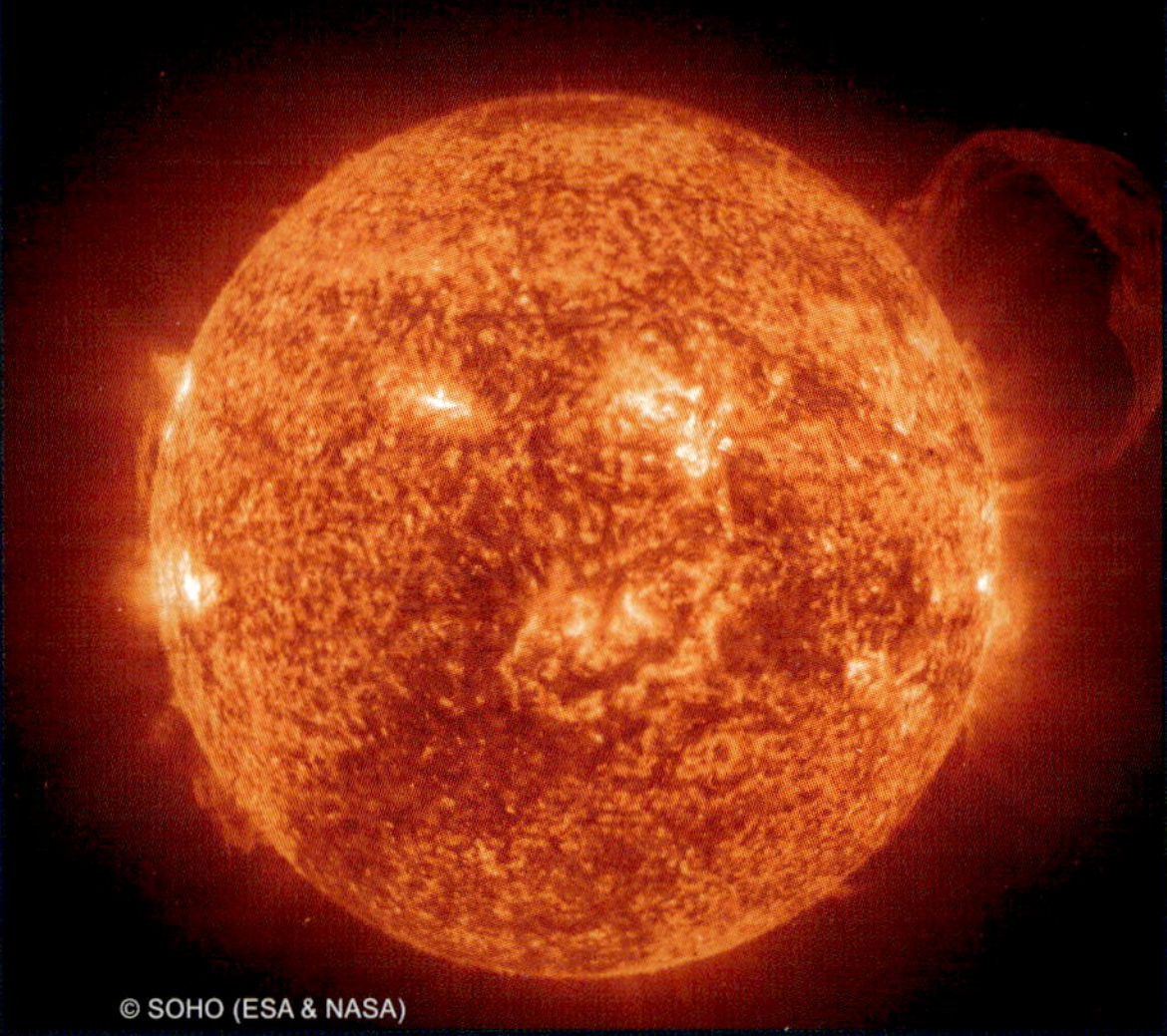
© SOHO (ESA & NASA)

恒星

太陽系のすべてを司る中心星

太陽 Sun

核融合反応によって莫大なエネルギーを生みつづける太陽。太陽系の全質量のうち、実に約99.9パーセントを占め、地球の生命活動はもちろん、太陽系すべての空間と環境に影響力を持つ天体だ。

▶太陽表面で激しく噴出するコロナ。
© NASA

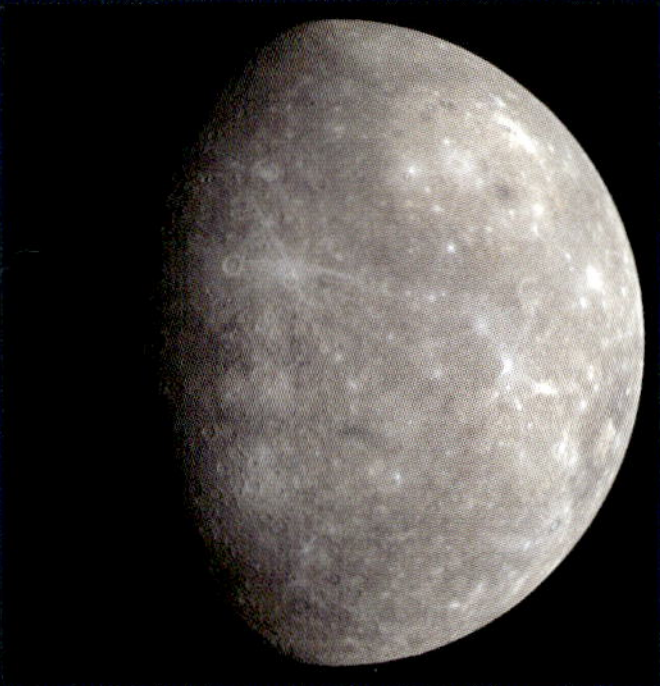
© NASA/Johns Hopkins University Applied Physics Laboratory/Carnegie Institution of Washington

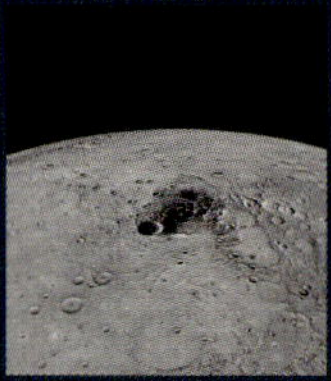
▼水星の北極点にあるクレーター。太陽光が当たらない影の部分に氷があると考えられる。
© NASA/Johns Hopkins University Applied Physics Laboratory/Carnegie Institution of Washington

惑星

灼熱の昼と極寒の夜の星

水星 Mercury

無数のクレーターを持つ水星は、太陽系でもっとも内側を公転している。太陽エネルギーを受け、日中は表面温度が約430℃にも達するが、熱を保つ大気がないため、夜間は約-180℃まで下がる。

惑星

高温・高圧の過酷な世界

金星 Venus

大きさや質量が地球と似ている金星。だが、表面の気圧は地球の約90倍、雲には濃硫酸が含まれ、高濃度の二酸化炭素による温室効果によって、表面温度は470℃を超える、灼熱地獄のような環境だ。

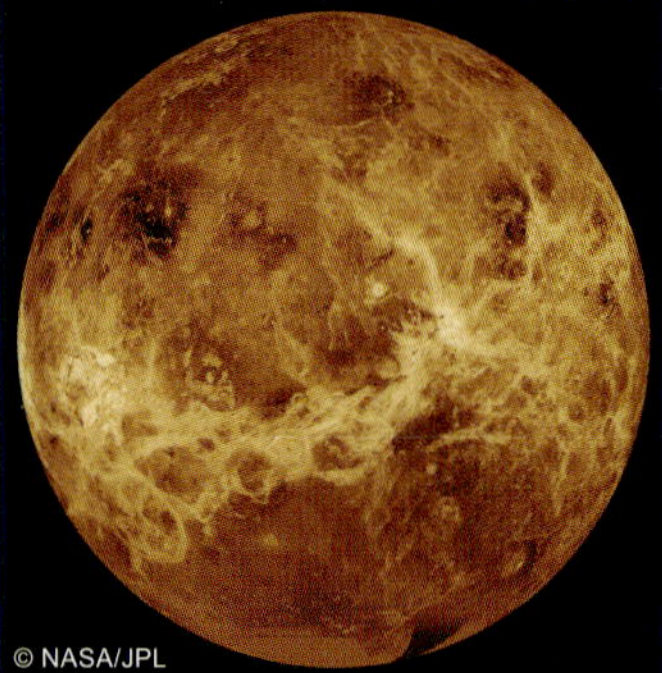
© NASA/JPL

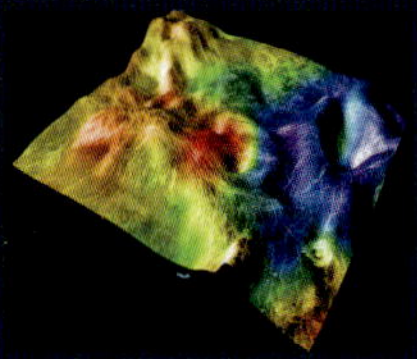
▼起伏に富んだ金星の地形を三次元で表示した画像。
© NASA/JPL/USGS

© NASA/GSFC/Arizona State University

衛星

地球にもっとも近い天体

月 Moon

月は地球が持つ唯一の衛星で、太陽系の衛星の中で5番目の大きさだ。約27日と7時間で地球の周りを公転し、その重力は、潮の満ち引きをはじめ、地球環境に非常に大きな影響を及ぼしている。

© NASA images by Reto St?ckli, based on data from NASA and NOAA.

惑星

岩石と砂に覆われた赤い星

火星 Mars

火星は鉄酸化物を多く含む岩石や砂によって、地表全体が赤く見える。深い渓谷や河床が広がることから、かつては水のある温暖湿潤な環境で、現在も地下には水が蓄えられていると推測される。

▼火星の両極にある「氷冠」。氷と二酸化炭素（ドライアイス）でできている。

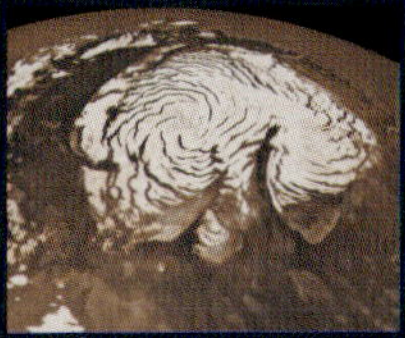

© NASA/JPL-Caltech/MSSS

© NASA/JPL-Caltech

▶地表の太陽光反射率と海面温度。変化に富んだ地球環境が見てとれる。

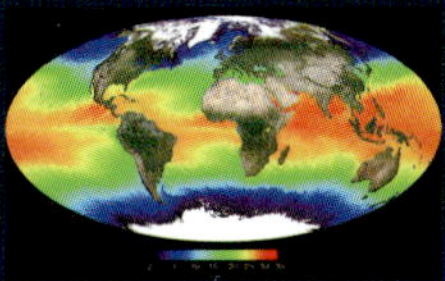

© Jacques Descloitres, MODIS Land Rapid Response Team, NASA/GSFC

惑星

生命を育む奇跡の星

地球 Earth

現時点で生命の存在が唯一確認されている星。誕生初期はマグマの海に覆われていたが、太陽からの絶妙な距離によって大気と水が生成され、複雑な環境と豊かな生態系を持つ星へと変化した。

▼無数の天体が漂う小惑星帯の想像図。

© NASA/JPL-Caltech/T. Pyle (SSC)

小惑星帯

太陽系をさまよう無数の小天体

小惑星帯 Asteroid Belt

火星と木星の間には無数の小惑星が集中している。それぞれが公転軌道を持ち、その数は数十万個を超えるという。これらは太陽系形成時に惑星になりきれなかった原始惑星の一部と見られている。

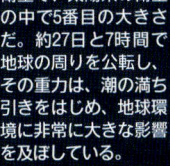

© NASA/JPL

◀約350年前から観測されつづけている暴風の渦、「大赤斑」。

© NASA, ESA, and A. Simon (Goddard Space Flight Center)

惑星

太陽系最大の巨大ガス惑星

木星 Jupiter

木星は太陽系最大の惑星で、主に水素とヘリウムでできたガスの星だ。大気の厚みは約1000キロメートルあると推測され、高速の自転スピードと強風のために、表面を覆うアンモニアの雲が独特な縞模様を作っている。

© NASA/JPL/Space Science Institute

▼土星の北極に見られる六角形の渦の流れ。なぜこうした現象が起こるのかは未解明だ。

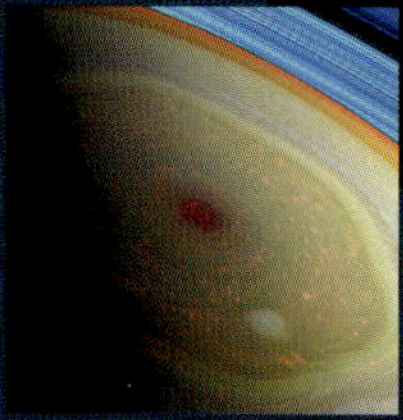

© NASA/JPL-Caltech/SSI

惑星

美しいリングをまとう黄金の星

土星 Saturn

土星の一番の特徴であるリング（環）は、無数の細かい氷塊などが集まったものだ。大気は主に水素とヘリウムで、秒速約500メートルの強烈な風が吹き荒れ、内部から上昇する熱との相互作用で表面は黄色っぽく見える。

惑星

自転軸が横倒しになった氷の星

天王星 Uranus

天王星は大気に含まれるメタンが赤外線を吸収するために、表面が青緑色に見える。自転軸が約98度傾き、横倒しで自転している状態だが、これは過去に大きな天体との衝突があった影響と見られている。

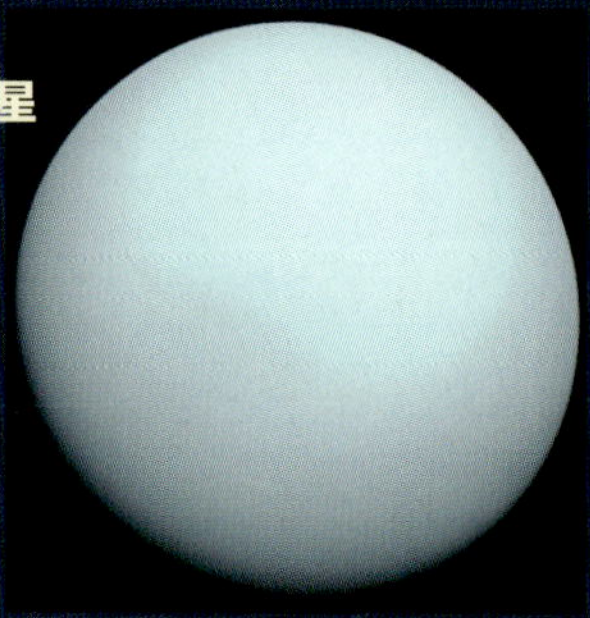

© NASA/JPL-Caltech

▼天王星にもリングがあることが確認されている。

© Erich Karkoschka (University of Arizona) and NASA

惑星

青く輝く太陽系最遠の星

海王星

Neptune

天王星と同様に、メタンの影響で青く見える海王星。大気の動きに変化があることと、太陽から遠い割には表面温度が高いことから、惑星内部に何らかの熱源を持つと考えられている。

© NASA/JPL

▼表面を横切る帯状の白い雲。海王星では、東西方向に秒速約400メートルの強風が吹き荒れている。

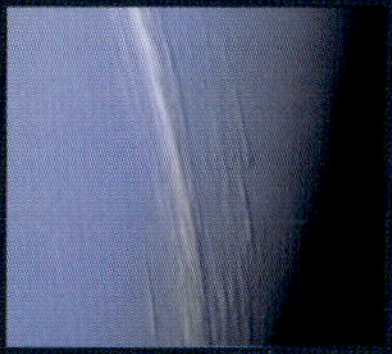

© NASA/JPL

準惑星

新たな天体グループとその外側の世界

冥王星型天体 Plutoid

2006年に「準惑星」となった冥王星は、「太陽系外縁天体」の一部として新たな枠組みを与えられた。さらに太陽系の外側を取り巻く「オールトの雲」の存在も指摘され、太陽系の範囲はどんどん広がっている。

© NASA/JPL-Caltech/UCLA

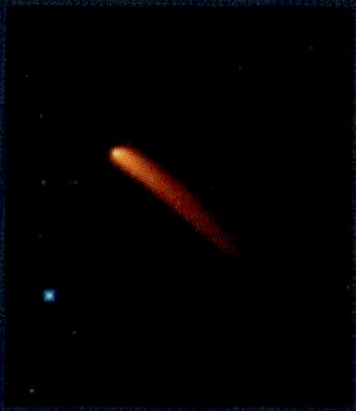

▶太陽系の外側には、彗星の巣のような存在の「オールトの雲」があると思われる。写真はサイディング・スプリング彗星C/2007 Q3。

▼最新の観測で新たな姿が見えてきた冥王星。

© NASA/JHUAPL/SwRI

太陽と惑星の基本データ

	太陽	水星	金星	地球	火星	木星	土星	天王星	海王星
太陽からの平均距離(km)	–	5791万	1億820万	1億4960万	2億2794万	7億7830万	14億2939万	28億7503万	45億445万
赤道半径(km)	69万6000	2439.7	6051.8	6378.1	3396.2	7万1492	6万268	2万5559	2万4764
体積(地球比)	130万4000	0.056	0.857	1	0.151	1321	764	63	58
質量(地球比)	33万2946	0.05527	0.815	1	0.1074	317.83	95.16	14.54	17.15
密度(g/cm³)	1.41	5.43	5.2	5.52	3.93	1.33	0.69	1.32	1.64
赤道重力(地球比)	28.01	0.378	0.907	1	0.379	2.535	1.067	0.907	1.14
表面温度(℃)	約6000	-173~427	462	-88~58	-85~5	-148	-178	-216	-214
赤道傾斜角(度)	7.25	~0	177.4	23.44	25.19	3.1	26.7	97.9	27.8
公転周期(日)	–	87.97	224.7	365.26	686.98	4332.82	1万755.70	3万687.15	6万190.03
自転周期(日)	25.38	58.65	243.02	0.9973	1.026	0.414	0.444	0.7183	0.671
衛星の数(個)	0	0	0	1	2	67	65	27	14

※「日」は地球での1太陽日で24時間

※ 参考:「天文年鑑2016」「平成26年理科年表」/国立宇宙科学データセンター(NSSDC)資料等

早わかり宇宙ガイド

星雲カタログ

星雲 Nebula

星が生まれては消える世界——

宇宙にきらめく色鮮やかな「星雲」。その正体は、宇宙空間を漂う星間ガスや塵の集合体だ。「星間分子雲」とも呼ばれる星雲は、新たに星が誕生する場所でもある。一方、恒星が最期を迎える際に起こす「超新星爆発」の残骸も星雲に分類される。星雲はいわば「星が生まれては消える」神秘の空間なのだ。

© ESO/T. Preibisch

散光星雲／反射星雲

イータカリーナ星雲

りゅうこつ座にあるイータカリーナ星雲は、地上から見えるもっとも大きな星雲だ。イータカリーナ星が約150年前に大爆発を起こし、その際に放出されたガスや塵によって星雲が作られている。

散光星雲／輝線星雲

ミスティックマウンテン

イータカリーナ星雲の一角にある「ミスティックマウンテン」と呼ばれる領域で、その中にある生まれたばかりの星から放出されたジェットによって形作られており、長さは3光年にも及ぶ。

星雲の分類

分類名		特徴など
散光星雲（発光星雲）	輝線星雲	可視光波長で観測できる散光星雲のうち、若い恒星を取り巻く星間ガスが、恒星の紫外線の影響で電離（イオン化）されて、自ら発光している星雲。
	反射星雲	恒星からの光が星間にある塵に反射して見える星雲。
暗黒星雲		星間ガスや塵が背景にある恒星の光をさえぎり、その姿がシルエットのように浮かび上がって見える星雲。
惑星状星雲		太陽程度の質量を持つ恒星が赤色巨星になると、周囲にガスを放出する。そのガスが紫外線で電離して輝いている星雲。
超新星残骸		質量の大きな恒星が最期を迎える際に、超新星爆発を起こす。その際に四散した物質が周囲のガスに衝撃波を与えて発光している天体。

惑星状星雲

リング星雲 NGC 6720

NGC 6720の周囲に見えるリングは、太陽の数倍の質量を持った恒星が核融合を終え、放出したガスが輝いているものだ。終焉を迎えつつある恒星の姿といえる。

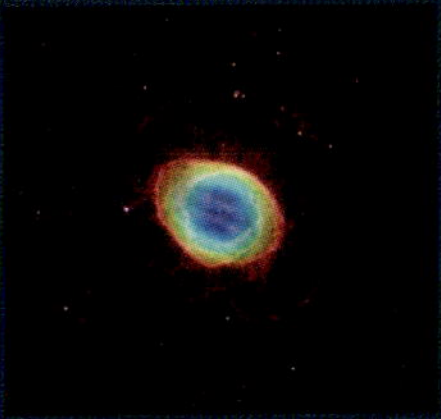

超新星残骸

SNR 0509-67.5

まるで宇宙に浮かぶ泡のようなSNR 0509-67.5は、約400年前に起こった超新星爆発によって生まれたと考えられている。

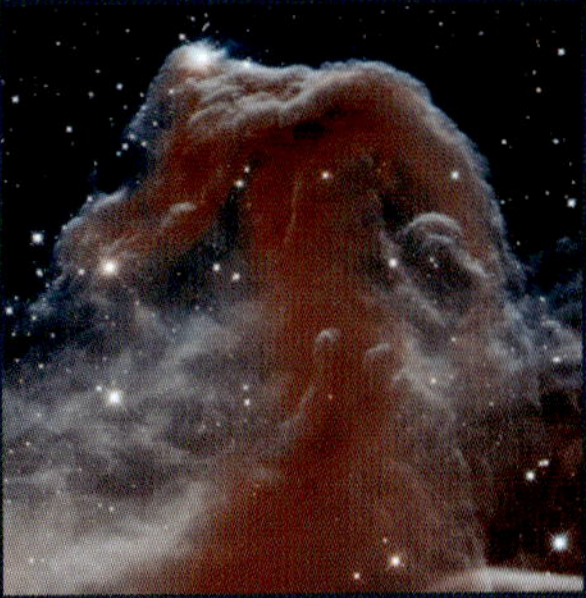

▲「馬の頭」に見える部分のアップ。

暗黒星雲

馬頭星雲

馬頭星雲は、背後にある星々の輝きによって浮かび上がる暗黒星雲の代表例だ。馬の頭に似た形をしているのが特徴的だが、「ハッブル宇宙望遠鏡」の観測によって、より立体的な姿が確認された。

早わかり宇宙ガイド

銀河カタログ

天体の巨大な集団――銀河 Galaxy

銀河とは、数百億から数千億程度の恒星や惑星、星間物質などの天体の集合体で、その銀河がさらに複数集まって、「銀河群」や「銀河団」という巨大な構造を形成している。

銀河の分類

分類名		特徴など
渦巻銀河		中心部の周囲を渦巻くように、星や星間物質で構成される円盤が回転している。円盤部には渦状腕がある。
	棒渦巻銀河	渦巻銀河のうち、中心付近に棒状に長く伸びた構造を持つ。
レンズ状銀河		中心部に円盤部を持つが、渦巻銀河ほどはっきりせず、渦状腕も見られない。
楕円銀河		渦巻銀河やレンズ状銀河のようにこれといった内部構造を持たず、楕円形に見える。ほとんど回転もしていない。
不規則銀河		渦巻銀河、レンズ状銀河、楕円銀河のいずれにもあてはまらない、いびつな銀河。中でも、銀河同士の相互作用によって生まれた銀河を「特異銀河」と呼ぶこともある。

楕円銀河

NGC 1132

エリダヌス座のNGC 1132は、渦巻銀河のように中心部の「バルジ」や「腕」の構造がなく、真円や楕円の形状をしている。

渦巻銀河

M101(NGC 5457)

おおぐま座のM101は、典型的な渦巻銀河の形を見せてくれる銀河だ。美しい渦巻の様子から「回転花火銀河」とも呼ばれる。

レンズ状銀河

NGC 5866

りゅう座のNGC 5866 は、銀河の円盤部にある塵の黒い線によって、銀河が上下に分割されたように見える。

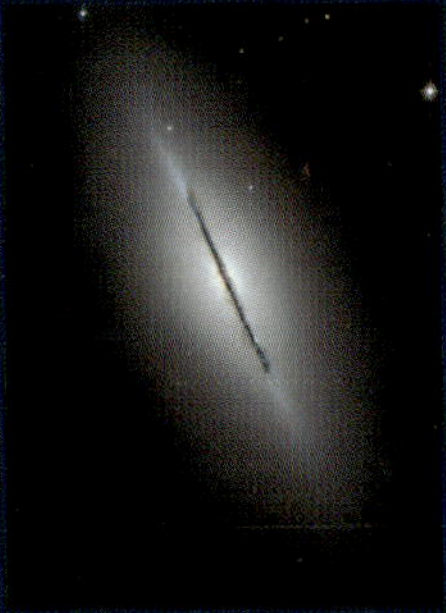

相互作用銀河

Arp 273

まるで宇宙に咲いた一輪のバラのように見えるが、ふたつの銀河の相互作用によって生まれた光景だ。

棒渦巻銀河

NGC 1300

エリダヌス座のNGC 1300は、中心核が棒状になっている棒渦巻銀河の代表格だ。

宇宙の秘密がわかる本

宇宙科学研究倶楽部

はじめに

宇宙——と聞くと、あなたはどんなことをイメージするだろうか。漠然と、夜空に広がる美しい星々を思い浮かべるだろうか。それとも、惑星探査機や宇宙望遠鏡が見せてくれる精細な天体の姿を思い起こすだろうか。あるいは、迫力のあるロケットの打ち上げシーンや、国際宇宙ステーション（ＩＳＳ）内をふわふわと移動する宇宙飛行士たちの姿をイメージするのかもしれない。

中には、「宇宙なんて自分の生活にはほとんどかかわりがないから、ピンとこない」という人もいることだろう。けれども、私たちが暮らすこの地球も広大な宇宙に浮かぶひとつの惑星で、太陽や月といった他の天体からさまざまな影響を受けている。地球が今のような環境になったのは、それらの天体があったからといっても大げさではない。私たちは常に宇宙とつながり、宇宙とともに生きているのだ。

私たち人類はいつごろから夜空を見上げ、宇宙に関心を持つようになったのだろう。いつしか、星の動きが地上の気候や気温の変化と規則的に結びつくことに気づいたときから天体観測が発達し、やがて天体の運行に意味や役割、法則を見いだすようになった。天文学の誕生だ。

古代メソポタミアや古代エジプトを経て、古代ギリシアで大きく花開いた天文学は、めざましく発展していく。そして、１６０９年、のちに「天文学の父」と称されるガリレオ・ガリレイが、世界で初めて望遠鏡を夜空に向け、天体を観測した。精度のよくないレンズを通して見えたのは、無数に穴の空いた月面の様子や、周囲に4つの衛星をしたがえた木星の姿だった——。

それからおよそ400年の間、天文学と宇宙研究の世界は、ケプラーやニュートン、アインシュタインといった数多くの天才的な学者たちの存在と、惑星探査機や宇宙望遠鏡などの観測技術の向上によって劇的に進歩し、今この瞬間も、新たな観測結果をもとに、宇宙の謎を解くための研究が進められている。

なぜ私たちはこれほどまでに宇宙に魅せられ、宇宙のあらゆることを知ろうとしているのだろう。その大きな原動力のひとつは「好奇心」ではないだろうか。宇宙は、人間の知的好奇心を大いに刺激する謎と不思議に満ちている。それらの謎と不思議を解明したいという思いが、私たちを宇宙へ向かわせているのかもしれない。

本書は、そんな宇宙について、太陽や地球、月といった身近な天体や、太陽系に関する基本的な情報から、最新の宇宙探査と観測の成果、日々進化する宇宙論、そしてこれからの宇宙開発計画まで、幅広いテーマを紹介している。「知っている」と思っていた天体の常識を再確認したり、まったく「知らなかった」宇宙論に挑んでみたりと、宇宙という素晴らしい世界を自由に楽しみ、宇宙への興味を深めていただければ幸いである。

宇宙科学研究倶楽部

宇宙の秘密がわかる本

目次

早わかり宇宙ガイド …… 1

はじめに …… 10

第1章 太陽と地球と月の秘密 …… 17

人類にとってもっとも身近な存在の天体 …… 18

太陽は猛スピードで動いている? …… 20

太陽嵐が地球に大停電をもたらす? …… 22

太陽の表面に現れる黒いシミの正体とは? …… 24

地球の極は何度も逆転している? …… 26

かつて地球は氷に覆われた星だった? …… 28

地球の生命は隕石に乗ってやってきた? …… 30

ゴミが人類の宇宙進出をはばむ? …… 32

人類の絶滅は宇宙からもたらされる? …… 34

地球と月はお互いの周りを回っている？ 36
地球上では場所によって重力が違う？ 38
地球の1日はどんどん長くなっている？ 40
月はなぜ満ち欠けするのか？ 42
月は地球から少しずつ離れている？ 44
月は地球の破片から生まれた？ 48
月がなければ地球は別世界になっていた？ 52
コラム1 人工衛星は地表へ「落ちつづけている」？ 54

第2章 太陽系の謎と真実

第2章 太陽系の謎と真実 55
太陽の周りを回る地球の仲間たち 56
太陽系の惑星の数は変化している？ 58
太陽系の惑星は誕生した時期が違う？ 60
ほかとは違う自転をしている惑星がある？ 62
星空をさまようように動く惑星の謎 64
普通とは逆方向に回る衛星がある？ 68
太陽に近い水星が実は寒い星だった？ 70
水星はどんどん縮んでいる？ 72
金星の火山は今も盛んに活動している？ 74
金星の自転速度が遅くなっている？ 76
太古の火星には巨大な海があった？ 78
火星探査に飛行機が活躍する？ 80
木星は太陽になりそこねた星だった？ 82
木星の大赤斑が縮んできている？ 84
木星の衛星ガニメデには海がある？ 86

土星を水に入れると浮いてしまう？ …… 88
リングがあるのは土星だけではない？ …… 90
いびつで奇妙な土星の衛星ヒペリオン …… 92
天王星は過去に大きな天体と衝突した？ …… 94
現れたり消えたりする海王星の渦の謎 …… 96
初探査で明らかになった冥王星の姿とは？ …… 98
準惑星ケレスに見られる謎の光とは？ …… 100
星がみんな丸いとは限らない？ …… 102
地球以外にも生命は存在する？ …… 104
彗星の尾はひとつではない？ …… 106
太陽系の外に「彗星の巣」が存在する？ …… 110
「太陽系の果て」はどこにある？ …… 112
コラム2 宇宙を観測するたくさんの〝目〟 …… 114

第3章 宇宙と天体の不思議 …… 115
知れば知るほど深くなる宇宙の神秘 …… 116
宇宙では星は瞬いて見えない？ …… 118
星にはどんな種類があるのか？ …… 120
星までの距離や星の重さはどうしてわかる？ …… 124
恒星にも一生がある？ …… 128
星の大きさと寿命は関係がある？ …… 132
夜空を横切る「天の川」の正体は？ …… 134
昔は別の星が北極星だった？ …… 136
「見えない」惑星をどうやって見つける？ …… 138
燃え盛っているのに黒い惑星がある？ …… 140

ブラックホールの正体とは？ …… 142
遠くにあるのに「明るすぎる」クエーサーの謎 …… 146
遠い銀河が次々に発見されている？ …… 150
天の川銀河が消滅する日がやってくる？ …… 152
宇宙全体の大きさと質量はどのくらいなのか？ …… 154
宇宙のどこかに地球と似た星がある？ …… 156
コラム3 音や光が変化する「ドップラー効果」とは？ …… 160

第4章 最新の宇宙論を知る …… 161

「宇宙の姿」を解明するための歩み …… 162
宇宙に「果て」はあるのか？ …… 164
宇宙はどうやって誕生したのか？ …… 168
宇宙は「見えない何か」で満ちている？ …… 172
最終的に宇宙はどうなっていく？ …… 176
宇宙は巨大な「泡」のような形をしている？ …… 180
アインシュタインの「相対性理論」とは？ …… 184
宇宙のすべては「ひも」でできている？ …… 188
「ワープ航法」は本当に実現できる？ …… 192
パラレルワールドは存在する？ …… 196
コラム4 ハーシェルがもたらした天文学の新時代 …… 200

第5章 今さら聞けない宇宙の基礎知識 …… 201

身近な疑問から最新の宇宙開発計画まで …… 202
宇宙と地球の境界線はどこにある？ …… 204

太陽の色はなぜ変化して見える？……206
宇宙空間とはどんな世界なのか？……208
どうして流星群は毎年やってくる？……210
ロケットは真上には打ち上げていない？……212
惑星探査機はどうやって進んでいる？……214
惑星探査機は目的地へまっすぐ飛んでいない？……216
「ラグランジュ点」とは何か？……218
なぜ国際宇宙ステーションを作ったのか？……220
エレベーターで宇宙へ行く日が来る？……222
次の宇宙開発計画は小惑星を捕獲すること？……224
人類はいつか火星に住むことになる？……226
索引……231

原稿中に登場する略称は以下の通り。
●アメリカ：NASA＝アメリカ航空宇宙局
●ヨーロッパ：ESA＝欧州宇宙機関
●日本：JAXA＝宇宙航空研究開発機構

※本書は『決定版　宇宙の裏側がわかる本』（学研パブリッシング刊）に加筆・訂正し、再編集したものです。

※本書の情報は2016年2月6日現在のものです。

1章

太陽と地球と月の秘密

人類にとってもっとも身近な存在の天体

大地と海を持ち、さまざまな命を誕生させた地球。その地球にぬくもりを与え、命を育んでいる太陽。冷厳な姿を夜空に浮かべている月。いずれも、私たちにとってもっとも身近な天体だ。だが、地球や太陽、月について、あなたはどれだけのことを知っているだろう。

たとえば、地球がかつて、すべてが凍りついた氷の星であったことを知っているだろうか。過去に、地球の極が何度も反転していることを知っているだろうか。太古に繁栄していた恐竜が絶滅してしまったのと同じような生物の大量絶滅が、何度も起こっていることを知っているだろうか——。

これらはすべて遠い過去に起こった現象だが、今後同じことが二度と起こらないとは限らない。もし、再びそれらの現象が起こったならば、それはすなわち人類の滅亡を意味する。そうした悲劇を回避するためにも、過去の地球に起こった出来事を調べ、推測することは大切だ。

そもそも、私たち生命はどうやって誕生したのだろう。現時点で、地球以外に生命の存在を確認できた天体はない。生命の起源を知ることもまた、私たちの未来にもつながる重要なテーマのひとつだといえるだろう。

また、地球の過去を知るためには、月の過去を調べることも必要だ。月は、太陽系内の他の惑星を周回する衛星に比べると、異常ともいえるほど大きな天体だ。そして、潮の満ち引きに代表されるように、月は地球にさまざまな影響を及ぼしている。月はどのように誕生し、地球の衛星になったのだろうか。

　そして、太陽系の中心に位置する太陽。私たちにとっては、光と熱を与えてくれる恵みの星だ。古代には信仰の対象となり、近年では太陽光発電などのエネルギー源としても重要視され、いつの時代にも、私たちの生活になくてはならない存在である。

　しかし、太陽の輝きは、その内部で起こっているる核融合反応によるものだ。その激しい活動によって発生した太陽嵐は、時として、大停電や電波障害などの形で、地球に大きな影響を与える。太陽活動の周期とメカニズムを知り、今の太陽がどんな状態にあるのか、今後どのような変化をするのか、常に観測と予測を行うことが、人類の未来を大きく左右するといっても過言ではないだろう。

　本章では、さまざまな角度から、太陽と地球、そして月についての謎と不思議を取り上げる。私たちの日常に大きなかかわりを持つ、もっとも身近な天体の素顔に触れてみよう。

皆既日食の様子。日食は、太陽と月と地球の絶妙な位置関係によって繰り広げられる壮大な天文ショーだ。

© Fred Espenak/NASA's Goddard Space Flight Center

太陽は猛スピードで動いている？

太陽系の中にいるとわからない宇宙の動き

太陽は太陽向点に向かって進んでいる

地球が太陽の周りを1年かけて回っていることと（公転）を知らないという人はいないだろう。地球は秒速約30キロメートルという速さで公転しているが、動いている電車に乗っているとその速度を体感することがないように、地球の上に乗っている私たちも、地球が高速で移動していること自体を感じることはない。

それでは、太陽自身も猛スピードで動いていることはご存じだろうか。

太陽系の中心に位置する太陽は、宇宙空間の中で静止しているように思えるが、精密な観測の結果、太陽も秒速19・5キロメートルで移動していることがわかっている。この太陽（太陽系）が移動する方向を「太陽向点」といい、現在はヘルクレス座の方向に太陽向点がある。ただし、太陽向点がヘルクレス座の方向にあるからといって、いつか太陽系がそこへたどり着くということではない。太陽系は天の川銀河（銀河系）の中で上下運動をしているため、その動きにしたがって太陽向点も少しずつ移動しているのだ。

宇宙ではあらゆるものが移動している？

実は、宇宙ではあらゆるものが動いている。太陽系が属している天の川銀河も例外ではない。まず、天の川銀河自体が中心部分を軸として回転している。太陽系はその天の川銀河の中心か

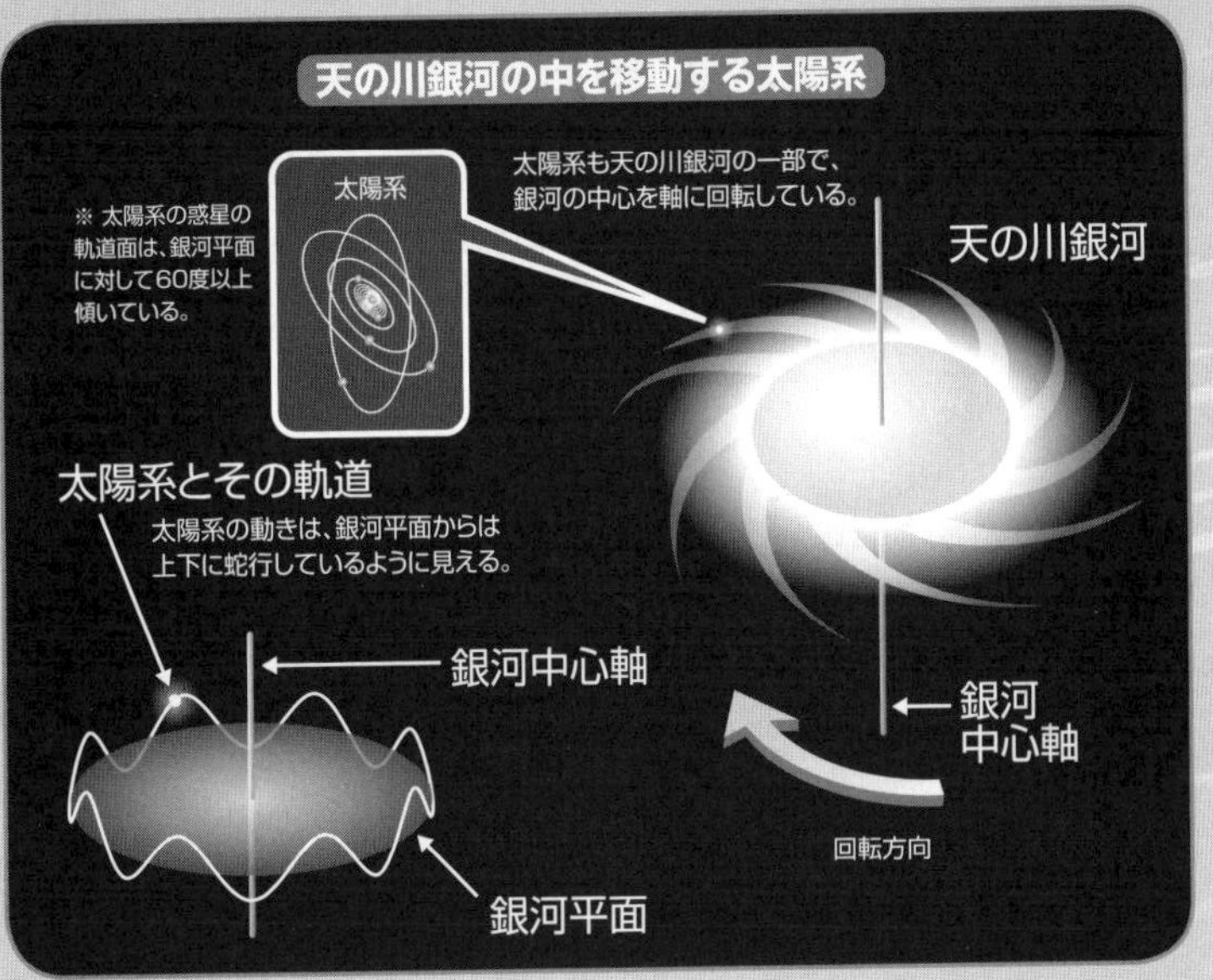
天の川銀河の中を移動する太陽系
太陽系
※ 太陽系の惑星の軌道面は、銀河平面に対して60度以上傾いている。
太陽系も天の川銀河の一部で、銀河の中心を軸に回転している。
天の川銀河
太陽系とその軌道
太陽系の動きは、銀河平面からは上下に蛇行しているように見える。
銀河中心軸
銀河中心軸
回転方向
銀河平面

ら約2万8000光年の距離に位置し、天の川銀河の回転とともに移動しているのだ。そのスピードは秒速約217キロメートルで、およそ2億2500万〜2億5000万年で天の川銀河を一周する計算になる。

そのように天の川銀河と一緒に移動する一方で、太陽系自身が上下運動もしているため、天の川銀河の上に太陽系の軌道を描くと、上下に緩やかに蛇行しながら移動している形になる（上図を参照）。大きなスケールで考えると、天の川銀河という液体の中に浮かぶ太陽系という小さな泡が、ゆらゆらと上下に揺れているイメージといえばいいだろうか。

さらに、その天の川銀河自体も膨張する宇宙の中で移動している。つまり、宇宙のある地点から見ると、太陽系は天の川銀河を中心にぐるぐる回りながら、ものすごいスピードで飛び去っている、といえるのだ。

1章

太陽嵐が地球に大停電をもたらす?

太陽表面で起こる大爆発の意外な影響

地球の生命活動に欠かせない太陽

地球が現在のように生命に満ちた活気ある天体になったのは、太陽から降り注ぐ光と熱のおかげだ。科学知識を持たなかった古代の人々も、太陽が欠かせない存在であることはわかっていたのだろう。太陽は世界各地で崇拝の対象となり、偉大な力を持つ神とみなされるなど、「生命を育む母なる星」として重要視されてきた。

しかし、実際の太陽は「優しい母」と呼ぶには激しすぎる性質を持っている。太陽の表面温度は約6000℃、さらに太陽を取り巻く「コロナ」と呼ばれるガス層は100万℃以上もの超高温で、現時点で人類が持つ科学技術では近づくことさえ難しい苛烈な環境の星なのだ。

太陽が地球に「優しい」存在と感じられるのは、両者の間に約1億4960万キロメートルもの距離があるうえ、地球にバリアのような働きを持つ「磁気圏」があるからだ。なお、コロナからは「太陽風」と呼ばれる電気を帯びたプラズマ粒子が放出されており、この太陽風が地球磁気に沿って降下し、大気中の粒子と衝突することでオーロラが発生すると考えられている。

激しい太陽活動とその影響

太陽活動の中において、太陽風は比較的おとなしいものといえるだろう。太陽では「太陽フレア」(単に「フレア」とも)や「プロミネンス

太陽表面の巨大な爆発現象

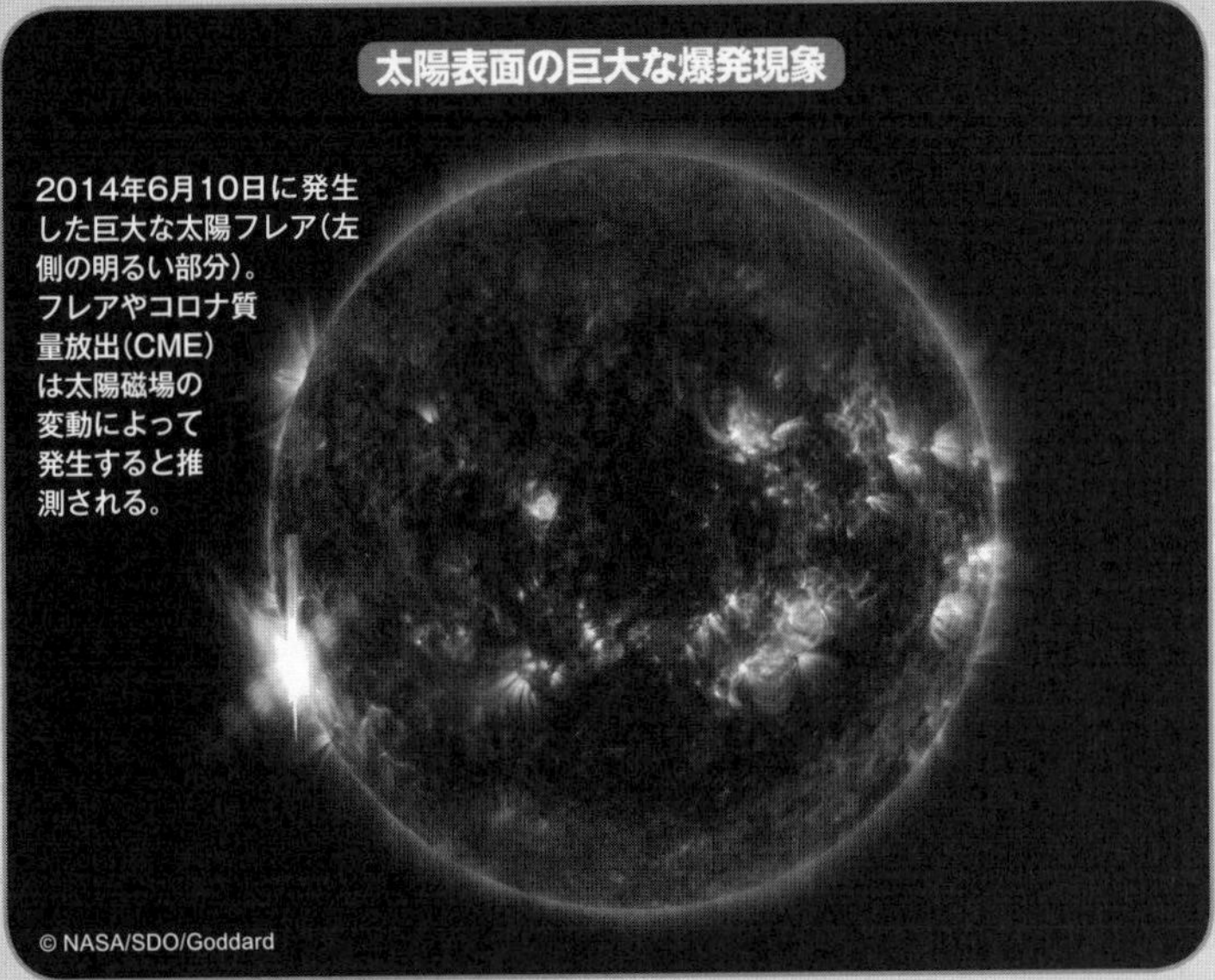

2014年6月10日に発生した巨大な太陽フレア（左側の明るい部分）。フレアやコロナ質量放出（CME）は太陽磁場の変動によって発生すると推測される。

© NASA/SDO/Goddard

（紅炎）」、「コロナ質量放出（CME）」など、太陽風よりも激しい活動が起こっている。中でも太陽フレアとCMEは地球にも大きな影響を与えることがあり、「太陽嵐」とも呼ばれる。

フレアは太陽表面で発生する爆発的な現象のことで、わずかな時間で温度が数百万℃まで急上昇し、膨大なエネルギーを放出する。「太陽面爆発」とも呼ばれる。一方、CMEは太陽表面から質量を持ったプラズマの塊が放出される現象で、フレアと同時期に発生することが多い。

フレアやCMEが地球の近くまで到達すると、宇宙空間を飛ぶ探査機や人工衛星、国際宇宙ステーション（ISS）は電磁波や放射線などの影響を受ける。もし、巨大なフレアやCMEが地球を直撃すれば、大停電の発生や電子機器の誤作動など、地上にも大きな影響を及ぼす可能性が高い。太陽は地球に恩恵だけでなく、時には恐ろしい影響ももたらす存在なのだ。

1章

地球環境にも影響を与える太陽活動

太陽の表面に現れる黒いシミの正体とは?

太陽表面には温度の低い場所がある

太陽は約4分の3が水素、約4分の1がヘリウムで構成されている。中心部は高温高圧の世界で、ここで水素がヘリウムへと変化する「核融合反応」が起こる。この反応によって莫大なエネルギーと光が発生しているのだ。

ところで、太陽の表面に黒いシミのようなものが見えることがある。これは「太陽黒点」と呼ばれるもので、約6000℃の表面温度に比べて温度が低いために黒く見える。温度が低いといっても、特に暗い部分(暗部)で約4000℃、その周りの少し暗い部分(半暗部)で約5500℃と高温であることに変わりはない。

では、太陽黒点はなぜできるのだろう。太陽黒点が太陽の自転とともに東から西へ移動していることから、地球の磁場の数千〜数万倍の強さを持つ太陽の磁場が、内部からの光や熱を妨げることで太陽黒点が発生すると考えられている。

太陽黒点が発生する場所は決まっておらず、極めて小さいものから、地球から観測できるほど巨大なものまで規模もさまざまだ。その数も一定ではなく、黒点がまったく観測できないことや、逆に「黒点群」と呼ばれるほど、数多くの黒点が寄り集まって出現することもある。

11年ごとに増減する太陽黒点

17世紀初頭、ガリレオによって発見された太

黒点は太陽活動のバロメーター

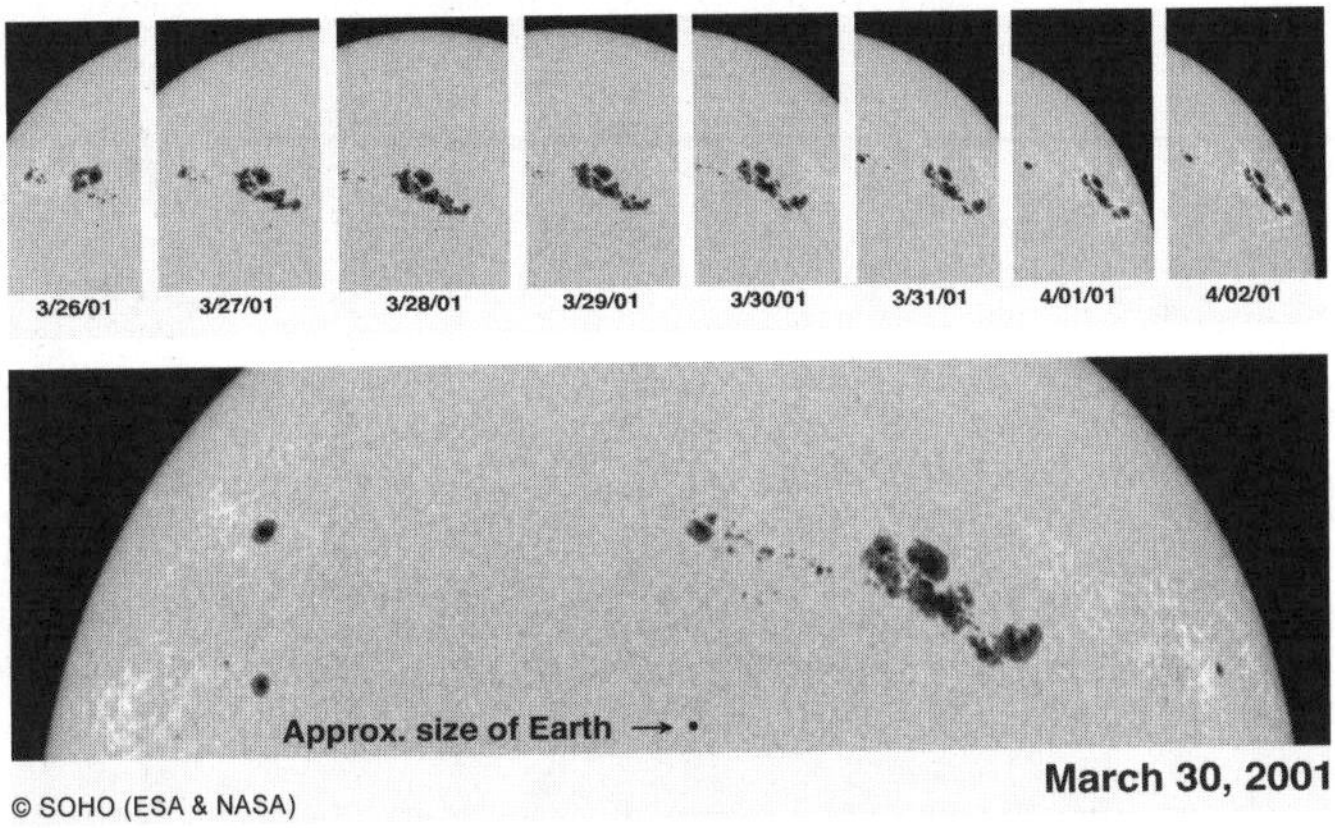

© SOHO (ESA & NASA)

2001年3月に観測された巨大な太陽黒点の様子。下段の3月30日の写真に記された黒い点は地球の大きさを示したもので、太陽黒点の巨大さがよくわかる。

陽黒点は、19世紀半ばになって約11年ごとに増減を繰り返していることが判明した。これを「黒点周期」あるいは「太陽の活動周期（太陽周期）」と呼ぶ。太陽黒点が少ない期間（極小期）には太陽はあまり活動的ではなく、太陽黒点が多く現れる期間（極大期）には太陽の活動は活発になる。ただし、極大期であっても、太陽表面を覆い尽くすほど太陽黒点が出現することはなく、むしろ活動が活発になることで太陽の明るさは0・1パーセントほど増加する。

さらに、20世紀になって、太陽黒点が極大↓極小↓極大と移り変わる間に、太陽の北極と南極の磁場（磁極）が反転していることがわかった。磁極の反転を考慮すれば、太陽の活動周期は約22年となるが、一般には「11年周期」という表現を使用することが多く、このような太陽活動の11年周期が、地球環境や生物に影響を与えると考える研究者もいる。

地球の極は何度も逆転している？

メカニズムがわからない謎の現象

地球の磁場は地表を守るバリア

方位磁石（コンパス）を見ると、N極は北を、S極は南を指している。これは地球が磁場を発生させ、巨大な磁石になっているためだ。また、その磁場のおかげで、地表は宇宙を飛び交う有害な放射線などから守られているのである。

天体と内部の流動運動との関係を説明する「ダイナモ理論」によれば、地球の中心核（コア）部分と、鉄やニッケルを多く含んだ固体の内核と液体の外核が、地球の自転や熱対流によって回転することで電流を生じ、電磁石のように磁場を生み出していると考えられる。地球内部にある巨大な電磁石が作る磁場によって、地球上の生命は守られているというわけだ。しかし、このダイナモ理論は完成しているとはいえない。まだ、「ポールシフト」現象の理由がわかっていないからだ。

自転軸や極の位置が移動する現象

ポールシフトとは、自転軸や地磁気の極が何らかの理由で大きく移動することを指す。「極が移動することなんてあるのか？」と疑問に思われるかもしれないが、古代の地層に残る地磁気を調査・研究した結果、数万～数十万年に一度の頻度で、地球の極は反転していることがわかっているのだ。また、過去に起こった大規模なポールシフトに比べれば規模は小さいが、現在

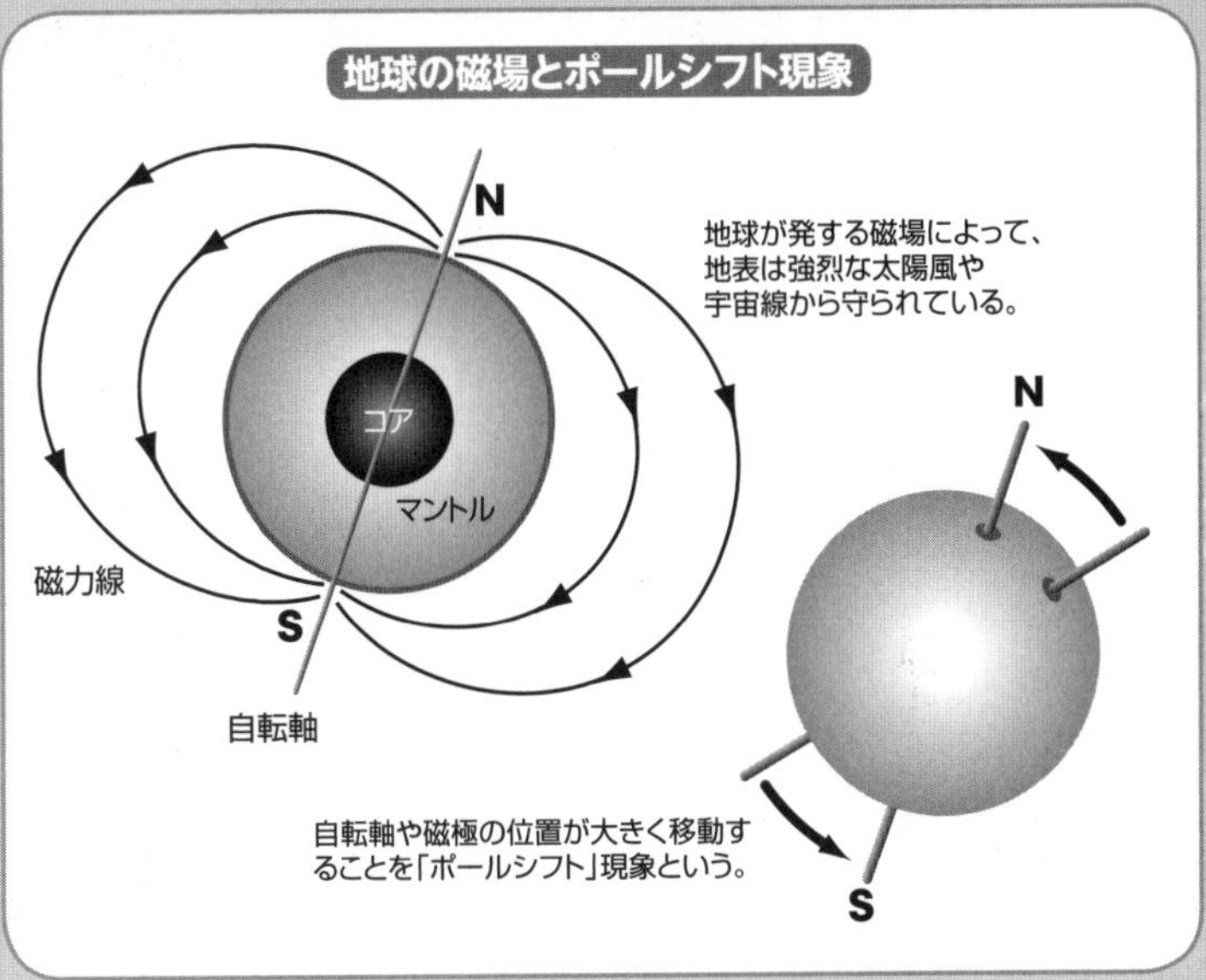
地球の磁場とポールシフト現象
N
地球が発する磁場によって、
地表は強烈な太陽風や
宇宙線から守られている。
コア
マントル
磁力線
S
自転軸
N
S
自転軸や磁極の位置が大きく移動することを「ポールシフト」現象という。

でも頻繁に磁極が変化していることが観測されている。しかし、こうした現象のメカニズムについては、まだ解明されていないのが現状だ。

このほかに、「極が移動したのではなく、地表（地殻）が移動したのだ」という説もある。地球全体から見れば地殻はとても薄いので、ゆで卵の殻をむくように地殻がズルッと動いたために、見かけ上、極が動いたように見えるというのである。ただし、どのようにして地殻が動いたのかという点が説明されておらず、有力な説とはいえない。

一方、自転軸にもポールシフトがあると考えられている。たとえば、巨大な天体が惑星に衝突することで自転軸が傾くことを「自転軸のポールシフト」と呼ぶ。金星や天王星の自転軸が大きく傾いているのは、過去にポールシフトが起こったためと考えられている（自転軸の傾きについては62ページ参照）。

かつて地球は氷に覆われた星だった？

スノーボールアース仮説とは？

地球は「緑の星」や「水の星」などと呼ばれるが、誕生以来ずっと同じような状態だったわけではない。過去に数度の氷河期があったことはだれでも知るところだ。さらに近年は、地球がすべて氷に覆われた時代があったという説も登場している（「スノーボールアース」仮説）。

これまでは、氷河期にも赤道付近は凍結しなかったと考えられてきた。というのも、全面的に凍結すると太陽光をほとんど反射してしまい、地球が暖められずに温暖な状態に戻れないと思われたからだ。ところが、スノーボールアース仮説では、地球がスノーボール（全球凍結）状態になった後でも、再び温暖化が始まったという。いったいどのようにして地球はまるごと氷漬けになり、再び元の姿に戻ったのだろうか。

およそ8億年前、海に藻《そう》類などが発生し、それらが光合成することで、大気中の酸素濃度が高くなった。同時に、地殻運動によって植物が海へ押しやられた結果、光合成にともなう二酸化炭素の発生が減少した。この二酸化炭素という「温室効果ガス」が減少したことにより、地球上の熱が宇宙へ逃げ出して、地球はだんだん冷えていった。やがて地表や海面を氷が覆うようになると、太陽光のほとんどが反射されてしまい、地球を暖めることができなくなって、寒冷化が一気に進んだ。そして、最終的に地表は

スノーボールアース仮説の流れ
①光合成生物による酸素の放出と地殻変動の影響などにより、大気中の二酸化炭素が減少する。
②二酸化炭素による温室効果が弱まり、地表や海面が氷に覆われはじめる。氷が太陽光を反射することで寒冷化がいっそう進む。
③やがて地球表面は氷に覆われてスノーボール（全球凍結）になる。この状態は数千～数億年続いたと考えられている。
④火山活動や生き残っていた生物活動などによって大量の二酸化炭素が放出され、再び温室効果が高まって氷が溶けはじめる。露出した地表面が太陽熱を吸収することで、さらに温度が上昇する。

厚さ3000メートルもの氷に覆われた――これが全球凍結の状態というわけだ。

やがて、海底や地中の奥底で生き残っていた生命の活動や火山活動によって大量の二酸化炭素が放出されると、再び温室効果が高まっていく。それによって地上の温度が上昇し、地球は凍結状態から脱出したと考えられている。

地球が再び凍結する日が来る!?

このスノーボールアース仮説は、地質学的な証拠も発見されていることから、地球史学では主流となりつつある。また、最近の研究では、全球凍結は一度ではなく、数回は起こっているのではないかと見られている。過去に起こったことが今後は起こらないという保証はない。映画『デイ・アフター・トゥモロー』で描かれたように、地球温暖化による気候の変化が全球凍結の引き金になるかもしれないのだ。

地球の生命は隕石に乗ってやってきた？

宇宙のどこかに私たちの仲間がいる？

生命の起源を宇宙に求める仮説

地球の生命の起源やその誕生過程については、まだよくわかっていない。そのため、さまざまな仮説が立てられては検証されてきた。そんな仮説のひとつに、「地球の生命は地球で発生したものではなく、宇宙から飛来したものである」とする「パンスペルミア説」がある。これは「胚《はい》種《しゅ》広布説」や「宇宙播《は》種《しゅ》説」とも呼ばれるもので、「他の天体から何らかの原因で飛び出した微生物や生命の基礎となるものが、長い時間をかけて地球に到達し、そこから地球の生命が生まれた」とする仮説だ。

イタリアの博物学者アッペ・ラザロ・スパランツァーニが1787年に唱えたアイディアから生まれたこの仮説は、科学者よりも宇宙に興味のある一般大衆に広く受け入れられており、SFの題材としても多用されている。

しかし、多くの科学者は否定的な立場を取っている。「どうやって地球まで飛来できたのか?」「過酷な宇宙空間で、有機物の生存は可能か?」などの反論があるのだ。「そもそも生命の起源を他の天体に押しつけただけで、その天体でどのように生命が誕生したのかがまったく説明されていない」と非難する声もあるほどだ。

最新の研究で再び注目説に浮上！

ところが近年、パンスペルミア説の立場に変化が見えてきた。ＮＡＳＡは、２０００年にカナダ北西部の湖に落下した隕石から太陽系誕生期に形成された有機物を発見した、というレポートを発表している。さらに、ＮＡＳＡなどによる研究チームが、南極で採集された隕石を含む12個の隕石を分析した結果、ＤＮＡ（生物の細胞内で遺伝情報を担う物質）を構成する４つの物質（塩基）中、アデニンとグアニンのふたつと、それ以外にもいくつかの有機物を発見し、これらが宇宙空間で合成され、地球へ飛来したものであると結論づけている。このような有機物が原始の地球の海に落下し、地球の生命の起源になったのではないか——ということで、再びパンスペルミア説に注目が集まっているのだ。

パンスペルミア説によれば、「生命が宇宙からやってきたのであれば、地球以外にも生命が存在する可能性が高い」ということであり、「その生命体は、地球の生命と起源を同じくするもの」ということになる。つまり、私たち地球の生命は宇宙で唯一の存在ではなく、孤独ではないと感じさせてくれる仮説でもあるのだ。

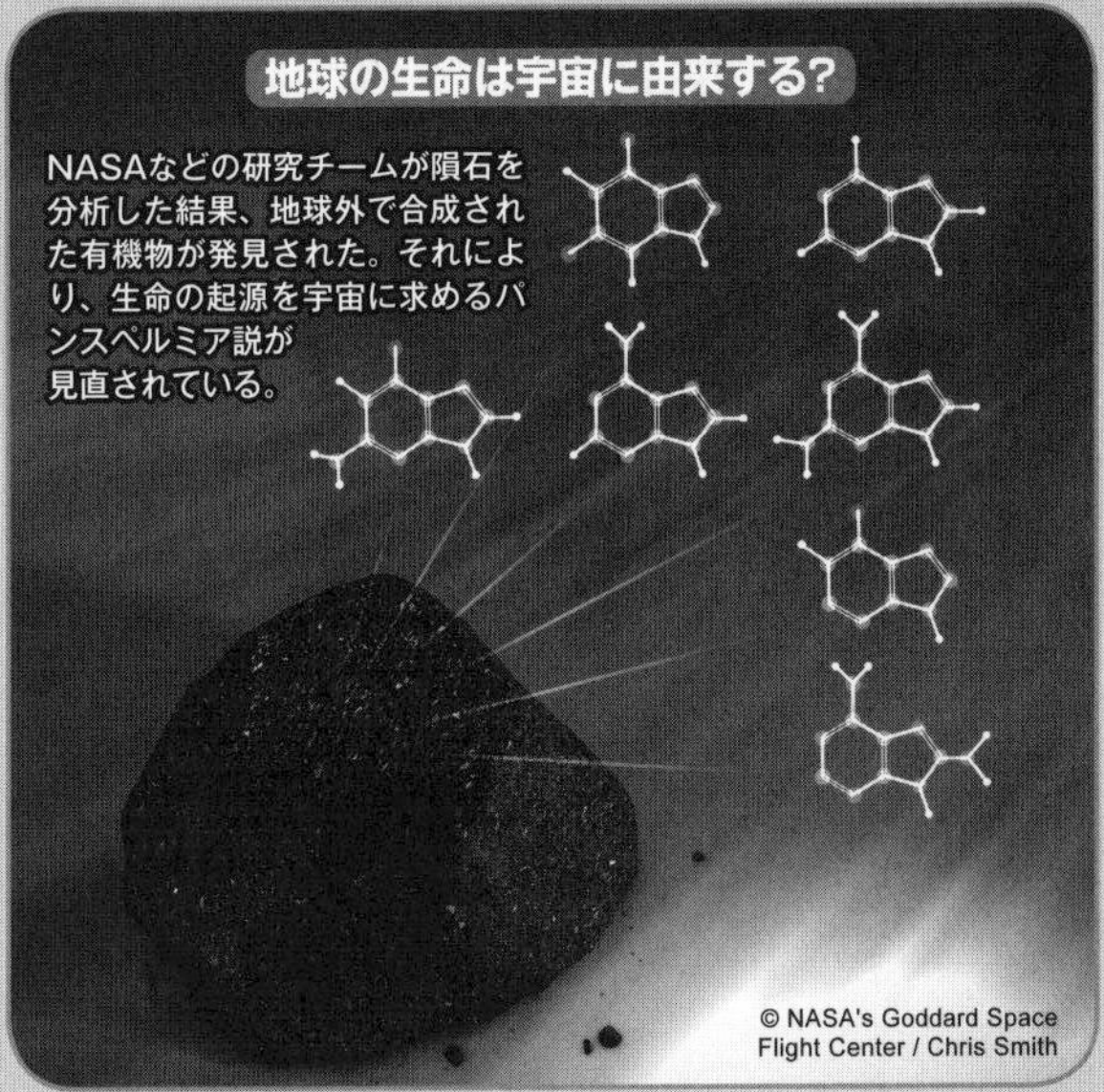

地球の生命は宇宙に由来する?

NASAなどの研究チームが隕石を分析した結果、地球外で合成された有機物が発見された。それにより、生命の起源を宇宙に求めるパンスペルミア説が見直されている。

1章

ゴミが人類の宇宙進出をはばむ？

宇宙時代の新たな問題が発生！

スペースデブリは人類の負の遺産

人工衛星や惑星探査機を飛ばすたびに、宇宙空間にはロケットの部品や破片などの人工物がまき散らされる。重力によって地球に落下し、燃え尽きるものもあるが、そのまま地球の周りを飛びつづける人工物も少なくない。これらを「スペースデブリ（宇宙ゴミ）」※と呼ぶ。1957年に旧ソ連が人工衛星「スプートニク1号」を打ち上げて以降、人類はスペースデブリを増やしつづけているのだ。

スペースデブリ（以下デブリ）の発生要因や大きさはさまざまだ。たとえば、人工衛星などからはがれた塗膜片や金属片などのマイクロメートルクラスの小さな物体から、人工衛星やロケットの破片、不要になって宇宙空間へ放り出された部品、原子力電池から放出された冷却剤の塊、宇宙飛行士が誤って放出してしまった工具などの数ミリメートルから数十センチメートル程度の物体、さらには制御不能になった人工衛星のように1メートルを超える物体まである。

恐怖の現象「ケスラーシンドローム」

重力の影響が少なく、空気抵抗もほとんどない宇宙空間に放り出されたデブリは、発生時の速度を維持したまま飛んでいる。発生原因によっても異なるが、低い軌道にあるデブリで、秒速7〜8キロメートルもの速度で移動している

※NASAでは地球近傍のスペースデブリを「オービタルデブリ」と呼ぶ。

スペースデブリは宇宙時代の大きな問題

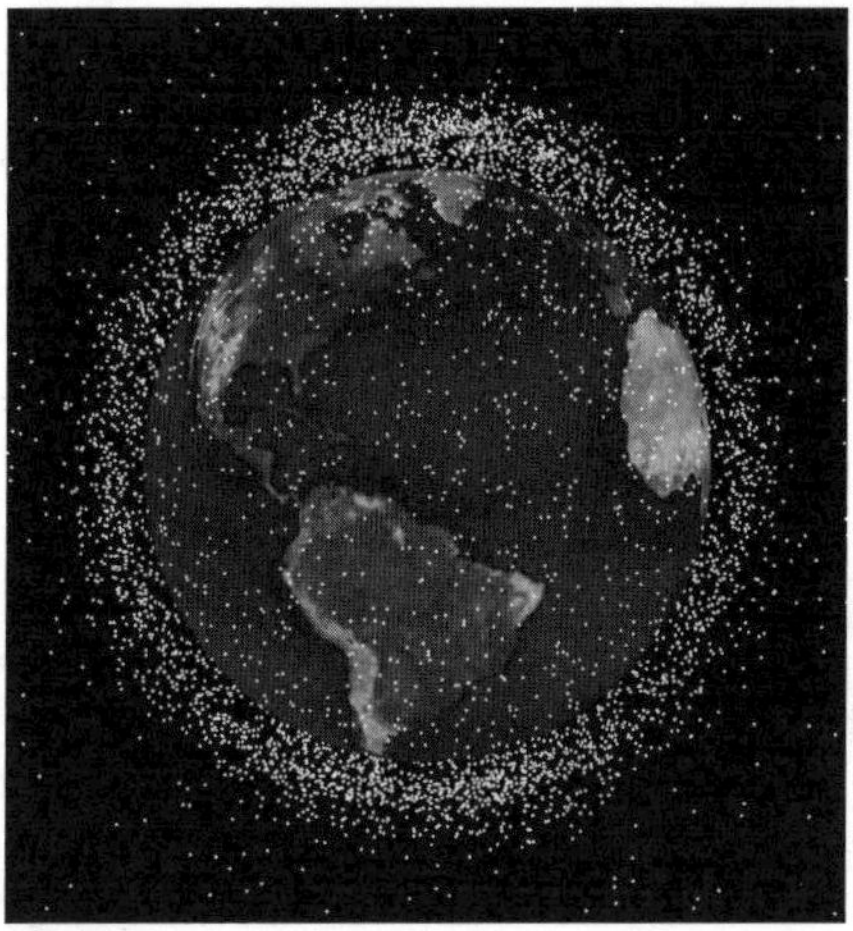

© NASA

高度2000キロメートル以下の衛星軌道を周回するスペースデブリの分布イメージ。

人工衛星の外壁に残されたスペースデブリの衝突痕。

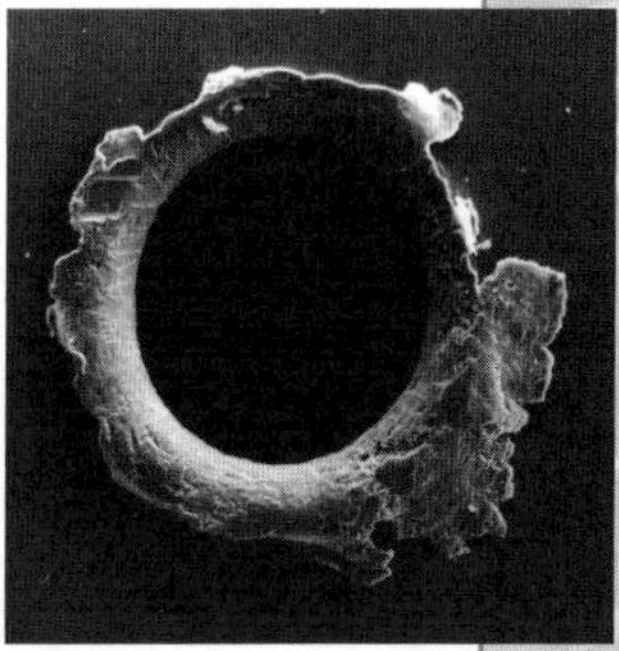

© NASA

という。もし、人工衛星にデブリが衝突すれば、たとえ小さなものであっても機器が破壊されてしまう可能性がある。国際宇宙ステーション（ISS）では、デブリを回避するために軌道変更を行うこともあるのだ。

現在、10センチメートル以上のデブリは約1万5000個、1〜10センチメートルのデブリは数十万個、1センチメートル以下のデブリは数百万個あると推測される。デブリは宇宙開発が進むたびに増えるため、NASAの研究者ドナルド・ケスラーのチームは、このままデブリが増えれば衝突の連鎖反応が発生し、地球の低軌道にはデブリしか存在しなくなると発表した。「ケスラーシンドローム」と呼ばれるこの現象が発生すれば、ロケットを打ち上げてもすぐにデブリと衝突し、人類は宇宙へ出ることができなくなってしまう。いまやスペースデブリの回収が、宇宙開発の大きな課題となっているのだ。

人類の絶滅は宇宙からもたらされる？

地球の生命をおびやかすさまざまな現象

ガンマ線バーストが地球を襲う？

約6550万年前、恐竜をはじめとする生物が大量に絶滅するという事件が起こった。隕石が地球に衝突したことを引き金に、地球環境が激変したことが主な原因と見られている。地球では、この事件を含めて過去5回も生物の大量絶滅があったと推測されるが、今後も同様の絶滅が起こる可能性はある。次の大量絶滅、それはすなわち人類が絶滅することを意味している。

その恐るべき可能性のひとつが「ガンマ線バースト」だ。ガンマ線バーストとは、放射線の一種であるガンマ線が、数秒から数時間にわたって閃光のように放出される物理現象で、「極超新星爆発」※によってブラックホールが誕生する際に発生するのではないかといわれている。実は、4億8800万～4億4300万年前のオルドビス紀の終盤に発生した海洋生物の大量絶滅は、このガンマ線バーストが原因だったという仮説があるのだ。ただ、ガンマ線バースト自体は宇宙においては珍しい現象ではないが、天の川銀河（銀河系）や太陽系の近くでガンマ線バーストが発生する確率は非常に低いとされる。

隕石の衝突で人類は滅亡する？

一方、恐竜絶滅の要因となった隕石の衝突は、ガンマ線バーストよりも高い確率で起こるだろう。現に、隕石の落下は年間2万件も発生して

※ 極超新星爆発：重い恒星が終末を迎える際に起こす大爆発のこと。

隕石が恐竜を絶滅させた？
約6550万年前、直径10キロメートルほどの巨大隕石が地球に衝突し、恐竜の絶滅をもたらしたと考えられている。今後、同じような規模の隕石が地球を襲ったらどうなるのだろうか。

いる。もし、直径1キロメートルを超えるような巨大な隕石が地球に落下することがあれば、隕石の衝突地点周辺が壊滅するだけでなく、巨大地震や津波が引き起こされ、巻き上がった塵やほこりが地球全土を覆い、環境が激変してしまうだろう。また、衝突の影響は地球内部にも及び、火山の噴火を誘発する可能性もある。

地球の近くを通過する小惑星の中で、確認されているだけでも約500個が地球に衝突する可能性があるという。中でも、2029年に地球に接近する小惑星アポフィスは危険視されている。直径が320メートルあり、人工衛星が周回する静止軌道よりも地球に近い高度4万キロメートルの地点を通過すると予測されているのだ。もし、アポフィスの軌道が計算よりも地球に近ければ、地球に衝突する恐れは現実のものとなる。このように、私たちの地球は常に宇宙からの脅威にさらされているといえよう。

地球と月はお互いの周りを回っている？

見た目通りではない力関係

地球と月が持つ共通の重心

月は地球との距離を一定に保ったまま、円を描くように動いている（実際には楕円軌道を描いているため、厳密には地球からの距離は一定ではない）。そのことから、「月が地球の周りを回っている」というふうにいわれるが、実はこれは正しい表現とはいえない。正確にいえば、「月と地球は同じ重心（共通重心）を中心に、お互いの周りを回っている」のである。

月と地球の共通重心は、月と地球それぞれの重心を結ぶ直線上にあり、その位置は地球と月の質量比から導き出される。

その数式は次のようになる。

$$X=z\times\frac{y1}{y1+y2}$$

X：地球の中心から
共通重心までの距離

y1：月の質量

y2：地球の質量

z：地球と月の距離

この式に実際の数値を当てはめて計算すると、共通重心は地球の中心から約４６００キロメートル離れた場所に位置する。地球の半径は約６４００キロメートルなので、月と地球の共通重心は地球の内部に存在することになる。

大人と子どもが両手をつないで回ると？

大人が子どもと両手をつないで、グルグルと

「お互いの周りを回る」地球と月の関係

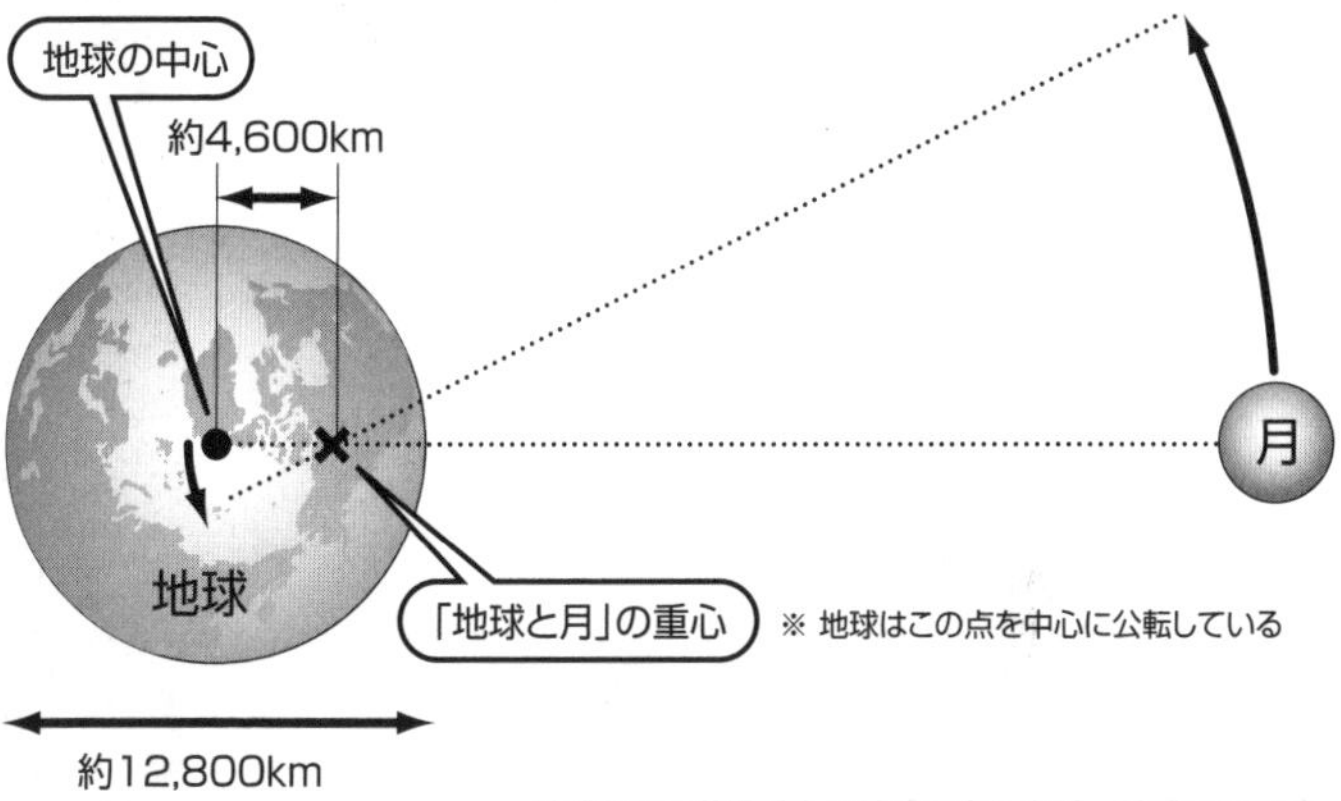

地球と月の共通重心は地球の中にあり、地球はこの重心の周りを約1か月に1周のペース（月の公転周期と同じ）で、まるで月に振り回されるように回っている。

回るところを想像してほしい。大人はまっすぐ立って回っているように見えるが、実際には大人も体を少し後ろに傾けてバランスを取っている。このとき、大人は回転しながら後ろに引っぱられるような外向きの力（遠心力）を感じているはずだ。月と地球の関係と同じように、子どもと大人はお互いの共通重心を中心に回っているのである。また、大人と子どもがくっついて回っているときには、遠心力は感じない。どちらも重心に近いからだ。

現在は地球の内部に共通重心があるが、仮に月が今よりも1・3〜1・4倍以上離れた場合、月と地球の共通重心は宇宙空間に出てしまう。また、地球の半径が今より小さくなった場合も、共通重心は宇宙に出る。もしもそうなったとすれば、月は地球の衛星ではなく、地球と同じ重心を回る天体、「二重惑星」と呼ばれることになるかもしれない。

地球の自転と内部構造が生み出す変化

地球上では場所によって重力が違う？

地球の中心からの距離と重力の関係

たとえば、手に持った本を離すと床に落ちる。ボールを上に投げると下に落ちてくる。いずれも〝当たり前〟の現象だが、そこにはある共通する力が働いている。それは重力だ。

重力とは、地球の引力と地球の自転による遠心力の合力（ふたつの力を合わせた働きをする力）である。引力は地球の中心に引っぱろうとする力、遠心力は地球の中心（回転の中心）から遠ざけようとする力のことで、引力は地球の中心から離れるほど弱くなり、反対に遠心力は強くなる。したがって、重力は地球の中心からの距離に反比例する。言い換えれば、高い場所に行くほど重力は小さくなるというわけだ。

例を挙げると、海抜0メートルの地点で受ける重力よりも、標高3000メートルの地点で受ける重力のほうが小さくなる。富士山に登ったときに体が重く感じるのは登山による疲労のためであって、物理学的にはむしろ体は軽くなっているのだ。ただし、重力が小さくなるといっても、人間が体感できるほどの違いはないので、日常生活において重力の違いや変化を感じることはない。

赤道に行くと体重が軽くなる？

よく「地球は丸い」といわれるが、実際には真球（完全な球体）ではない。自転によって生

場所と重力の関係

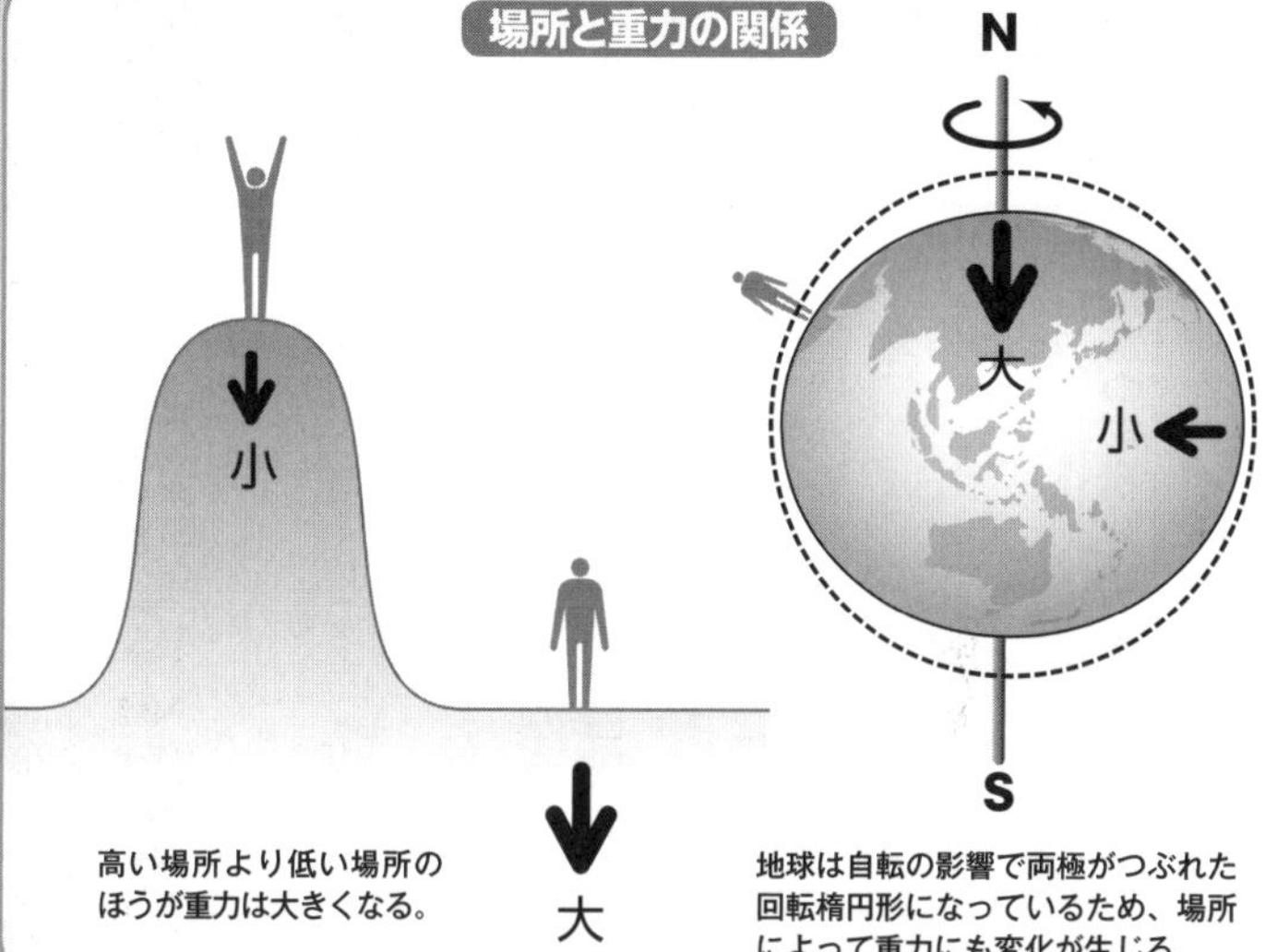

高い場所より低い場所のほうが重力は大きくなる。

地球は自転の影響で両極がつぶれた回転楕円形になっているため、場所によって重力にも変化が生じる。

じる遠心力の影響で、地球はわずかではあるが赤道付近が膨らみ、両極部分がつぶれた回転楕円形をしているのだ。つまり、両極よりも赤道のほうが地球の中心から離れていることになる。

前述した理屈からすれば、緯度が上がる（両極に近くなる）ほど重力は大きくなり、緯度が下がる（赤道に近くなる）ほど重力は小さくなる。具体的な数値データで見ると、地球表面の重力の平均は980ガル（1Gal＝0.01m/s^2）だが、極の直上では約983ガル、赤道上では978ガルとなり、緯度の違いによって最大約0.5パーセントの差が生じることになる。たとえば、極で体重50キログラムの人は、赤道では体重が250グラム軽くなるわけだ。

また、地球の内部は大きく分けると核（コア）、マントル、地殻の三層構造になっているが、その組成や密度は均一でないため、内部構造の違いによっても重力は変化する。

1章

地球の1日はどんどん長くなっている？

月の重力が地球にもたらす影響

大昔の地球は1日が6時間だった？

子どものころは1日がとても長く感じられたのに、年齢を重ねるにしたがってどんどん短くなっているように思ったことはないだろうか。ところが、私たちのそんな感覚とは逆に、地球の1日は昔に比べて長くなっているのだ。

現在、地球の1日は24時間だが、約46億年前に誕生したばかりのころは、1日の長さは5～6時間しかなかったという。1日の長さとは、地球が自転を1回するのに要する時間のことである。つまり、地球の自転は長い時間をかけて少しずつ遅くなっているのだ。ただし、遅くなる割合は一定ではなく、数年間という短い間隔だけを見れば速くなっている場合もある。

海水が地球にブレーキをかけている

では、地球の自転はなぜ遅くなるのだろう。その原因は月にある。厳密にいえば、月による「潮汐力《ちょうせきりょく》」と、その潮汐力によって発生する「潮汐摩擦」がブレーキとなり、地球の自転スピードの低下を引き起こしているのである。

潮汐力とは、重力の影響で物体が体積を変化させずに変形する現象で、海が「満ち潮（満潮）」と「引き潮（干潮）」を繰り返す「潮の満ち引き」はその代表例だ。月の重力によって引き起こされる潮汐力の強さは、地球の重力に比べると1000万分の1と小さいが、地球表面の7割を

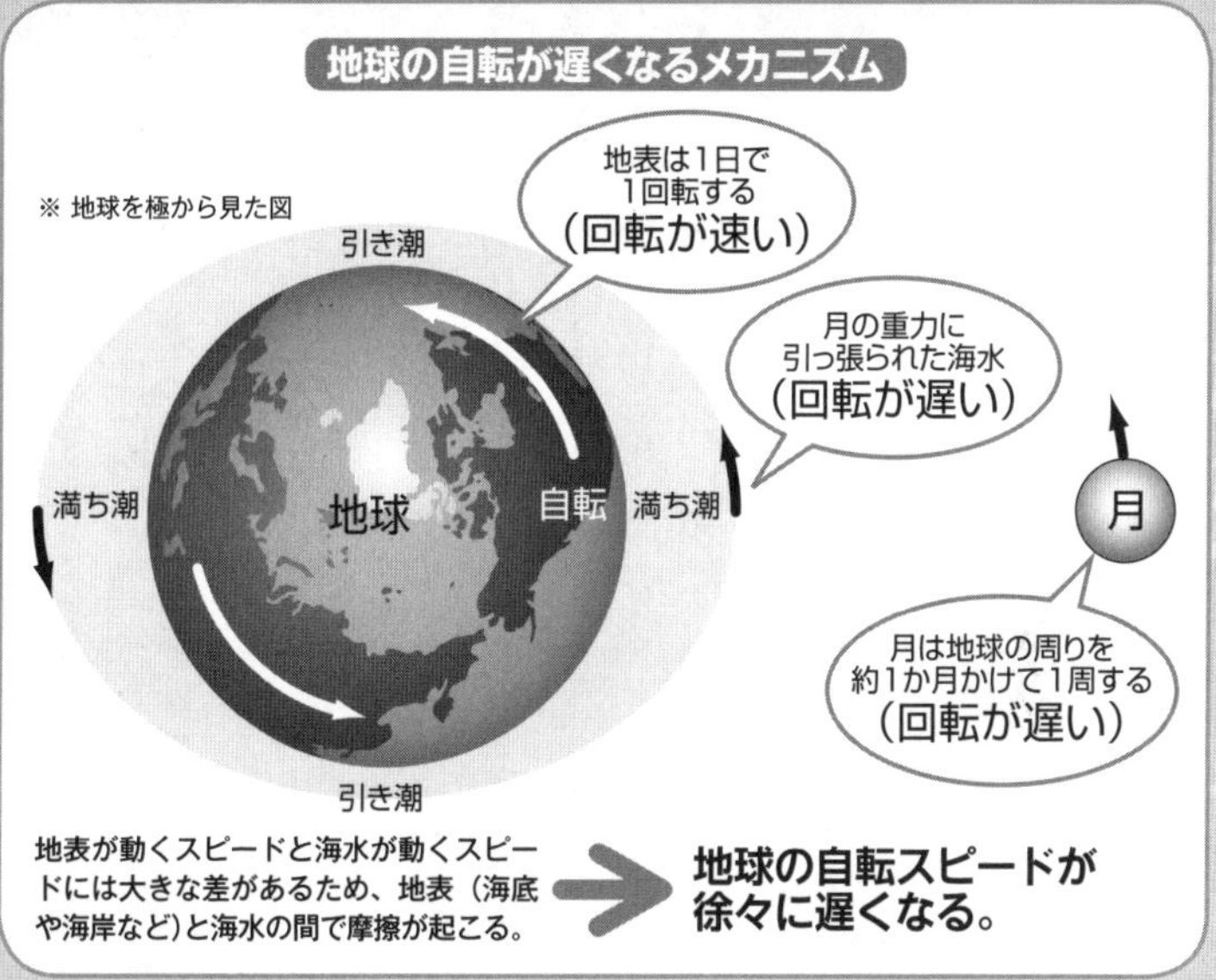
地球の自転が遅くなるメカニズム
※ 地球を極から見た図
地表は1日で
1回転する
（回転が速い）
月の重力に
引っ張られた海水
（回転が遅い）
引き潮
満ち潮
地球
自転
満ち潮
引き潮
月
月は地球の周りを
約1か月かけて1周する
（回転が遅い）
地表が動くスピードと海水が動くスピードには大きな差があるため、地表（海底や海岸など）と海水の間で摩擦が起こる。
地球の自転スピードが徐々に遅くなる。

覆う海水にとっては無視できない力なのだ。

月が真上に来たとき、海水は月の潮汐力によって月に引き寄せられる（実際には少しずれが生じている）。これが満ち潮であり、そこから前後90度にあたる場所は引き潮となる。また、月とは反対側に位置する、つまり月からもっとも遠い場所も満ち潮となる。

海水はその場所にとどまろうとするが、海底や海岸などの海水以外の固体部分は回転（自転）を続けようとする。このとき、液体部分（海水）と固体部分（海底や海岸）の間で摩擦が発生し、その摩擦がブレーキのように作用して地球の自転速度を遅らせてしまうわけだ。

ところで、1日の長さが長くなるということは、1日24時間のところに、徐々に誤差が累積していくことを意味する。この誤差がある程度以上になったときに、「うるう秒」を挿入することで時間の調整を行っているのである。

月はなぜ満ち欠けするのか？

夜ごとに変化する月の表情

月の見え方が変化するメカニズム

月は明るく見える部分の形によって、新月、上弦の月、満月、下弦の月など、さまざまな見え方になる。この月の満ち欠けの様子を「月相《げっそう》」という。月相は27日周期で移り変わるため、古くから暦として利用されてきた。ちなみに、「月齢」（暦上での1日の単位）とは朔《さく》（新月）からの経過日数のことで、朔から次の朔までの平均時間は29・53日となるため、月齢と約27日周期の月相とは必ずしも完全には一致しない。たとえば「十五夜」の月は月齢15日の月を指すが、必ず満月にあたるとは限らないのである。

月が明るく輝いて見えるのは、月が自ら発光しているのではなく、太陽の光を反射しているためだ。太陽と地球、月との距離は十分に遠いため、太陽の光は平行に当たると考えられており、太陽の方向に向いている月の半分は、常に太陽光を反射して輝いていることになる。

では、なぜ月相が生まれるのかというと、月が地球の周りを公転しているからだ。地球から見て月と太陽が同じ方向にあるときには、太陽光が反射する部分は地球から見えないため、月は闇に包まれた新月となる。反対に、月と太陽の間に地球がある状態では、月の全面で太陽光を反射するために満月となる。このように、太陽と地球と月の位置関係によって、月の満ち欠けが起こるのである。

月が満ち欠けする理由

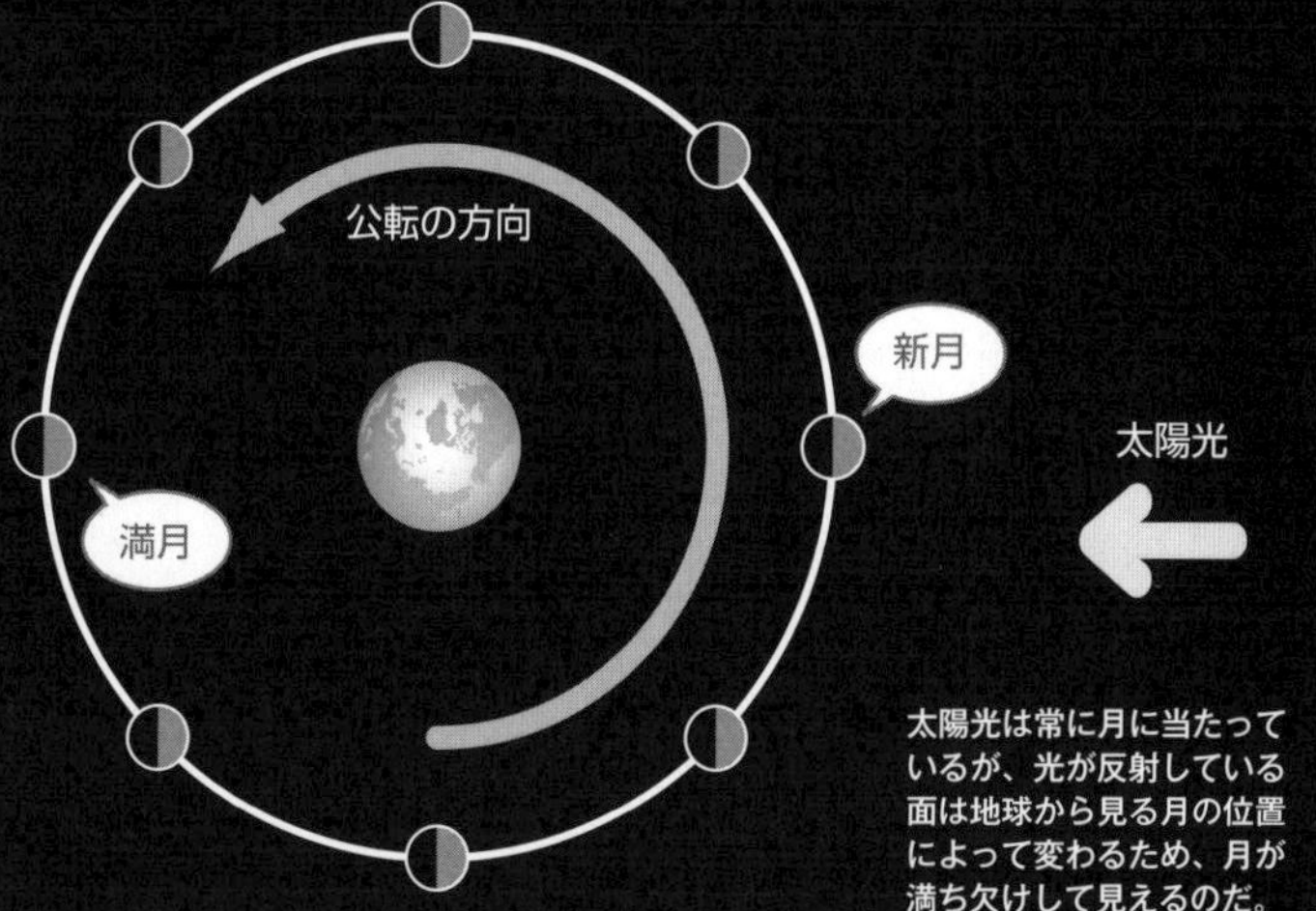

太陽光は常に月に当たっているが、光が反射している面は地球から見る月の位置によって変わるため、月が満ち欠けして見えるのだ。

月が同じ面しか見せない理由

ところで、月は常に同じ面（表側）を地球に向けている。これは月の公転周期と自転周期が等しい（いずれも約27・3日）ために起こる現象だ。つまり、月は地球の周りを1周する間に、月自身も1周回っているので、地球からは常に同じ面しか見えないのである。

天体の公転周期と自転周期の比が、整数で割りきれる場合を「尽数《じんすう》関係」という。月の場合、公転周期と自転周期は1対1の尽数関係ということになる。太陽系において、月以外の衛星では火星のフォボスとダイモス、木星のイオ、エウロパ、ガニメデ、カリスト、土星のタイタンなども1対1の尽数関係にある。この公転周期と自転周期の一致は偶然ではなく、惑星と衛星の間に働く潮汐力（40ページ参照）によって、衛星の自転速度が調整された結果なのだ。

月は地球から少しずつ離れている？

少しずつ変化する地球と月の関係

太陽と地球と月が見せる天文ショー

ある日突然、太陽が黒い影に覆われてしまう「日食」。昔は「不吉なことが起こる前兆」として忌み嫌われていたが、現在では、数ある天体現象の中でも、もっとも注目される天文イベントといえるだろう。

日食は、太陽と地球の間に月が入ったとき、しかも地球から見て太陽と月が一直線上に並んだときに起こる。月が太陽を覆い隠すわけだ。月は太陽に比べれば非常に小さい天体である。

その月が太陽を隠すことができるのは、月と地球が近い位置にあるからだ。別の言い方をすれば、太陽と地球、そして月のそれぞれの距離によって、太陽と月の見かけ上の大きさが同じくらいになっているからである。

楕円軌道が生む日食の見え方の違い

日食の中でも、月が太陽全体を隠してしまう日食を「皆既日食」と呼ぶ。皆既日食が見えるのは、月の本影（光が完全に当たらずに暗くなった内側の部分）が到達する部分だけで、半影（光が部分的に到達して薄暗く見える部分）では月が太陽の一部を隠す「部分日食」となる。

月の本影の長さは平均で37万４５００キロメ

日食が起こる仕組み

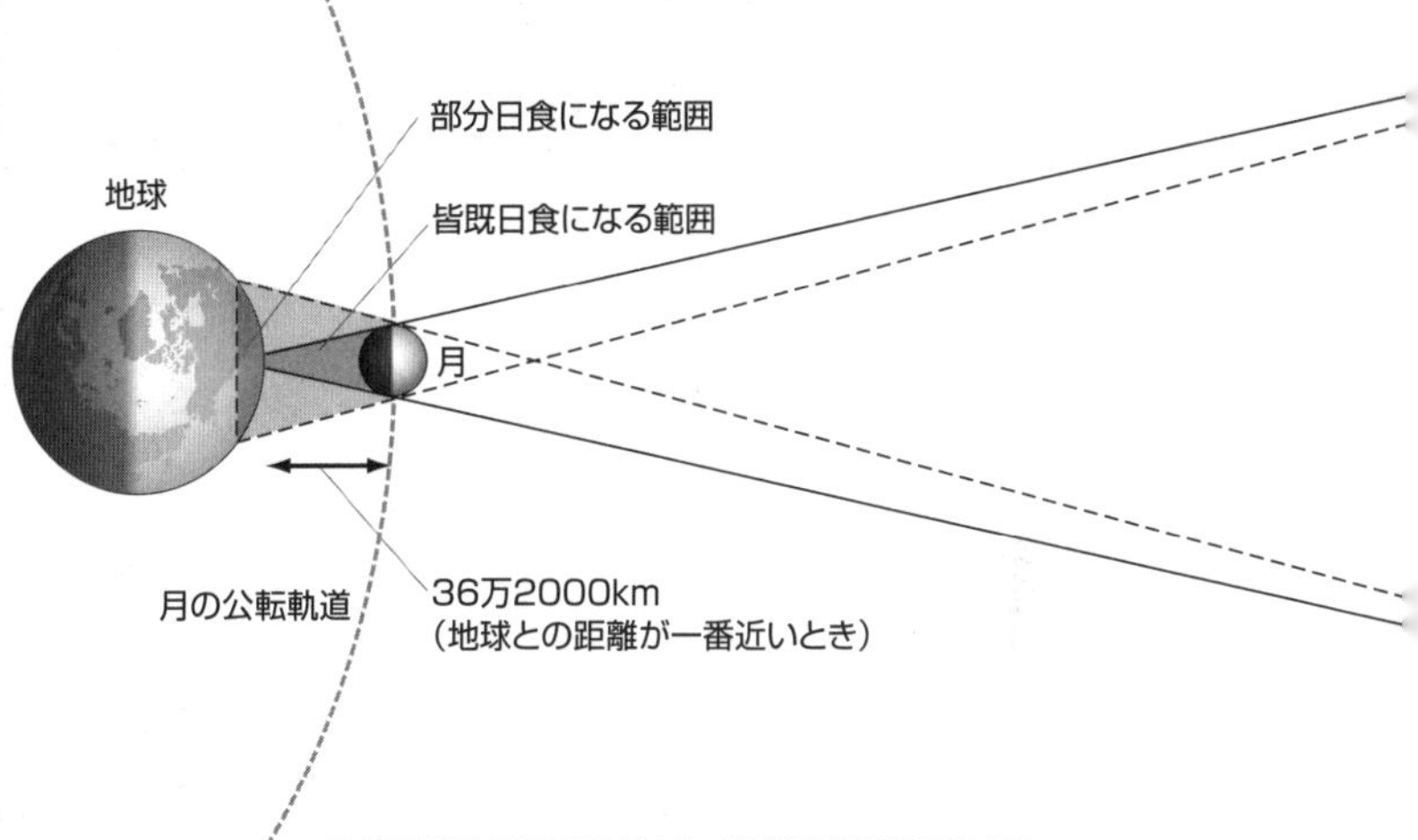

※ 図は誇張して描いているため、縮尺や距離は正確ではない。

ートルだが、月と地球の平均距離は38万４４００キロメートルあり、月の本影よりも距離が長い。本来なら届かないはずの月の本影が地球に届くのは、月の公転軌道が楕円軌道だからだ。この軌道は、月が一番遠いときには約40万５０００キロメートル、一番近いときには約36万２０００キロメートルとなる。つまり楕円軌道上で地球に近い場所に月があるときに、皆既日食が起こるのだ。

　２００９年7月22日に起こった皆既日食は、日本国内で46年ぶりに見られる現象として話題になった。自転や公転の関係で、日本が皆既日食を観測できる範囲に入ることは少ないため、それだけ希少な観測チャンスだったといえる。次に日本で皆既日食が見られるのは、２０３５年9月に北陸から北関東にかけての一帯だ。

　ちなみに、本影よりも地球と月の距離が遠い場合には、月が金の輪に縁取られたように見える「金環日食」となる。

一方、太陽と月の間に地球が入ったときには、地球の影によって月が欠けて見える「月食」が起こる。日食と同様に、地球の本影に月がすっぽりと入った場合は「皆既月食」となり、一部分が本影に入った場合は「部分月食」となる。

天空に輝く太陽のリング

2012年5月20日にアメリカで観測された金環日食の様子。太陽の見かけの大きさよりも月のほうが小さい場合、月の周りから太陽がはみだしてリング状に見えるのだ。

© Smrgeog

皆既日食が見られなくなる？

ところで、地球の自転は月の潮汐力の影響で少しずつ遅くなっている(40ページ参照)。そして、地球の自転が遅くなると、月は地球から離れていくことになるのだ。

フィギュアスケーターがスピンをする場面を思い出してほしい。スケーターが手を広げているときの回転はゆっくりだが、手を体に寄せると回転は速くなる。腕を伸ばしたり縮めたりすることで物体（スケーター）の半径が変化すると、半径の長さに反比例して回転も変化するのだ。これを「角運動量保存の法則」という。つまり、地球の自転が遅くなると、運動量を一定に保とうとするために、地球と月の間の距離が長くなっていくわけだ。

月は地球から毎年約3・8センチメートルずつ

月と地球の距離は毎年3.8センチメートルずつ広がっているという。そのせいで、やがて皆既日食が見られなくなる日が来るだろう。

© NASA/JPL

遠ざかっており、10億年後には、地球と月の平均距離は41万キロメートル程度になると推測される。そのころには、月と地球の距離の変化によって、皆既日食は起こらなくなっているだろう。なお、月が55万キロメートル程度まで離れると、地球への潮汐力の影響が少なくなることから、地球の自転にブレーキがかからなくなり、月もそれ以上離れることはなくなる。

月は徐々に縮んでいる？

月は離れていくだけでなく、月の直径もどんどん小さくなっている——そんな驚きの報告をＮＡＳＡが発表したのは２０１０年のことだ。報告によれば、月の冷却と収縮を示す特徴的な地形が、月の表面で多数見つかったのだという。

この「耳たぶ状の崖」と呼ばれる傾斜面は、水星など他の太陽系惑星にも見られる地形で、地殻が収縮することで天体の表面に断層が発生し、一方の地面を押し上げたときに作られる。これらの地形は、過去10億年の間に形成されたと考えられ、月の誕生が約46億年前とすれば比較的新しいものといえる。

こうした地形の観測結果から、研究チームは「月は誕生以来、約１８２メートルも小さくなった」と推測している。また、収縮は現在も続いている可能性があるという。

月は地球の破片から生まれた？

地球が持つ唯一の衛星の正体とは？

月は異常なほど大きい衛星だった

惑星の周囲を一定の軌道でめぐる天体のことを「衛星」という。月は地球の衛星で、地球にもっとも近い天体であるとともに、これまでに人類が到達したことのある唯一の天体でもある。

太陽系にはたくさんの衛星が存在するが、その中で、月は5番目に大きな衛星だ（太陽系で一番大きな衛星は木星の衛星ガニメデ）。また、惑星と衛星との直径比率を見ると、他の惑星と衛星の関係に比べて、地球と月のペアは直径比率が桁違いに大きいという特徴がある。たとえば土星の衛星タイタンは太陽系で2番目に大きな衛星だが、その直径は土星の約20分の1、質量比は約4700分の1だ。ところが、月の直径は地球の約4分の1、質量比は約81分の1と、その比率は異常なほど大きいのである。

月はどうやって誕生した？

そのように、月は地球に対して不釣り合いといえるほど大きな衛星であるため、その起源についても昔からさまざまな議論がなされ、数々の仮説が生み出されてきた。そして現在、月の起源に関する代表的な仮説としては、「分裂説」「捕獲説」「共成長説」、そして「ジャイアント・インパクト説」の4つが挙げられる。

まず、ひとつめの「分裂説」は「親子説」「出産説」とも呼ばれており、自転による遠心力で地

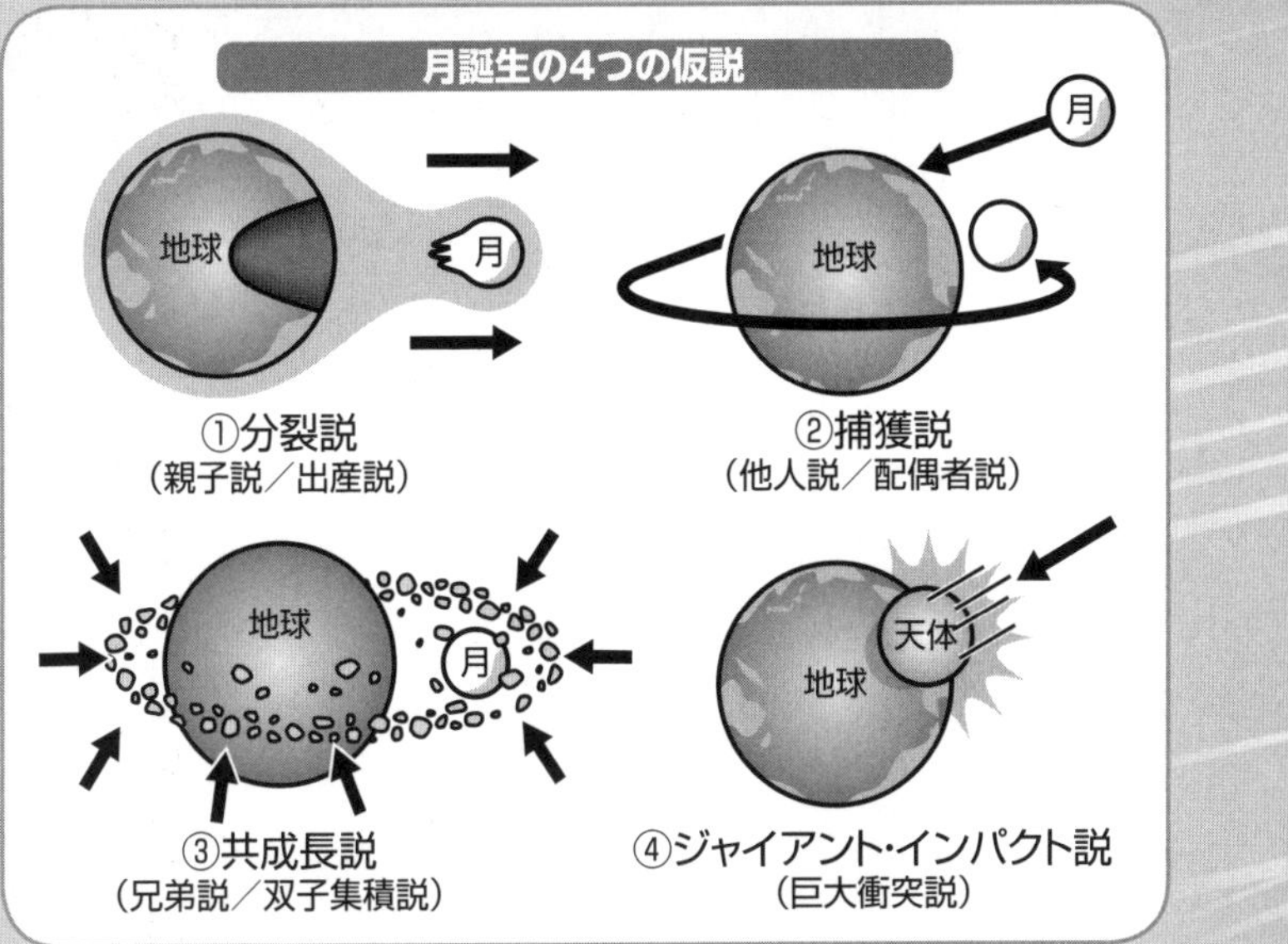

球を構成する一部が飛び出し、それが月になったというものだ。しかし、これには「地球の一部が飛び出すほど地球の自転は速かったのか？」という疑問が残る。

ふたつめの「捕獲説」は「他人説」「配偶者説」とも呼ばれる。接近した別の天体が地球の重力に捕らえられて衛星になったという説だが、天体が別の天体の重力に捕まって衛星になるという確率は、まさに天文学的数字といえるほど低いうえ、月の組成が地球のマントル物質に類似していることの説明がつかない。

3つめの「共成長説」は「兄弟説」「双子集積説」とも呼ばれ、地球と月が同じガス塊から同時期に生成されたとする説だが、これだと地球と月の角運動量（回転する物体の動きを表す量のひとつ）が並外れて大きいという事実について説明ができないという問題がある。

そして、4つめの「ジャイアント・インパクト説」は「巨大衝突説」とも呼ばれ、月は原始の地球と火星ほどの大きさの天体が衝突したことで形成されたとする説だ。約46億年前、形成途上の地球に、火星程度の大きさの原始惑星が衝突し、その際に飛び出した地球の物質と、破壊された惑星の物質とが混ざり合って月ができたという。この説ならこれまで挙げた3つの仮説の疑問点を説明することができるため、月の起源としては現在もっとも有力視されている。

太古の地球には月がふたつあった？

月の成り立ちについては、さらに興味深い仮説がある。「月はもともとふたつ存在した」というものだ。この説によれば、現在の月が生まれる前、地球には大きな衛星と小さな衛星があり、大きな衛星は小さな衛星の3倍程度の大きさだった。ふたつの衛星は８０００万年ほど何ごともなく共存していたが、ふたつの衛星が地球から遠ざかりはじめると、太陽の影響によって小さい衛星の軌道が不安定になり、大きい衛星へと引き寄せられていった。ふたつの衛星は、時速約７１００キロメートルという、天文学的には非常に遅い速度でぶつかっていった。衝突のスピードが遅いために、クレーターができたり岩石が溶けて飛び散ったりできるほどのエネルギーは生まれず、小さい衛星が砕けて飛び散ることになったという。

衝突後は、長ければ１００万年もの間、地球には砕かれた衛星の破片が降り注いでいたと推測されている。そのころの地球には生物はまだ存在していなかったが、もし生物がいれば、空を覆い尽くすような流星群を毎日目にしていたことだろう。

たくさんの謎に満ちた月

大小の衛星が衝突したとするこの仮説は、ジ

月の表と裏の地形はこんなに違う

月の表側（左）と裏側（右）の様子。表側は比較的なだらかな地形で、「海」と呼ばれる黒く見える部分があるが、裏側には海はほとんど存在せず、「高地」と呼ばれる険しい地形が多い。

ャイアント・インパクト説を否定するものではない。ジャイアント・インパクト説においては、「地球に原始惑星が衝突した際、月だけでなくいくつかの天体が生まれたのではないか」という可能性も指摘されているからだ。「月が生まれる前に大小ふたつの衛星があった」とするこの仮説が、「月と同時に生まれた他の天体はどうなったのか」という疑問に対する答えになるかもしれない。

また、月の表側の地形は比較的なだらかで、裏側は起伏の激しい地形になっているが、この仮説によれば、その地形の違いはふたつの衛星が衝突した影響によるものとして説明がつく。

それでも、月の裏側にある物質の構成が、表側のそれと違っているという点については、この仮説でも納得のいく説明ができるところまではいかない。月はいまだに多くの謎を秘めた、興味をそそられる天体なのだ。

月がなければ地球は別世界になっていた？

「もしも」の地球のありえない姿

生命の誕生と進化は起こらなかった？

月が地球に与える影響は大きい。「もしも月がなかったら地球がどうなっていたか」を考えれば、その影響の大きさを実感できるはずだ。

すぐに思い浮かぶのは潮の満ち引きだろう。月の潮汐力（40ページ参照）がなければ、（太陽の潮汐力だけでは）今のような潮の満ち引きは起こらない。潮の満ち引きは、生命の誕生や進化に大きくかかわっていると推測されるため、もしかしたら生命も生まれなかったかもしれないのだ。仮に生命が誕生できたとしても、月がないと潮の満ち引きは非常に小規模になり、生命の進化や複製に必要な無機物は限られた範囲にしか存在しなくなるため、生命が進化するスピードは非常に遅いものだったと考えられる。

風速300メートルの強風が吹く？

また、スーパーコンピューターのシミュレーションによると、月がない状態では地球の自転軸が安定しない、という結果が出ている。自転軸が不安定な場合、気候の大変動が頻繁に起こることが予想される。自転速度も速くなり、地球の1日の長さは4時間ほどになるという。

自転速度が速いと、大気の流れも現在とは変わってくる。現在の地球の1日（＝24時間とする）を基準にすると、木星の自転は0・414日で、土星の自転は0・444日となる。木星や土

月のない「もしも」の地球はどんな世界?

月がなければ、地球は強風が常に吹き荒れ、激しい気象現象に見舞われる過酷な世界になっていただろう。また、潮の満ち引きがなくなることで、生命の誕生にも影響が出ていたと考えられる。

星は高速の自転速度の影響で、常に東西方向に強い風が吹き荒れる過酷な環境だが、地球の自転速度が速くなった場合、同じような世界になると考えられる。

さらに、自転速度が速くなることで気象現象にも大きな変化が生じる。1日の長さが短くなると日照時間も少なくなるため、大気が暖まりにくくなって、熱による大気の上下移動が減る。赤道付近では風速300キロメートル以上の台風が発生し、激しい雷雨も頻発するなど、地球規模で気象現象は激しくなるだろう。

また、強風によって海上では高波も多くなる。陸上では強風の影響で浸食が進むため、高い山は存在しなくなるだろう。その一方で、火山活動は激減するかもしれない。月の重力が地殻やマグマ溜まりに影響を与えているという説があるからだ。このように、もしも月がなければ地球は今とはまったく違う姿になっていただろう。

Column

❶ 人工衛星は地表へ「落ちつづけている」？

2016年1月2日、ベトナム北部にふたつの球形の物体が落下した。その後、物体の正体はロシア製のロケットか宇宙船の一部である可能性があるとわかった。いわゆる「スペースデブリ」だ（32ページ参照）。

「こんなふうに、空から突然スペースデブリが落ちてくるなら、地球の周りを回っている人工衛星も落ちてくるのでは？」と思うかもしれない。実際、過去には人工衛星が地表に落下するケースも起きている。

しかし、厳密にいえば、それは正確ではない。そもそも人工衛星は〝落ちてくる〟のではなく、〝常に落ちつづけている〟状態にあるからだ。

地上でボールを投げると、放物線を描いて離れた場所に落ちる。ボールを投げる力に制限がなく、空気抵抗もないとして、どんどん強い力で遠くへ投げるとしよう。地球は丸く、地表は湾曲しているので、やがてボールは地表に接触することなく、先へと飛びつづけることになる。人工衛星は、この「地表に届かない状態」、つまり「重力に引かれて落ちつづけている状態」にあるのだ。

これは、言い換えれば「重力に引かれて落下する力と、速度によって生じる遠心力が釣り合っている状態」で、その状態になるには最低でも秒速約7・9キロメートルの速度が必要だ。この速度を「第一宇宙速度」といい、その速度を維持しつづけることができれば、人工衛星は地球の周りを飛びつづける（落ちつづける）ことができる。そして、人工衛星の地球を周回する速度が第一宇宙速度以下になると、次第に高度が下がり、やがて地表へ落ちてしまうのである。

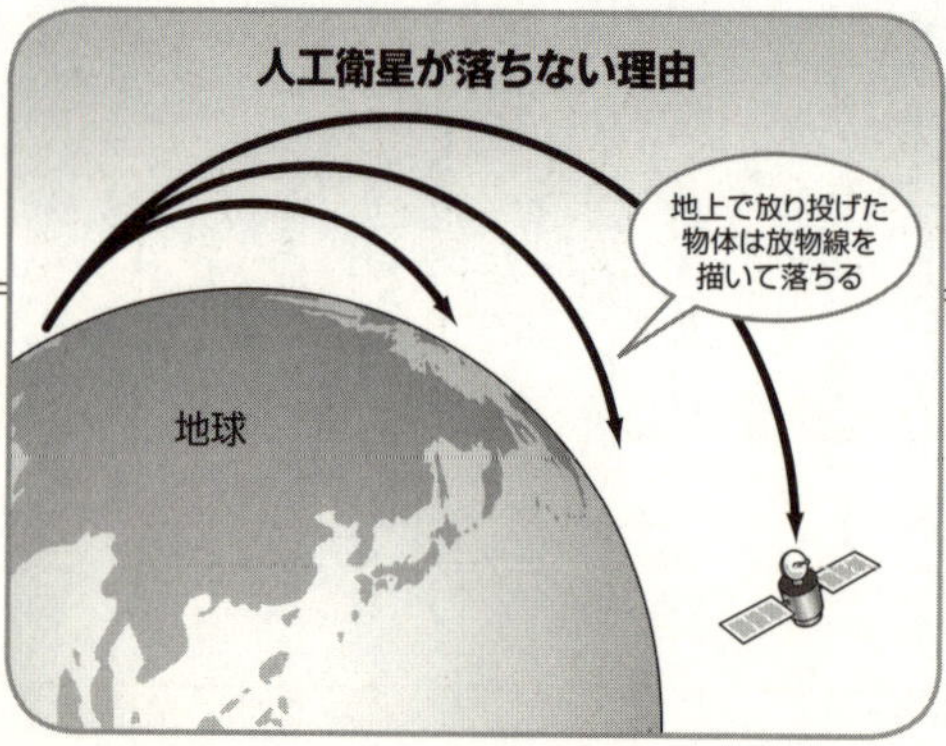
人工衛星が落ちない理由
地上で放り投げた物体は放物線を描いて落ちる
地球

2章

太陽系の謎と真実

太陽の周りを回る地球の仲間たち

地球と月から視点を転じて、もう少し遠くまで、太陽を中心として広がる太陽系全体を見てみよう。もちろん、実際に肉眼で見ることは無理なので、想像の目で補ってほしい。

太陽の周りを、円軌道を描きながら周回する8つの惑星。その惑星の周囲をめぐるいくつもの衛星。そして、直径数キロメートルから数十キロメートル程度の無数の小惑星。広大な太陽系に浮かぶ天体たちである。いずれもそれぞれに特徴を持ち、私たちがまだ解き明かすことのできない多くの謎を秘めている。それどころか、太陽系にはまだ発見すらできていない未知の天体も数多く存在するのだ。

2016年1月、太陽系内に9番目の惑星が見つかった、というニュースが日本中を駆けめぐった。とはいえ、厳密にいえば、アメリカ・カリフォルニア工科大学の研究チームが、シミュレーション結果として太陽系第9惑星を発見した可能性がある、ということで、実際に観測されたわけではない(59ページ参照)。しかし、「第9惑星発見か!?」という見出しで、科学や天文を専門に扱うメディアだけでなく、一般の新聞やテレビなどでも取り上げられ、大きく報道されていた。それだけ一般の人々にも感心が高いテーマだということだろう。

2006年8月に、冥王星が惑星から準惑星へ変更されたときもそうだった。世界中で、そして冥王星を発見し、命名したアメリカでは特

© NASA/JPL

に、第9惑星がなくなってしまうことが大きな話題になったことも記憶に新しい。

　しかし、よく考えてみると、太陽系の惑星が1個増えたとしても、私たちの生活には何の影響もないはずだ。それなのに、太陽系内の惑星に関する人々の関心はとても高い。もしかしたら、意識しているかどうかにかかわらず、私たちが太陽系を〝仲間〟や〝家族〟として捉えているからではないだろうか。そして、できることなら新しい惑星に生命がいてほしい、生命の存在する惑星が地球だけでは寂しすぎる——と感じているのかもしれない。

　今、この瞬間も、複数の惑星探査機が太陽系内を移動し、さまざまな探査を行っている。探査機たちが送ってくる鮮明な画像や観測データのおかげで、個性豊かな太陽系の仲間たちの姿が見えてきた。そこで、本章では、太陽系内の天体についての基本情報から、最新の惑星探査で明らかになった新事実まで、幅広く取り上げる。仲間たちを詳しく知ることで、太陽系にもっと関心が深まり、さらに宇宙全体に対する興味も湧いてくることだろう。

太陽を中心に、直径およそ1光年の範囲に広がる太陽系。その中に、8つの惑星をはじめ、個性豊かな数多くの天体が存在している。

2章

太陽系の惑星の数は変化している？

太陽系の地図が書き換えられる可能性も

惑星がひとつ減ってしまった？

水金地火木土天海冥――私たちはつい最近まで、太陽系の惑星をこうして覚えてきた。途中、軌道の関係で海王星と冥王星の順番が入れ替わったりしたが、それでも「太陽系の惑星は9つ」という認識は変わらなかった。ところが2006年8月、国際天文学連合（IAU）の総会において、冥王星が惑星から「準惑星」へと分類されることになった。いわば、惑星から〝降格〟されてしまったわけだ。どうして冥王星は惑星と呼べなくなったのだろうか。

冥王星は1930年の発見当初より、軌道要素などが他の惑星よりも際立って異なるユニークな惑星とされてきた。太陽系からもっとも遠くに位置し、最初のうちはもっと大きな星だと考えられていたが、実際は地球の衛星である月よりも小さな天体であることがわかった。その小さすぎる様子から、惑星として扱うべきか疑問視する声が少しずつ出はじめていたのだ。

1990年代になって「エッジワース・カイパーベルト」と呼ばれる太陽系外縁部（海王星の軌道より外側の領域）で、比較的大きな天体が次々と発見されると、いよいよ「冥王星を惑星のカテゴリーから外すべきだ」という声が大きくなっていった。2005年に冥王星よりも大きい小惑星エリスが発見されたことで、ついに冥王星は惑星としての地位を保てなくなり、太陽系の仲間が増える？

現時点で確認されている太陽系の惑星は8つだが、最新の研究によって、冥王星に代わる第9惑星の存在する可能性が高まった。

© NASA/JPL

「太陽系外縁天体」に含まれる準惑星として分類されるようになったのである。

新たな第9惑星が見つかった？

16世紀から17世紀にかけて「地動説」が広く認識されていたころ、太陽系の惑星は、水星、金星、地球、火星、木星、土星の6つしかなかった。17世紀から20世紀にかけて、観測技術の発展により天王星と海王星が発見され、太陽系内の惑星と認められた。1930年には冥王星が発見され、9番目の惑星となったが、前述のように、今はもう惑星ではなくなってしまった。

しかし、2016年1月、アメリカ・カリフォルニア大学の研究チームが、太陽系外縁部に未知の巨大惑星が存在する可能性をシミュレーション結果から導き出した。実際に惑星が観測されれば、第9惑星として認められ、太陽系の惑星は再び9つになるかもしれない。

2章

太陽系の惑星は誕生した時期が違う?

隕石からわかった新しい事実

宇宙のガスや塵から生まれた太陽系

およそ46億年前、直径数光年に及ぶ巨大なガス(分子雲)が重力によって収縮し、太陽が生まれた。太陽が成長するにしたがって、周囲にはガスや塵からなる円盤(降着円盤)が形成されていった。降着円盤の比較的太陽に近い場所では、鉄やニッケルといった熱にも耐えられる金属や岩石が衝突し、やがて水星、金星、地球、火星(岩石惑星)が誕生した。

一方、軽いガスは太陽の放射によって吹き飛ばされ、太陽から遠い場所に集まりはじめた。太陽からの熱が届かないため、氷も溶けずに存在しており、次第にそれらが集まって、木星と土星(巨大ガス惑星)、天王星と海王星(巨大氷惑星)が作られた。これが現在考えられている太陽系の形成モデルだ。

こうした太陽系の形成過程は、「コンドライト」という隕石の分析から判明した。コンドライトは、太陽の誕生と同時期にできた天体の破片と考えられている。このコンドライトを顕微鏡で観察すると、「コンドルール(あるいはコンドリュール)」と呼ばれる球状物質が見つかる。コンドルールは高温で熱せられた後、急速に冷やされたことでできたと推測されているが、なぜか地球と月の岩石からは発見されず、両者がコンドライトによって生成されたと考える研究者にとっては長年の謎とされてきたのだ。

太陽系形成時のイメージ。約46億年前、原始の太陽の周囲を取り囲むガスや塵によって円盤が形成され、その中で惑星が作られていったと考えられている。
© NASA/JPL-Caltech

地球や火星は早い時期に形成された?

２００８年、フランスの研究チームがコンドライトに豊富に含まれる「ネオジム１４２」という物質に着目し、地球の地殻を調べたところ、火星と木星の間を漂う小惑星にあるような通常のコンドライトよりも、ネオジム１４２の含有率が高いことがわかった。続いて火星と月についても調べた結果、地球と同様にネオジム１４２の含有率が高いことが判明した。この分析結果から、これまで考えられてきたように太陽系の惑星は同時期にできたのではなく、岩石惑星のほうが先に誕生した可能性が出てきたのだ。

現在、探査機「ドーン」や「ニューホライズンズ」、木星探査機「ジュノー」など、ＮＡＳＡが複数の惑星探査機を宇宙に送り出している。それらによる観測結果次第では、太陽系誕生までのストーリーが書き換えられるかもしれない。

金星と天王星に見られる不思議な現象

ほかとは違う自転をしている惑星がある？

太陽系の惑星は「反時計回り」が基本

太陽系の惑星は太陽を中心に、ほぼ同じ面の上を、円を描くように移動している。この面を「黄道面」と呼ぶ。太陽系全体を想像する際には、この黄道面を中心にすると考えやすい。黄道面の北側から見ると、太陽は反時計回りに回転（自転）しており、太陽系内の惑星も同じように反時計回りに回転（公転）している。太陽系が誕生する際、星間ガスが回転によって集まったためだ。各惑星は、太陽の周りを公転することで生じる遠心力によって、太陽からの引力とバランスを取っているのだ。

惑星は公転すると同時に自転している。地球をはじめ、ほとんどの惑星は太陽と同じように反時計回りに自転しているため、たとえば地球上から見ると、太陽は東から昇り、西へと沈んでいくことになる。また、地球の自転の中心を貫く仮想の軸（自転軸）は、黄道面に対して約23・43度傾いている（この角度を「赤道傾斜角」という）。もし地球の自転軸が傾いていなければ、四季は存在しなかっただろう。

惑星の自転軸はなぜ傾いている？

太陽系内のほとんどの惑星は、黄道面に対して自転軸が傾いている。水星は例外で、自転軸は黄道面に対してほぼ垂直だ。また、天王星の傾きは98度でほぼ横倒し、金星にいたっては1

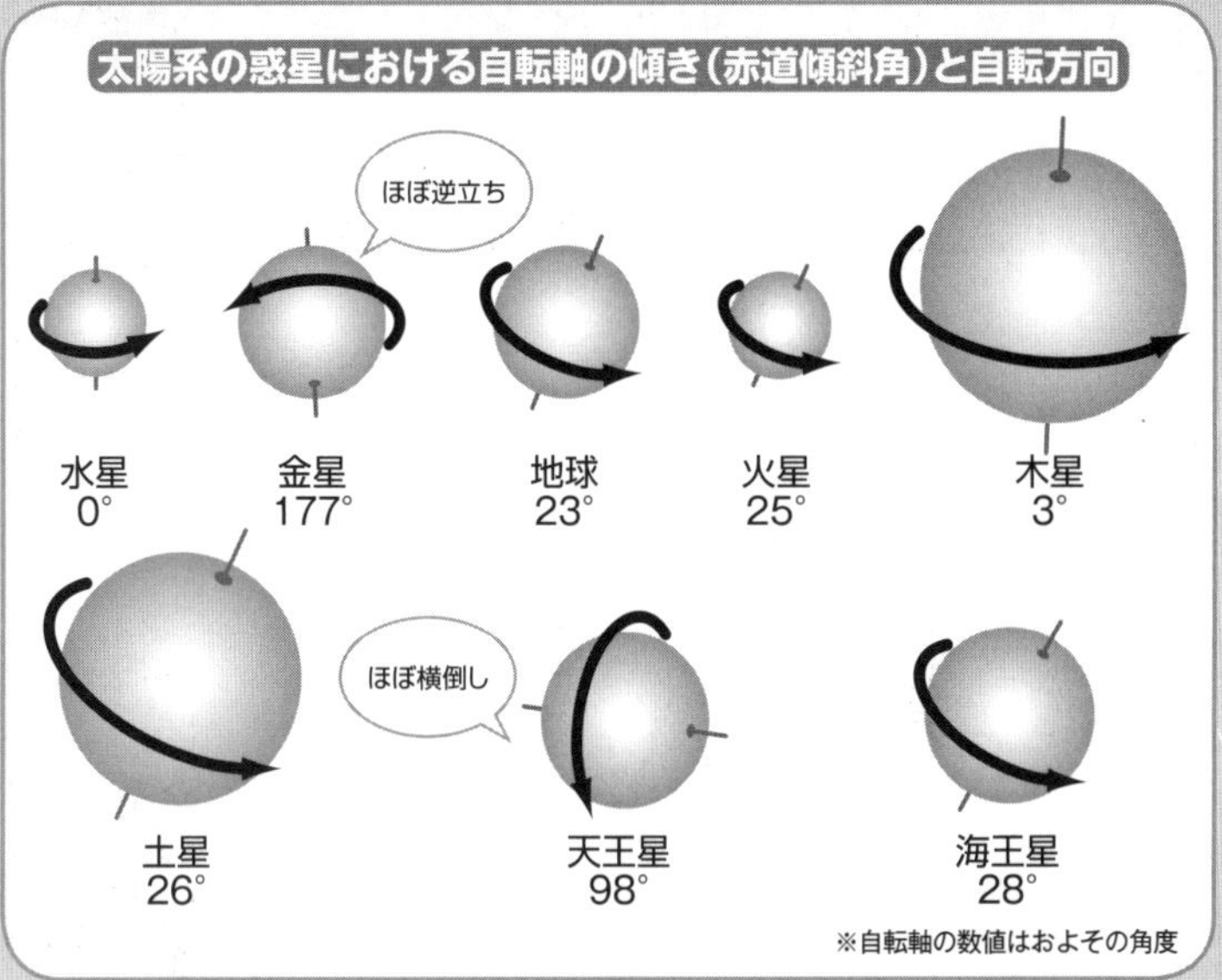

77度、つまり逆立ちしたような状態である。そのため、太陽系の惑星で唯一、金星の自転方向は黄道面北側から見て時計回りになっている。

太陽系が誕生した直後には、惑星の自転軸はみな垂直であったと推測されているのだが、なぜ自転軸は傾いたのだろうか。現在のところ、惑星に他の天体が衝突したことで自転軸が傾いたとする説が有力だ。

また金星に関しては、自転速度が非常に遅いことから、惑星内部における核とマントルの摩擦（CMF）によって自転が遅くなり、ある時点で自転軸が反転したという説もある。2001年、フランス国立中央科学研究所が、「金星の濃密な大気による自転の加速効果とCMFが、長い時間をかけて釣り合った結果が現在の形である」との研究成果を発表した。この説が正しければ、自転軸が傾いている惑星は、遠い将来、地球も含めて自転方向が逆転する可能性もある。

2章

星空をさまようように動く惑星の謎

惑星の逆行運動に困惑した天文学者たち

規則正しく動いているのに〝惑う星〟？

もしも太陽系を外から観測することができたなら、ほぼすべての天体が太陽を中心に同じ方向へ回る様子を見ることができるだろう。現在、私たちは天体が軌道に沿って、規則正しく運行することを知っている。

では、その規則正しく運行しているはずの天体に、なぜ「惑星」（惑う星）などという名前がつけられたのだろうか。かつて日本では、惑星と同じ意味で「遊星」という言葉も使われていた。一方、英語で惑星を意味する「planet（プラネット）」は、「さまよう者」「放浪者」を意味するギリシア語の「プラネテス」に由来する。

このような名前がつけられた原因は、地球上から見たときの天体の動きにある。地球から見ると、多くの天体は東から西へと移動（順行）して見えるのだが、中には移動の途中で速度を変えたように見えたり、あるいは逆方向（西から東）へと移動（逆行）して見える天体がある。まるでその天体がさまよっているように見えることから、惑星と名づけられたのだ。

突然逆方向に動き出す外惑星

天体が逆方向へ動く逆行は、地球よりも外側の軌道を周回する惑星（外《がい》惑星）に見られる現象だ。外惑星には火星、木星、土星、天王星、海王星が該当する。外惑星が逆行を起こすのは、

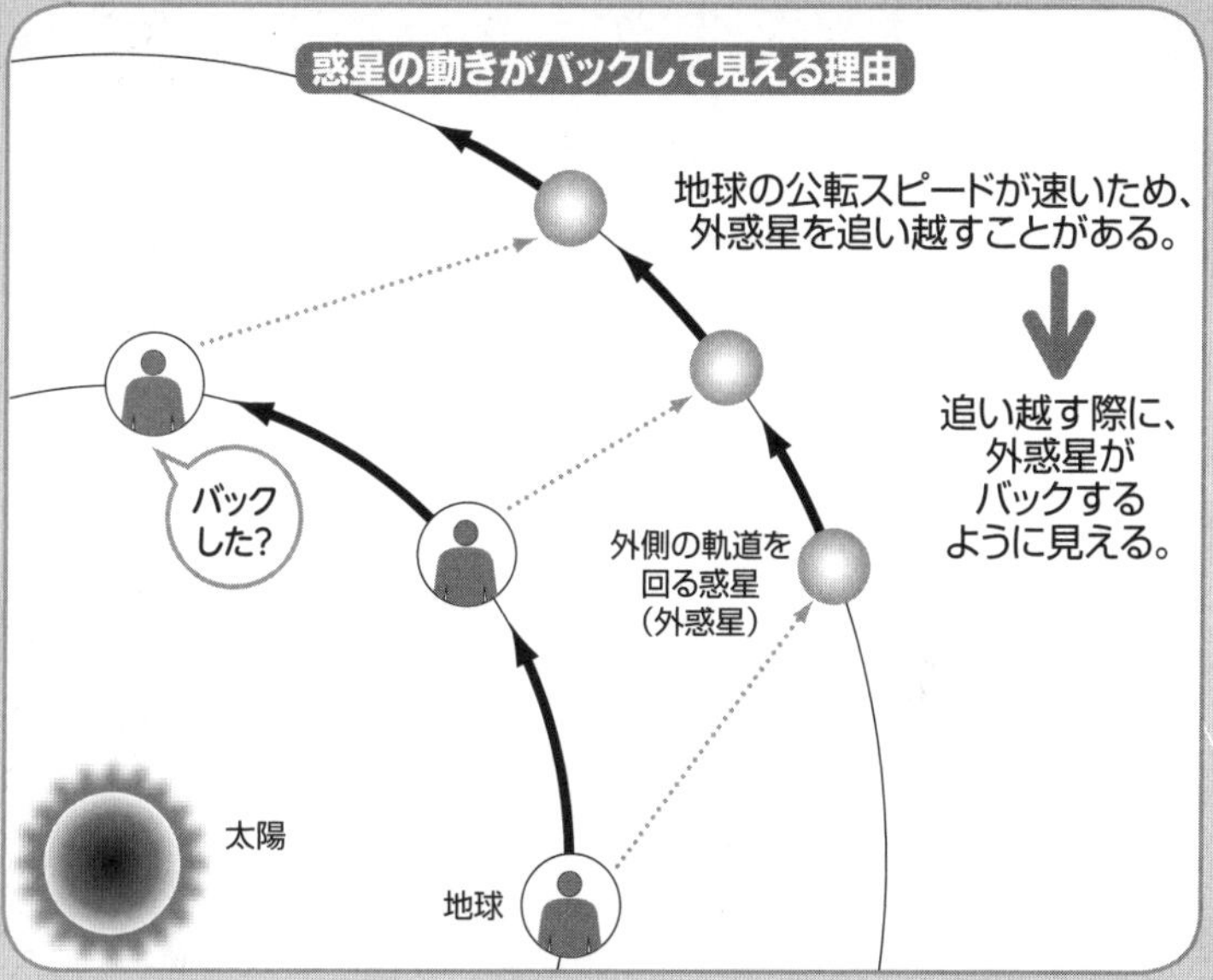
惑星の動きがバックして見える理由
地球の公転スピードが速いため、外惑星を追い越すことがある。
追い越す際に、外惑星がバックするように見える。
バックした?
外側の軌道を回る惑星（外惑星）
太陽
地球

公転速度の違いによる。

ドイツの天文学者ヨハネス・ケプラーが惑星の運動を理論的に解明し、「ケプラーの法則」を説いた。その中に、「天体の運動は太陽から遠くなるほど公転速度が遅くなる」という「第二法則」がある。すなわち、地球の外側の軌道を回る外惑星は、地球よりも太陽から遠くに位置するため、地球よりも公転速度が遅い。そこで、ある時点で地球が外惑星を追い越すことになるが、このとき地球上からは、外惑星が順行しながらも次第に遅くなり、反対方向へと後戻りするように見える。そして、しばらくすると再び順行運動に戻るのだ。

外惑星はすべて定期的に逆行運動を起こす。たとえば、火星はおよそ26か月ごとに一度逆行する。もちろん火星は同じ軌道を同じ速度で移動しているだけなのだが、地球上からは他の天体とは逆方向に動いているように見えるのだ。

こうした逆行運動を「見かけの逆行」という。

天文学者を悩ませた惑星の逆行運動

このような惑星の逆行運動に、古代ギリシアの天文学者たちは頭を悩ませた。当時は、地球が宇宙の中心にあって動くことはなく、その周りを太陽を含めたすべての天体が1日で一周するという「天動説」が信じられていたからだ。

天動説では、地球は「天球」と呼ばれる巨大な球に包まれており、夜空の星々はすべて天球に張りついているか、天球に空いた穴から見えていると考えられた。天球が一定の速度で回転することで、夜空の星々は一定の速度で移動するように見える。月などのように、他の天体と移動速度が異なる場合には、回転速度の異なる別の天球に張りついているものとした。複数の天球が動いていることにすれば、天体の移動速度が異なってもつじつまは合う。

では、逆行する惑星についてはどうだろうか。こちらも別の天球に張りついているとして、その天球は一定の速度で回転しないことになる。これでは、他の天球との整合性が取れなくなってしまうため、うまい解決法とはいえない。

天動説の完成と地動説の登場

そこで、惑星の不規則に見える運行を説明するために、数学者アポロニウスは「周転円」という概念を考案した。周転円とは、天球のような大きな円（従円）の軌道上を移動する小さな円のことで、惑星は周転円の中心を回りながら、地球の周りを回っているとする考え方だ。これなら惑星の逆行も無理なく説明できる。

のちに、ローマの学者プトレマイオスが天動説を体系的にまとめた際に、アポロニウスの周転円も取り込まれた。こうしてプトレマイオスによって完成した天動説は、2000年以上に

天動説が考え出した「惑星の逆行」の説明

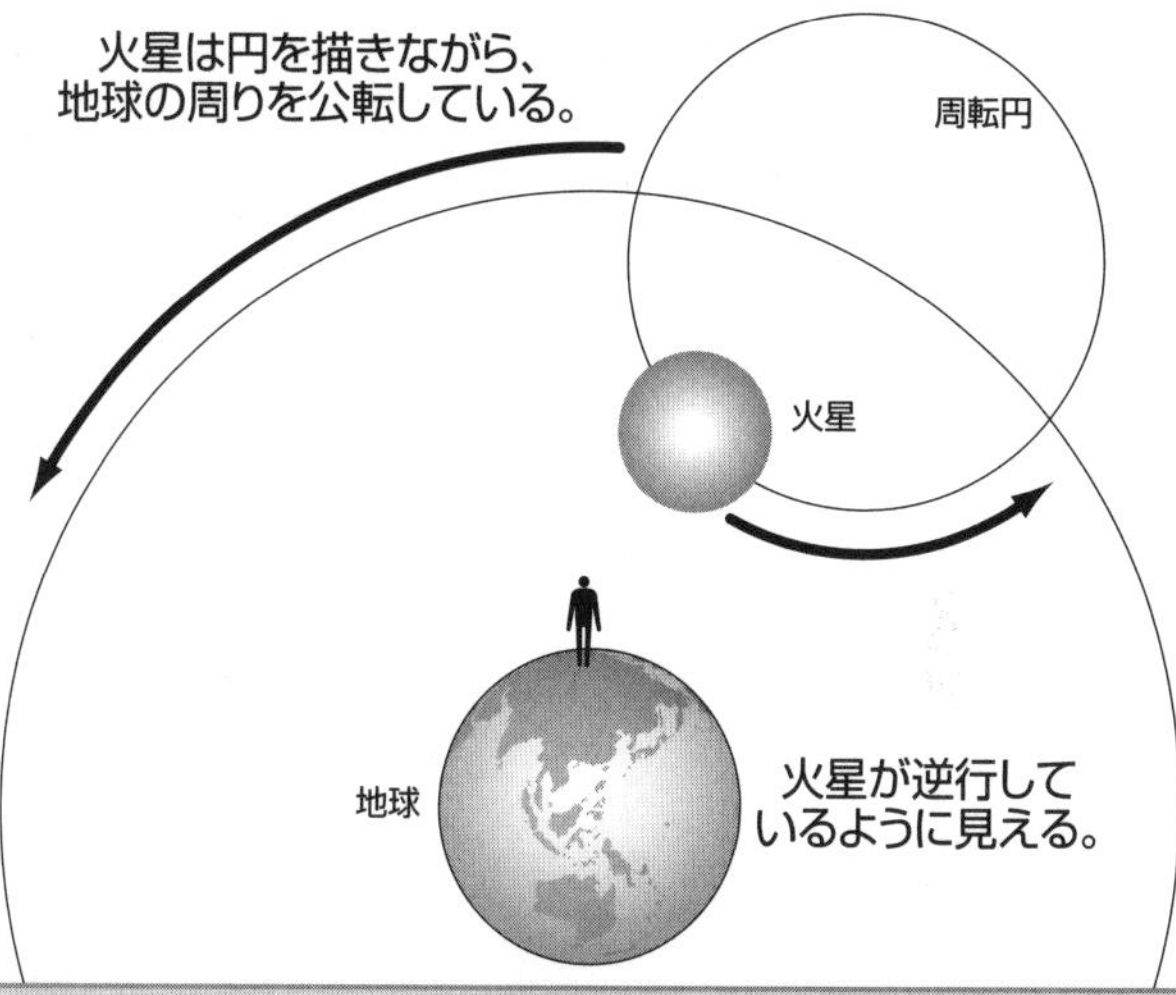
火星は円を描きながら、
地球の周りを公転している。
周転円
火星
地球
火星が逆行して
いるように見える。

わたって信じられてきたのである。

16世紀になり、ポーランドの天文学者コペルニクスが、太陽を中心に地球を含む惑星が動いているという「地動説」を唱えた。しかし、当時の観測技術は未熟であったため、地球が円運動しているならば必ず見られるはずの年周視差（季節によって恒星の見え方が変化する現象）が確認できず、地動説は否定されてしまった。17世紀になって、望遠鏡の発明、前述のケプラーによる「ケプラーの法則」の発見、ニュートンによる「万有引力の法則」と「運動の法則」の発見といった科学の進歩により、長い間信じられていた天動説が覆され、ようやく地動説の正しさが証明されたのである。

なお、周転円の概念は工学分野に持ち込まれ、現在でも活かされている。回転するひとつの歯車の周りを複数の歯車が回転しながら周回する構造の「遊星歯車（遊星ギア）機構」がそれだ。

普通とは逆方向に回る衛星がある？

惑星の自転に逆らうあまのじゃくな存在

変わり者の逆行衛星

地球の衛星である月は、地球の周りを地球の自転方向に向かって公転している。このように、公転する方向が惑星の自転方向と同じ衛星を「順行衛星」と呼ぶ。月と同じように、太陽系内のほとんどの衛星は順行衛星だが、中には惑星の自転方向に逆らって進む衛星も存在する。こうした衛星は「逆行衛星」と呼ばれる。惑星の自転方向とは逆の方向に公転する、変わり者の衛星なのだ。

例を挙げると、木星の衛星アナンケ、カルメ、パシファエ、シノーペ、土星の衛星フェーベ、海王星の衛星トリトンなどが、惑星に対して逆行軌道を持つ衛星だ。特に、トリトンは逆行衛星の中でもっとも大きく、直径がおよそ2700キロメートルもある。ちなみに、トリトンは太陽系の衛星の中で7番目に大きな衛星だ。

トリトンは、海王星の潮汐力の影響で公転速度にブレーキがかかり、その軌道が下がって少しずつ海王星に近づいているという。そして、およそ数億年後には「ロシュの限界」（91ページ参照）を越えて崩壊すると考えられている。ロシュの限界を越えて砕け散ったトリトンが、隕石として海王星に落下するのか、あるいは海王星のリング（環）となって周囲を取り囲むことになるのかはわからないが、そのプロセスは見事な天体ショーとなるに違いない。

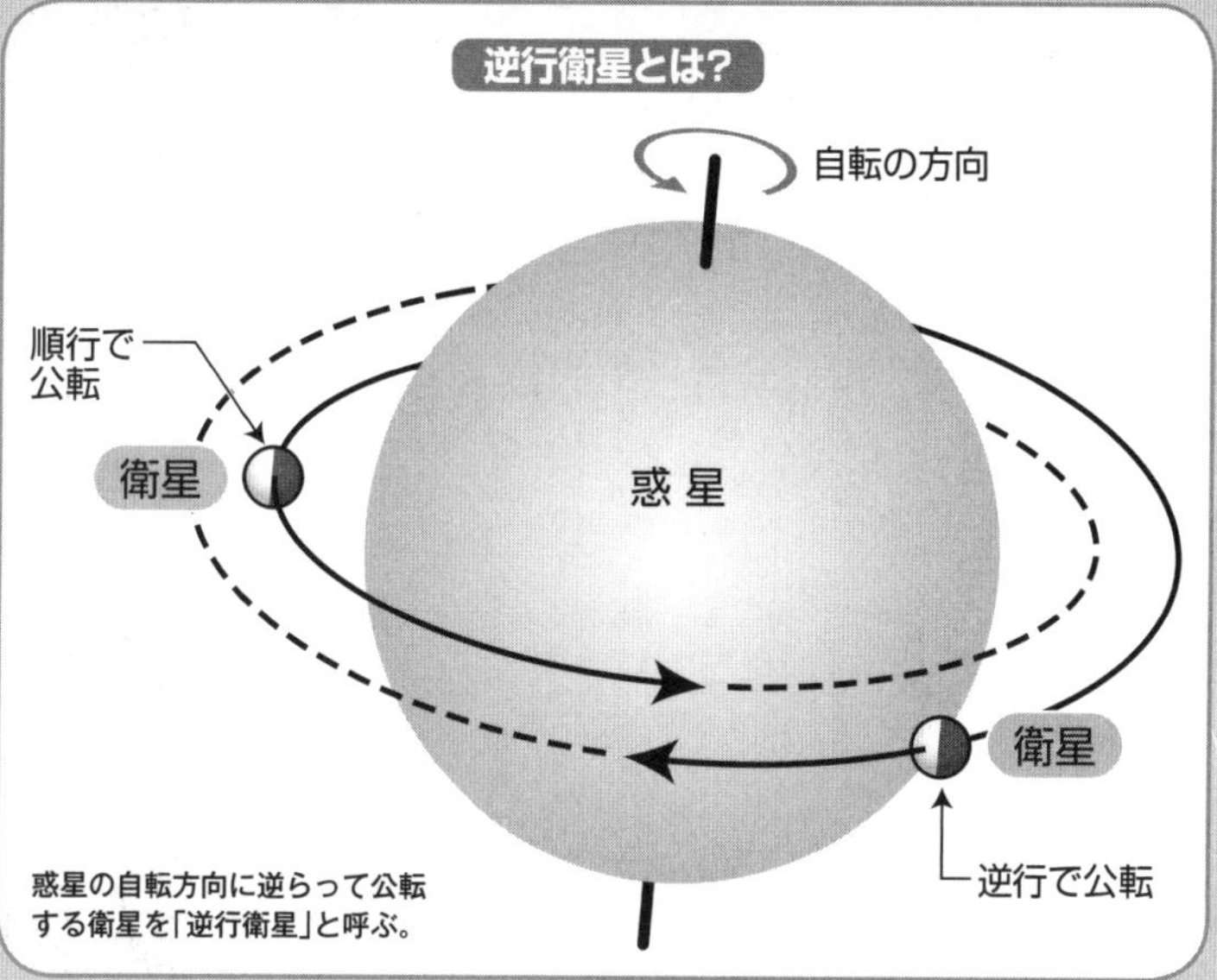

惑星の自転方向に逆らって公転する衛星を「逆行衛星」と呼ぶ。

逆行衛星が生まれた理由とは?

では、なぜこのような逆行衛星が生まれるのだろうか。現時点では仮説にすぎないが、惑星の近くを通過した天体がその重力に捕らえられ、たまたま逆行する軌道に乗ってしまったのではないかという説が有力だ。トリトンやフェーベといった比較的大きな天体は、かつては「エッジワースカイパーベルト天体」だったと考えられている(110ページ参照)。ただ、トリトンの場合、その軌道はほぼ真円に近く、惑星の重力に偶然捕らえられた天体がこれほどきれいな軌道になるものなのかという点で疑問も残る。

広い宇宙には、これから太陽系のような恒星系になる前の降着円盤(60ページ参照)がいくつも形成されている可能性がある。こうした原始恒星系の観測ができれば、逆行衛星誕生の謎も解明できるかもしれない。

太陽に近い水星が実は寒い星だった？

1日の温度差600℃の過酷な世界

特異な性質を持つ太陽系内最小の惑星

太陽系の中で、水星はもっとも太陽に近い軌道をめぐる惑星だ。地球から見ると、水星は常に太陽のそばにあるため、日没直後か日の出直前にしか見えず、観測が非常に難しい惑星だった。やがて観測技術が発達し、レーダーによる観測が行われるようになると、水星が特異な性質を持つ惑星であることがわかってきた。

水星の赤道傾斜角（自転軸の傾き）は0・0027度以下で、ほぼ直立した形で自転していることになり、地球の四季のように自転軸が傾いていることで生じる季節の変化はない。

また、水星は太陽系内の惑星でもっとも小さく、大きさが地球の5分の2程度しかないが、比重（水の密度との比率）は地球に次いで2番目に大きい。こうした特徴は、水星の核（コア）が重い金属（ニッケルと鉄の合金）で構成され、しかも大きさが体積の4割以上あるためだと推測されている。太陽系の惑星でこのような特徴を持つのは水星だけであることから、水星の誕生は他の惑星と状況が異なっていた可能性が考えられる。

88日間の昼と夜が作る過激な温度差

水星はその環境もユニークだ。太陽にもっとも近いため、「暑い星」というイメージがあるが、実は同時にとても「寒い星」でもあるのだ。

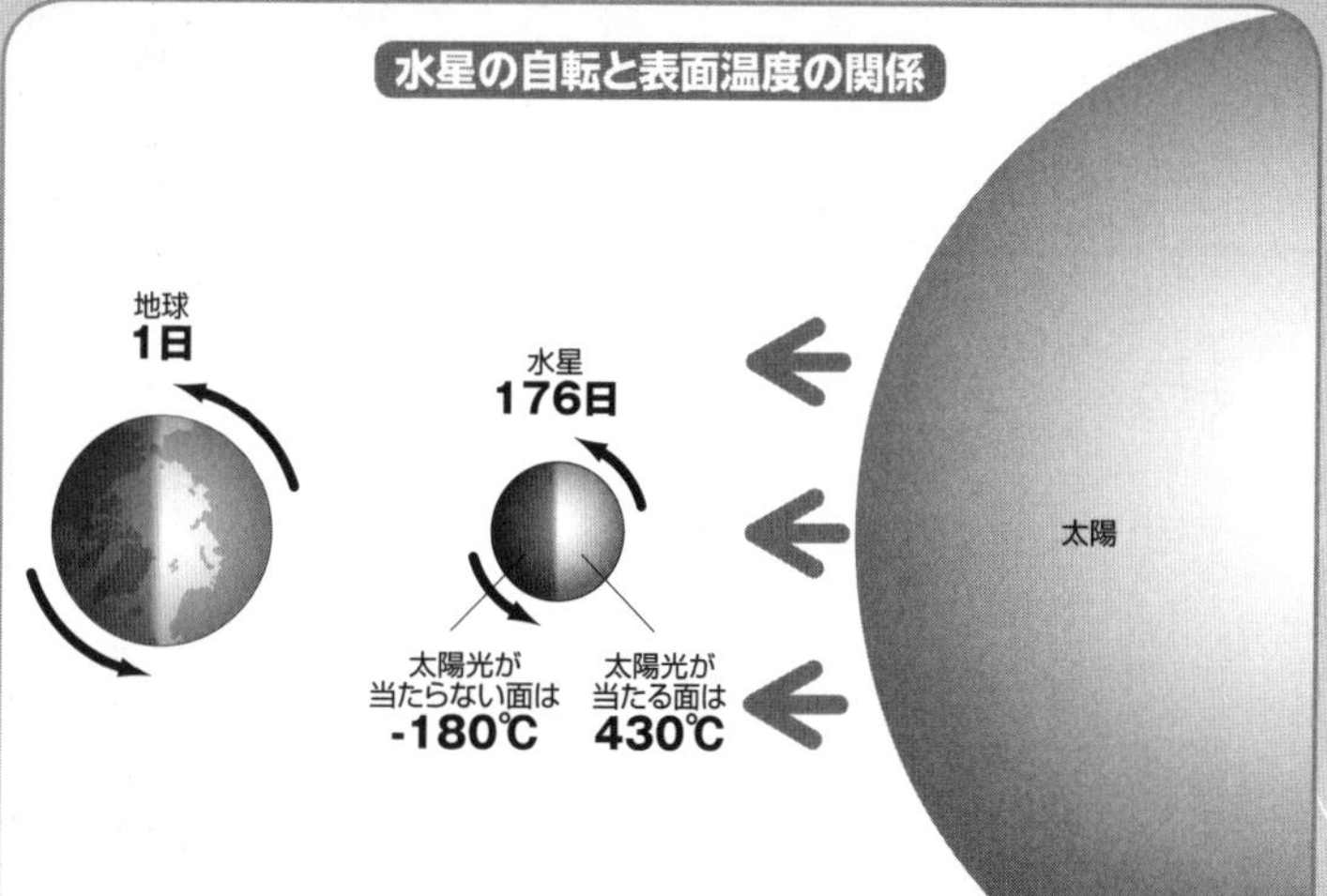

水星は一昼夜がそれぞれ88日間で、太陽光にさらされる昼の時間と、太陽光が当たらない夜の時間がともに長いため、表面温度に極端な差が生じる。

水星の公転周期は87・97日（約88日）、自転周期は58・65日（約59日）で、正確に3対2の比率になっている。水星は太陽の周りを2回公転する間に3回自転しているわけだ。この奇妙な関係のために、太陽が水星の空を一巡する時間、つまり水星の1日は水星の2年分にあたる176日となる。要するに、水星では88日間が昼で、88日間が夜ということになるのだ。

太陽に近い水星には、太陽から地球の6倍以上のエネルギーが降り注ぐ。水星には温度を下げる要因となる海も大気もないため、昼の88日間太陽光が当たることで、赤道部では温度が最大430℃にも達する。まさに灼熱の世界だ。

しかし、昼と同様に夜も88日間続く。その間はまったく太陽光が当たらなくなるため、長い夜が明ける直前にはマイナス180℃まで温度が下がってしまうのだ。水星は1日の温度差が実に600℃もある激烈な環境の星なのだ。

水星表面が〝しわしわ〟な地形になった理由

水星はどんどん縮んでいる？

計算と合わない観測データの謎

程度の差はあるが、実は惑星はすべて誕生後から少しずつ冷えて縮小している。太陽系内の惑星でもっとも直径が小さく、質量も小さい水星も例外ではない。天体が冷却する過程を計算で求める「熱進化モデル」での計算結果から、水星は小惑星などが降り注いでいた約38億年前に比べて、5～10キロメートルほど縮小していると考えられてきた。

ところが、NASAの打ち上げた探査機「マリナー10号」が、1974年から1975年にかけて地表のおよそ45パーセントを観測したデータは、予測とは違う数値を示していた。水星の縮小は直径で2～6キロメートル程度であったことを示唆していたのだ。どうして熱進化モデルとの差が生じたのか、謎のままだった。

最新の観測結果が証明した水星の縮小

2004年8月に打ち上げられたNASAの水星探査機「メッセンジャー」は、2011年3月に水星の周回軌道に到達し、2015年5月までの4年余の間、詳細な観測を行って水星の全地形データを取得した。「メッセンジャー」が撮影した水星表面には、長さ540キロメートルにわたってしわの寄ったような尾根と波打つ崖をはじめ、縮小に起因すると思われる地形が約6000か所も発見された。こうしたデー

メッセンジャーが捉えた水星縮小の証拠

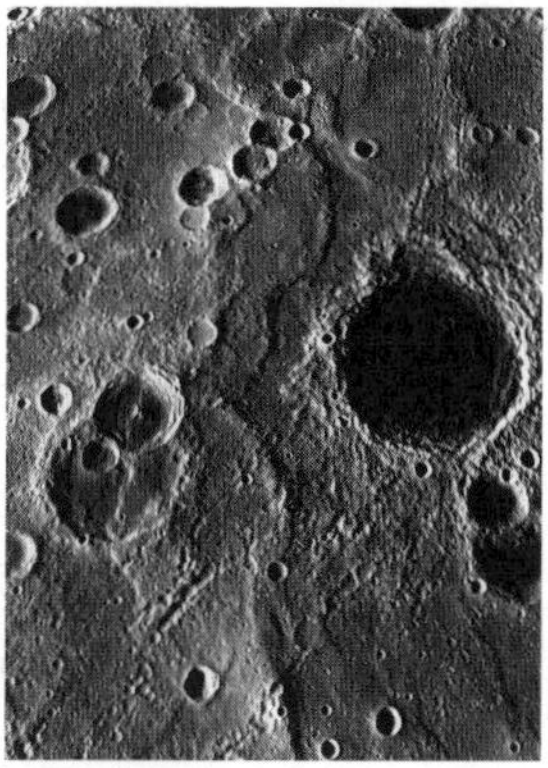

水星の表面の様子。クレーターの間を540キロメートルにわたって尾根と崖が連なっている。

NASAの水星探査機「メッセンジャー」。4年を超える観測により、水星に関するさまざまな新事実が判明した。

タを解析した結果、水星の直径は過去38億年の間に14キロメートルほど短くなっていることが判明し、熱進化モデルが間違っていなかったことが証明されたのである。

19世紀ごろ、地球の地形についても、「地球の山脈は地球が縮小することでできた」とする学説があったが、「地殻は1枚の層ではなく、独立した複数のプレートが動いている」とするプレートテクトニクス（プレート理論）によって否定された。水星は地球のように複数のプレートを持たず、岩石のプレート1枚に覆われているため、岩石のプレートが縮むことで表面がひずみ、まるで干しぶどうの表面のようにしわ状の複雑な地形が形成されたのである。

ただ、月や火星などに比べて、水星の収縮度合いが大きいという謎が残る。今後、「メッセンジャー」の観測データの解析が進めば、水星の収縮のメカニズムが判明するかもしれない。

金星の火山は今も盛んに活動している？

最近わかった地球の「双子星」の姿

硫酸の雨が降る過酷な金星の環境

金星の直径は地球の95パーセント、質量は地球の80パーセントと、地球と非常に似た星であることから、「地球の双子星」や「姉妹星」などとも呼ばれている。今ほど観測技術が発達していなかったころには、その環境も地球に似ているのではないかと考えられていた。

しかし、実際の金星は、地球とは大きく異なる過酷な世界だ。金星の表面は、主に二酸化炭素からなる厚い雲に覆われており、その雲による温室効果で地表の温度は400℃以上、気圧は90気圧にもなる。また、大気上層部では時速350キロメートルの暴風が吹き荒れ、硫酸の雨が降っているが、雨は地表まで届かないため、湖や海は存在しない。太陽系が形成され、地球や金星が誕生した当初は似たような環境だったかもしれないが、現在では天国と地獄のように違ってしまったのである。

探査機が捉えた火山活動の証拠

ただ、火山については、やはり地球と金星はよく似ているようだ。古くから金星に火山が存在することは知られており、NASAの金星探査機「マゼラン」によるレーダーを使った観測では、地球とそっくりな火山が金星表面に確認されていた。また、金星表面のクレーターが、溶岩によって覆い隠されたと考えなければ説明

現在も活発な活動を見せる金星の火山

金星には数百の火山があるが、ESAの金星探査機「ビーナス・エクスプレス」によって、現在でも活発な火山活動が続いていることが判明した。図は激しく噴火する金星の火山の想像図。 © ESA/AOES

がつかないほど数が少なかったことから、最低でも5億年ほど前には火山活動があったのではないかと推測されている。

2005年11月に打ち上げられ、2006年4月に金星へ到達したESAの金星探査機「ビーナス・エクスプレス」は、金星表面の複数の場所で、非常に高温な領域（ホットスポット）を発見した。中には815℃を超える場所もあり、金星の火山活動の現れであると考えられている。「ビーナス・エクスプレス」はそれまでにも250万年前の火山活動と思われる痕跡を見つけていたが、現在も活動を続けている火山の発見は非常に衝撃的といえる。地球ではプレートテクトニクスによってプレート境界面に火山活動が多く見られるが、金星にはそのようなプレートテクトニクスの痕跡はないからだ。地球と金星のメカニズムの違いを調べることは、地球の地質学研究にも大きく貢献するだろう。

金星の自転速度が遅くなっている？

太陽系で一番長い1日を持つ星

金星の1日は異常に長い？

前項で説明したように、「双子星」と呼ばれるほど大きさや質量が地球と似通った金星だが、異なる部分も多い。金星の自転周期もそのひとつだ。ＮＡＳＡの金星探査機「マゼラン」は、レーダー観測によって金星の分厚い雲の下に隠れている地表の観測を行い、地形の動きの変化から、金星の自転周期が地球の時間でおよそ２４３日になることを突き止めた。

地球の自転周期は約24時間、つまり1日で一回転するが、それに比べると金星の１日は非常に長い。金星の公転周期（金星の１年）は約２２５日なので、金星では1日が1年よりも長いことになるのだ。ちなみに、水星でも同様の自転と公転の関係性が見られる(70ページ参照)。

金星の自転周期は、太陽系の他の惑星と比べても非常に長い。なぜ金星の自転速度がこれほどまでに遅いのか、その理由はわかっていない。

大気が自転にブレーキをかけている？

そんな金星の自転速度がさらに遅くなっている、という驚きの研究結果が発表された。ＥＳＡの金星探査機「ビーナス・エクスプレス」による観測結果と、その16年前に「マゼラン」が観測した結果を比較したところ、約6・5分も自転周期が長くなっていたという。地球の自転も少しずつ遅くなっているが(40ページ参照)、そ

探査機の観測で明らかになった自転速度の変化

金星を探査するESAの金星探査機「ビーナス・エクスプレス」（想像図）。同機とNASAの金星探査機「マゼラン」の観測結果から、金星の自転速度は16年前よりも約6.5分遅くなっていることが判明した。

のスケールは1年で数ミリ秒程度なので、この観測結果は驚くべき数値といえるだろう。

金星の自転速度が遅くなった原因として、金星の大気の影響が考えられている。金星の大気は厚く濃密な二酸化炭素が主成分で、常に台風並の強風が吹いている。また、地表面の気圧は地球の90倍という高圧の世界だ。だが、大気の影響だけでは自転速度の遅延は説明がつかない。

金星のこの新たな謎を解明するためには、より高精度な観測が必要になるが、その観測にJAXAの金星探査機「あかつき」が貢献するはずだ。「あかつき」は当初「ビーナス・エクスプレス」と同時期に観測を行う予定だったが、2010年12月に金星周回軌道への投入に失敗し、5年後の2015年12月に行われた再投入によって、ようやく金星周回軌道に乗った。これを「ケガの功名」として、金星の謎の解明につながることを期待したい。

太古の火星には巨大な海があった？

岩石と砂に覆われた「赤い星」の驚きの過去

探査によって判明した水の存在

火星を望遠鏡で見ると、うっすらとした黒い線が見える。イタリアの天文学者は、この線をイタリア語で「溝」を意味する「canali」と記述した。ところが、英訳の際に「canal（運河）」と誤訳されてしまったため、「火星には運河がある」という説が広まった。そして、「運河があるなら、当然それを作った文明もあるはずだ」という考えから、いつしか「火星人存在説」がまことしやかに語られるようになる。やがて観測技術が発達し、探査機が火星の調査を行うようになると、火星表面に見えた黒い線は運河ではなく、自然の地形であることが判明し、火星人の存在も否定されたのである。

ただし、運河がないからといって、火星に水がなかったということではない。かつて火星に水が存在したという証拠がいくつも発見されているのだ。火星表面には、線状の模様など水の浸食でできたような地形があちこちに見られる。また、NASAの火星探査ローバー「キュリオシティ」の掘削作業で得られたサンプルからは、酸性度の低い溜まった水の中で作られる粘土の一種「スメクタイト」も見つかっている。

さらに、火星の大気の分析により、約43億年前の火星には大量の水が存在したとする研究結果も発表された。この研究によると、水の量は火星の表面を137メートルの厚さで覆うほど

かつて火星は広大な海を持つ「青い星」だった

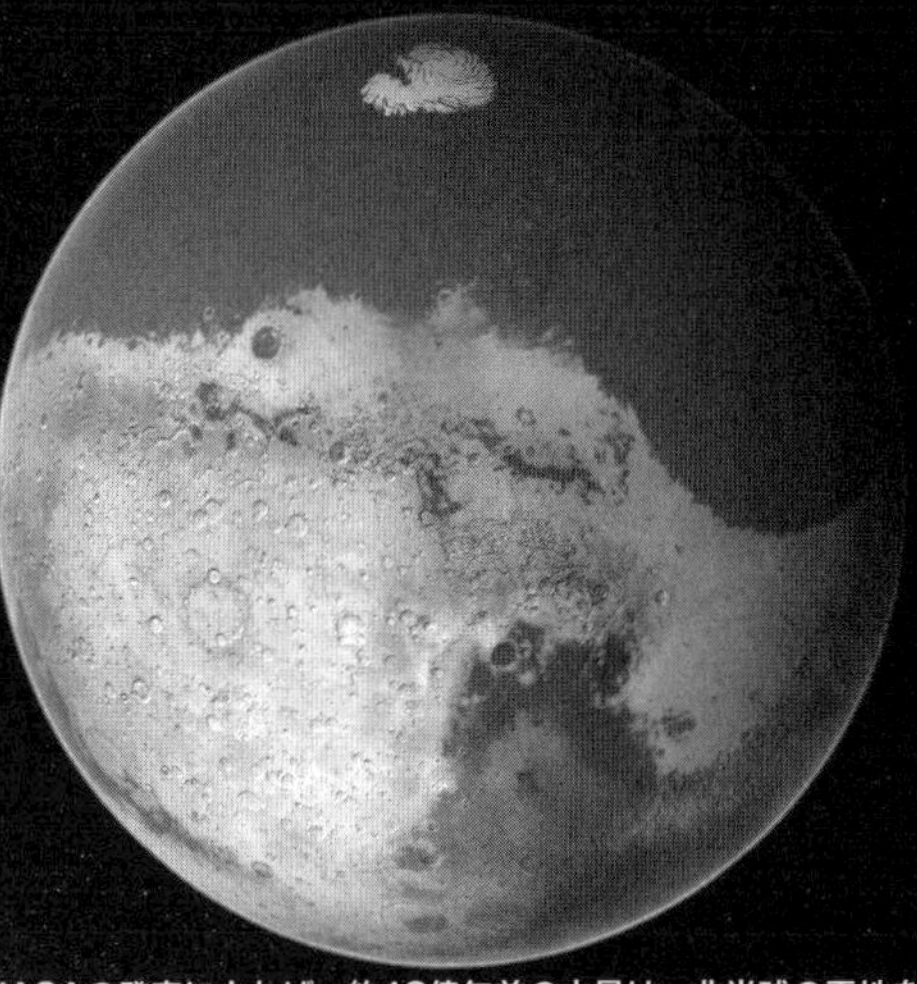

NASAの発表によれば、約43億年前の火星は、北半球の平地を中心に、地表の約19パーセントが海になっていたという。図は北半球が水で覆われた火星の想像図。
© NASA/GSFC

だったという。火星の地形は北半球よりも南半球の標高のほうが高いため、水があったとすれば、北半球が大きな海になっていただろう。

火星の地下には大量の水がある?

では、火星には今も水があるのだろうか。その答えは「ある」だ。火星の高緯度地域には「極冠」と呼ばれる二酸化炭素の氷(ドライアイス)があるが、そのドライアイス層の下に凍った水が存在すると考えられているのだ。

また、NASAの火星探査機「マーズ・リコネサンス・オービター」の観測で、クレーターの急斜面にある黒い筋が、暖かい季節には長く伸び、しばらくすると消えることが判明した。筋が季節ごとに現れたり消えたりするのは、火星に液体の形で水が存在する証拠ではないかと推測されている。ただ、温暖期に流れ出る水の水源がどこなのかは、まだわかっていない。もしかしたら、地下に大量の水が存在しているのかもしれない。人類の火星進出計画が検討されているが(226ページ参照)、その水が利用可能なら、火星への移住も容易になることだろう。

火星探査に飛行機が活躍する?

これまでにない機動力が期待される探査機

現在の探査方法では限界がある?

月に到達した人類が、次の目標としているのは火星だ。アメリカやヨーロッパだけでなく、ロシア、中国、インド、そしてもちろん日本も、2020~2025年ごろを目標に、無人あるいは有人でのさまざまな探査計画を立てている。というのも、火星が「第2の地球」になる可能性があるからだ(226ページ参照)。

火星には、これまでも数多くの探査機が送り込まれている。直近で火星に到達したのはインド宇宙研究機関の探査機「マンガルヤーン」で、2014年9月に火星周回軌道に投入された。また、NASAの火星探査ローバー「キュリオシティ」は2012年8月に火星に軟着陸し、火星表面を移動しながら採掘を行い、火星土壌の分析など、探査を継続している。

ただし、現在の火星探査の方法には限界がある。火星の周回軌道からの観測では、広範囲の観測はできても精密な測定は難しく、一方、精密な測定が可能なローバーは、移動に時間がかかるうえに、地形によっては進入できない場所もあるためだ。そこで、NASAやJAXAでは火星を探査する飛行機の研究を進めている。

火星飛行機実現のための課題とは?

地球よりは薄い(気圧が低い)ものの、火星にも大気が存在しており、火星で飛行機を飛ば

火星の空を飛行機が飛ぶ

NASAが検討している火星飛行機（想像図）。火星の希薄な大気圏内を飛行するために、巨大な主翼を持つデザインになっている。ほかにもさまざまなタイプの飛行機が研究されている。

© NASA Illustration/Dennis Calaba

すことは不可能ではない。そうはいっても、火星の環境は地球とは異なるため、地球で飛んでいる飛行機をそのまま火星で飛ばすことはできない。そこには越えなければならないいくつかの技術的課題があるのだ。

火星の重力は地球の約3分の1しかないため、飛行機が飛ぶために必要な揚力（浮き上がる方向への力）も3分の1になるが、大気密度は地球の約100分の1しかないため、同じ速度で得られる揚力も100分の1しかない。しかも、地球よりも低速で衝撃波が発生してしまう。また、大気の主成分が二酸化炭素であるため、酸素を燃焼させるジェットエンジンは使えない。さらに、地球では当たり前に使用しているGPSや方位計も使うことができないのである。

こうした課題をクリアできれば、火星探査が格段に進歩するだけでなく、大気を持つ他の天体でも利用できるようになるはずだ。

木星は太陽になりそこねた星だった？

質量不足が招いた現在の姿

太陽と同じ成分でできている木星

木星は太陽系内でもっとも大きな惑星だ。地球と比べると、赤道半径は約11・2倍、体積は約1321倍、質量は約317・83倍、そして重力は約2・4倍と、そのスケールの大きさがわかるだろう。

木星の大気を構成する主な成分は、水素とヘリウムで、太陽と似通った大気成分を持っている。そのため、古くから木星は「太陽になれなかった星」、あるいは「太陽になりそこねた星」とも呼ばれている。では、実際にあとどのくらい大きかったら、木星は太陽のような恒星になれたのだろうか。

原子惑星の内部で軽水素による核融合が起こるには、中心核の温度が300万〜400万℃を超えなければならない。そのためには、少なくとも太陽の8パーセント程度の質量が必要だといわれている。ところが、木星の質量は太陽の0・001倍程度しかないため、単純に考えても、今の80倍は質量がなければ、木星が太陽のように光を放つ星になることはないのだ。

一方、軽水素ではなく重水素ならば、もっと低い温度で核融合が起こる。もしも木星が現在よりも13倍程度重ければ、重水素による核融合反応が起こっただろう。ただし、重水素の核融合は持続しないため、木星は熱を放射する「褐色矮星」となったはずだ（129ページ参照）。

太陽と木星と地球の大きさを比較すると?

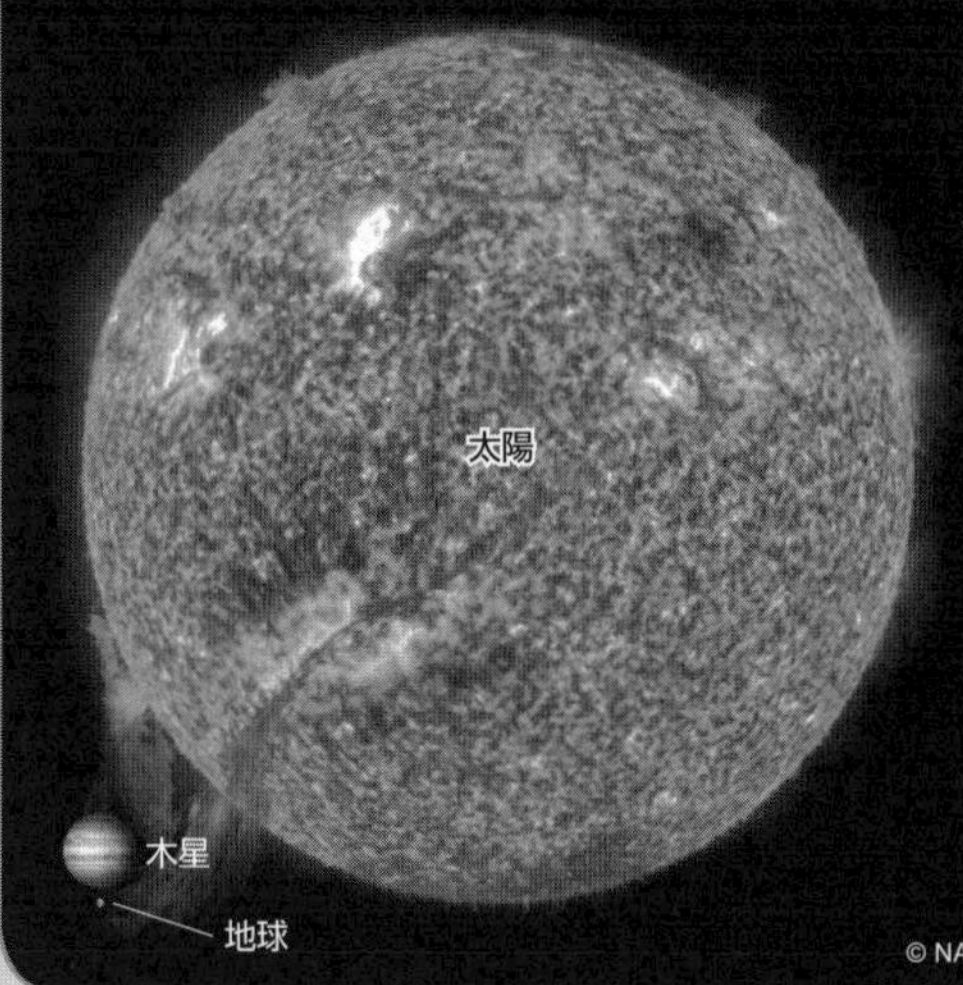

地球を1とした場合、木星と太陽の赤道半径はそれぞれ地球の11.2倍と109.1倍、質量は317.83倍と33万2946倍となる。木星が「もうひとつの太陽」になるためには、少なくとも今の80倍の質量が必要とされる。

太陽がふたつある太陽系の姿とは?

では、仮に木星の質量が今の80倍以上あって、核融合反応が起こったならば、太陽系はどうなっていただろうか。まず、恒星化した木星はその引力により、現在よりも太陽に近い軌道を描くようになっただろう。お互いの周りをグルグルと回る「二連星」となった可能性が高い。そうなると、水星や金星は今の軌道からはじき飛ばされ、地球や火星とともに複雑な螺旋軌道を描くようになったと思われる。

もし、木星が今の軌道のままで「第2の太陽」となった場合はどうだったろう。木星と太陽の距離は、地球と太陽の距離の5・2倍。太陽—地球—木星と並んでいる場合、地球から見れば、木星は太陽よりも約4倍遠いことになる。だから、たとえ木星が恒星化したとしても、地球に与える影響はそれほど大きくはなかっただろう。

木星の大赤斑が縮んできている?

350年以上消えない巨大な渦

謎に満ちた木星の「赤い目玉」

主に水素とヘリウムから構成される木星は、太陽系の中でもっとも巨大なガス惑星だ。その木星の表面には、特徴的な縞模様とまるで目玉のように見える「大赤斑」が浮かんでいる。この大赤斑は、地球が2~3個すっぽりと入ってしまうくらい巨大な大気の渦で、その色は赤というよりもオレンジ色に近い。

1665年に大赤斑が発見されて以来、「大赤斑はどのようにして生まれたのか」という問題に対して、さまざまな仮説が立てられてきた。大気に渦が生まれ、実に350年以上もそのまま消えずにいるのには、何らかの原因があるはずだ。しかし、大赤斑のメカニズムは、今も解明されていない。

大赤斑に何が起こったのか?

ところで、この大赤斑が徐々に小さくなってきているのだ。天文学者たちは、1930年代から大赤斑の収縮に気がついていたという。

1979年にNASAの探査機「ボイジャー1号」と「ボイジャー2号」が木星に接近した際、観測された大赤斑の直径は2万3000キロメートルあったが、1995年に「ハッブル宇宙望遠鏡」が行った観測では、2万1000キロメートル弱になり、2009年には1万8000キロメートル弱になっていた。さらに、20

小さくなってきた大赤斑

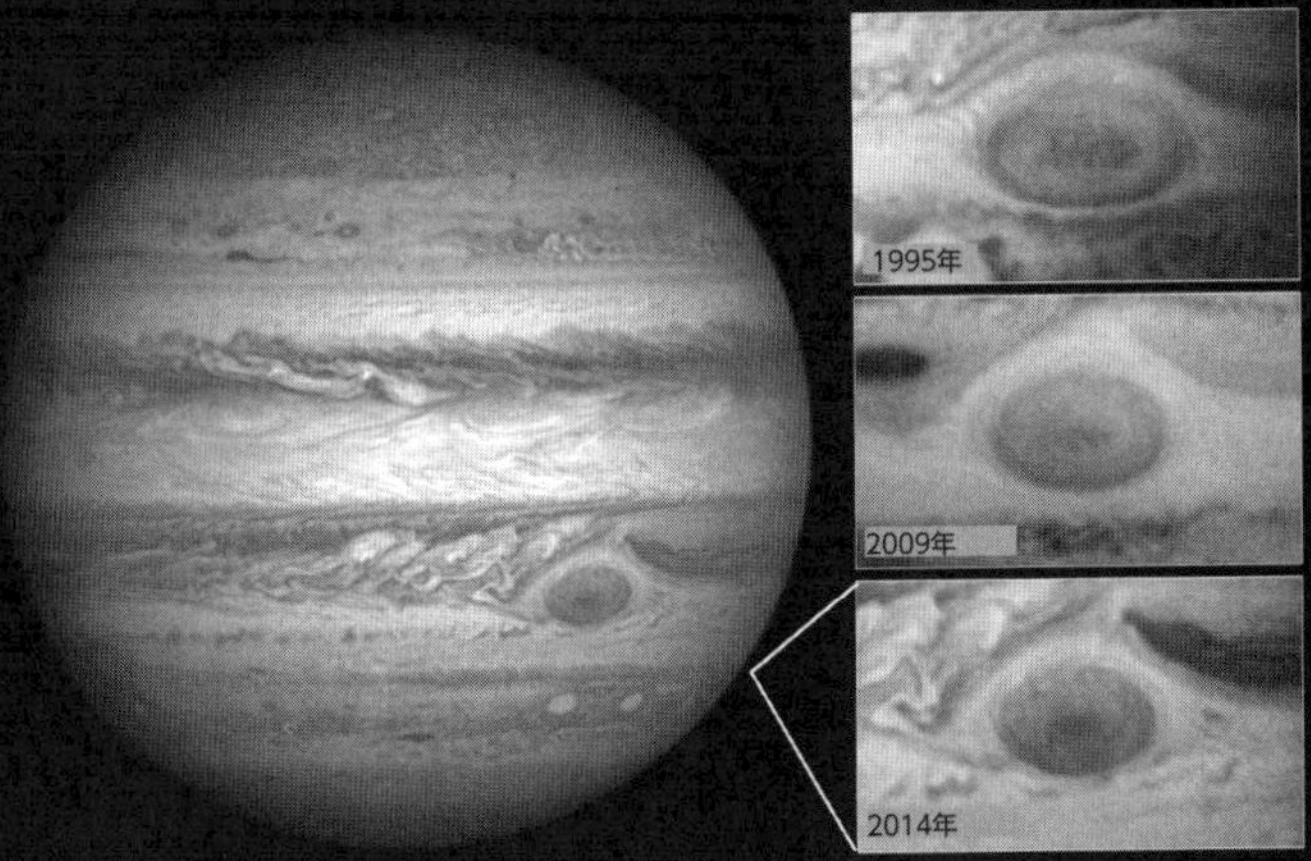

「ハッブル宇宙望遠鏡」によって撮影された木星の大赤斑。1995年、2009年、2014年の状態を比較すると、約20年間の変化がよくわかる。

© NASA/ESA

12年初頭からは、年間で約930キロメートルと収縮のペースが速まり、2014年には1万6500キロメートルまで縮小した。その形も楕円形から真円に近く変化している。

収縮のペースが速くなった原因として、大赤斑の周囲にあった小さい斑点が2008年に消失したことが関係していると思われる。小さい渦が大赤斑に巻き込まれたことで、大赤斑の内部構造が変化した可能性が、研究者によって指摘されているのだ。ただ、2015年の観測では、収縮のペースが年間240キロメートルになり、少し落ち着いたようである。

2016年7月には、NASAの木星探査機「ジュノー」が木星の極軌道に到達する。「ジュノー」は、およそ1年にわたって木星の詳細な観測を行う予定だ。そのデータを解析すれば、大赤斑のメカニズムや収縮の謎を解明するための手がかりが得られるかもしれない。

地球の海よりも豊富な水をたたえている?

木星の衛星ガニメデには海がある?

太陽系中で最大の氷の衛星

木星は太陽系でもっとも多くの衛星を持っている。2016年1月現在で確認されている衛星の数は67個。そのうちのイオ、エウロパ、ガニメデ、カリストの4つは、発見者ガリレオ・ガリレイにちなんで「ガリレオ衛星」と呼ばれている。その中でも、ガニメデは太陽系内にある衛星としてはもっとも大きく、直径がおよそ5260キロメートルもある。地球の衛星である月や惑星である水星よりも大きいのだ。

ガニメデの内部構造は、地球のように複数の層で構成されていると考えられている。ただし、地球とは少し構造が違っていて、中心には金属の核（コア）があり、その周りに岩石のマントル層、その上に柔らかい氷の層、そして、表層が硬い氷で覆われていると推測される。

また、以前から内部の層と表層との間に、液体の状態での水が存在する可能性が高いとされ、2015年3月にはその新たな証拠が見つかったとする研究成果が公表されている。

オーロラの揺れが水の存在を示す?

ガニメデは衛星で唯一磁場を持つ天体で、ガニメデの磁場と木星の磁場とがぶつかることで、ガニメデの表面近くにオーロラが発生する。このオーロラは、木星の磁場が変動するたびに連動して揺れ動くのだが、「ハッブル宇宙望遠鏡」

の紫外線観測によって、ガニメデがすべて固体で構成されているとの想定で推測した結果よりもオーロラの揺れが小さいことがわかった。これは、天体の内部にある導電性の液体（おそらく塩水）が動くことで二次的な磁場が発生し、オーロラの揺れを軽減していると考えられるのだ。

　研究によれば、厚さ150キロメートルのガニメデの氷の下に、深さ100キロメートルの海があるという。その水量は地球の表面に存在する水の総量よりも多いと見られている。

　ESAが2022年に打ち上げる予定の探査機「JUICE（ジュース）」は、2030年に木星圏へ到達し、木星とガニメデ、カリストの調査を行う予定だ。また、ロシアもガニメデに探査機を送り込む計画があり、ESAとの協力を模索している。これらの探査によって、もしかしたら生命が存在する痕跡を見つけることができるかもしれないと期待されている。

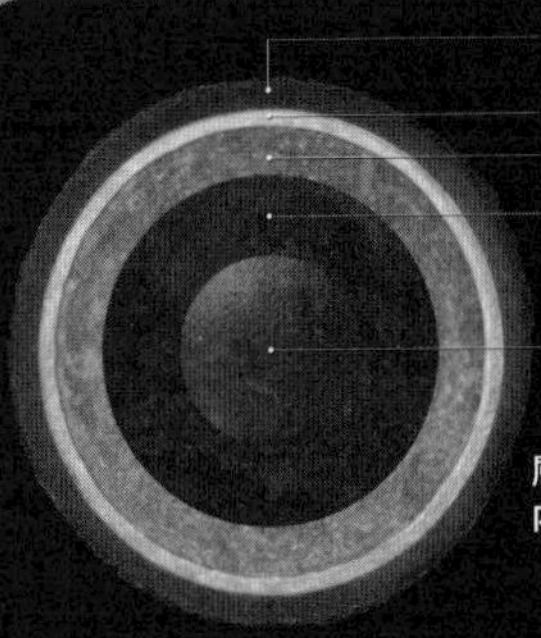

層を成すガニメデの内部構造（想像図）。

地下に巨大な海を持つ衛星ガニメデ

オーロラは水の有無によって揺れ動く角度が異なることから、ガニメデの内部には水があると推測されている。

海がない場合
オーロラは6度の傾きで揺れ動く。

海がある場合
地下の塩水によって発生した磁場がオーロラの揺れを弱めるため、2度の傾きに抑えられている。

© NASA, ESA, and A. Feild (STScI)

2章

見かけの大きさからは考えられない軽さ

土星を水に入れると浮いてしまう?

厚いガスが取り巻く「巨大ガス惑星」

土星は太陽系内で、木星に次いで2番目に大きい惑星だ。こちらも地球と比較してみると、赤道半径が約9・4倍、体積が約755倍、質量が約95倍という巨大さである。ところが、土星の平均密度は太陽系の惑星の中でもっとも低く、1立方センチメートルあたり0・69グラム程度しかない。

土星の中心には鉄や岩石でできた核(コア)があり、その上に液体の水素、気体の水素の層があると考えられている。木星と同様に、土星も大気の9割以上を水素が占めており、あとは5パーセント程度のヘリウム、残りがメタン、アンモニアなどの気体で構成されている。このように中心核の周囲を厚いガスが取り巻いている惑星を「巨大ガス惑星」と呼ぶ。太陽系の惑星では木星と土星、そして天王星と海王星が該当する。中でも、木星と土星については「木星型惑星」と区分することもある。

ちなみに、地球のように主に岩石や金属でできている惑星のことは「地球型惑星」と呼ぶ。太陽系では、地球をはじめ、水星、金星、火星がこれに含まれる。

土星を大きなプールに入れると……?

ところで、もし惑星を水に浮かべたらどうなるか、考えたことはあるだろうか。「惑星は巨大

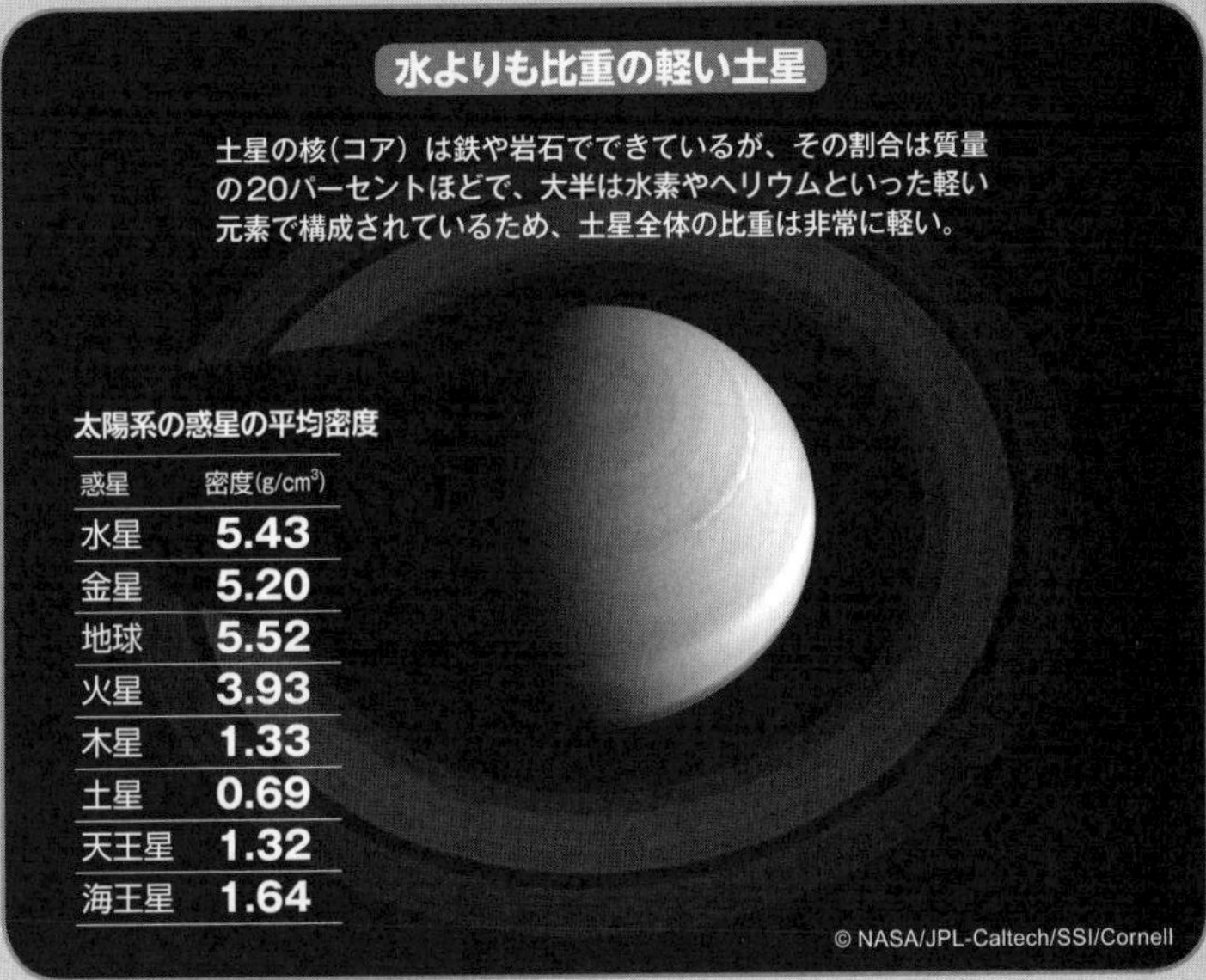

水よりも比重の軽い土星

土星の核（コア）は鉄や岩石でできているが、その割合は質量の20パーセントほどで、大半は水素やヘリウムといった軽い元素で構成されているため、土星全体の比重は非常に軽い。

太陽系の惑星の平均密度

惑星	密度(g/cm³)
水星	5.43
金星	5.20
地球	5.52
火星	3.93
木星	1.33
土星	0.69
天王星	1.32
海王星	1.64

なのだから、当然どの惑星も水に沈んでしまうだろう」と思うことだろう。ところが、実はそうではない。太陽系の8つの惑星のうち、土星だけは水に浮いてしまうのだ。「土星のリングが浮き輪になるから」などというユーモア回答ではなく、前述のように土星の平均密度は1立方センチメートルあたり約0・69グラムで、水よりも比重が小さいことが理由だ(上の表を参照)。

もちろん、現実には惑星を水に浮かべたりできるはずはない。これは「同じ環境に置いた惑星を巨大なプールに入れてみたらどうなるか」という思考実験（実際には実験を行わず、対象と与えられた条件によって、実験を実施したら得られるであろう結果を推測すること）なのだ。「大きな星は当然水に沈むもの」というイメージを壊すこと、あるいはデータをもとにした科学的な考え方を学ばせることが目的といえる。みなさんは素直に考えられただろうか？

リングがあるのは土星だけではない？

天体を取り巻く幻想的な環

土星以外の天体にもリングを発見

土星を特徴づけているのは、なんといってもその美しいリング（環）だろう。観測精度の低かった時代には、リングを別の惑星に見間違えたり、「土星に耳がある」と思われていたこともあるようだ。土星のリングの厚みは数十メートル程度で、比較的厚い部分でも数百メートルほどしかなく、巨大な土星に比べると非常に薄い。

しかし、このリングは土星特有のものではなく、太陽系の中だけでも、リングを持つ天体がいくつもある。まずは天王星だ。天王星のリングは1977年に発見された。天王星の背後に見える恒星が規則的に瞬いた（星食した）ことから、リングがあることがわかったのである。天王星は自転軸が98度傾き、ほぼ横倒しの状態になっているため（94ページ参照）、リングも垂直面を地球に向けた形になっている。

また、NASAの探査機「ボイジャー1号」によって、1979年には木星、1989年には海王星にリングが存在することが判明している。そして、2014年には小惑星カリクローに、小惑星としては初めてリングの存在が確認された。カリクローは直径約269キロメートル、土星と天王星の間で太陽を回る小惑星だ。

リングは何でできている？

こうしたリングは、氷のかけらや岩石の塵な

さまざまな惑星のリング

（左）木星のリングと（右）小惑星カリクローのリング（想像図）。

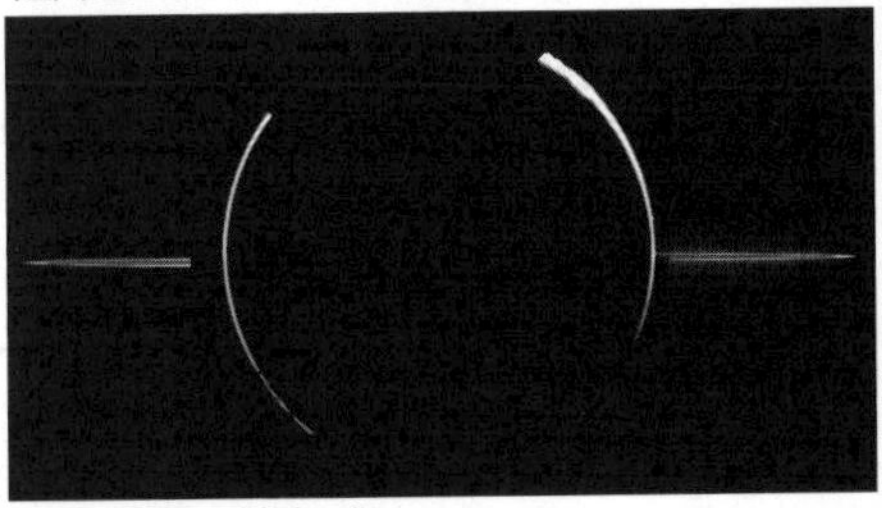

© NASA/JPL/Cornell University

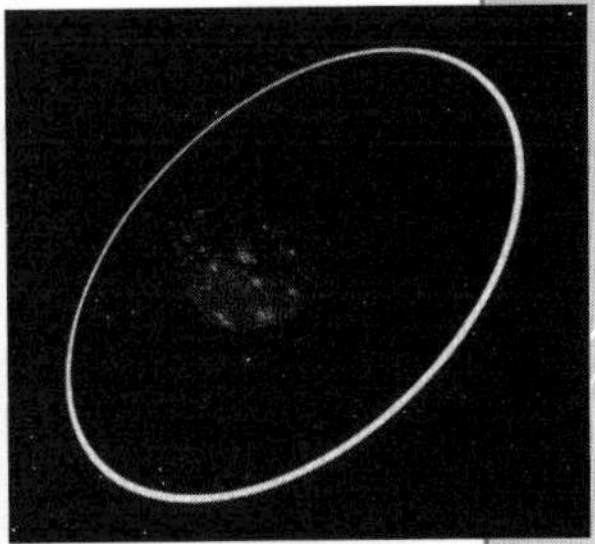

© ESO/L. Calçada/M. Kornmesser/
Nick Risinger (skysurvey.org)

土星のリングが消えて見える「土星環の消失」の様子。直近では2009年にこの現象が起こった。

© NASA/JPL/STScl

どの小さな粒子が寄り集まったものだが、どうやってリングが形成されるのかは、まだ不明な点が多い。主な説に、重力に引き寄せられた衛星や小惑星が互いに衝突したか、あるいは「ロシュの限界」（天体が本星の影響で破壊されずに近づける限界の距離）を越えたためにできた、というものなどがある。なお、リングは恒久的に存在するわけではなく、数万～数億年で散逸してしまうと考えられている。

ちなみに、土星が太陽の周りを回る公転周期は約30年。土星のリングは公転の影響によって地球から見える角度が変わるため、15年ごとに真横から眺めるようになる。その際には、まるで土星のリングが消失したように見える「土星環の消失」が起こる。

2章

いびつで奇妙な土星の衛星ヒペリオン

その姿はまるで宇宙に浮いたスポンジ

不規則な自転が観測をはばむ

惑星や衛星、小惑星などの天体には、奇妙な形や面白い特性を持つものも多く、そうした天体を調べることも天文ファンにとっては楽しみのひとつだろう。土星の衛星ヒペリオン（あるいはハイペリオン）もそんな天体のひとつだ。

1848年に発見されたヒペリオンは、ギリシア神話に登場するティターン（巨人族）のひとり、ヒュペリオンにちなんで名づけられた。土星の衛星は現在までに65個発見されているが、そのうち土星からもっとも離れた衛星群の中にあり、土星を21日かけて一周している。ジャガイモのようにいびつな形をしているせいで、軌道を回りながら不規則な自転をしている。ほかにこのような動きをする衛星は確認されていない。その動きは予測困難で、ヒペリオンの表面を観測することは非常に難しいのだ。

クレーターができない特異な星

NASAの土星探査機「カッシーニ」が、2005年にヒペリオンに接近して撮影した画像を見て、研究者は驚いた。通常、衛星や小惑星の表面は、他の天体や隕石との衝突によって、多数のクレーターが存在しているものだが、ヒペリオンの場合はクレーターではなく、無数に穴が空いたようになっていたのだ。

これには、ヒペリオンが主に凍結した水、つ

スポンジのような姿をした衛星ヒペリオン

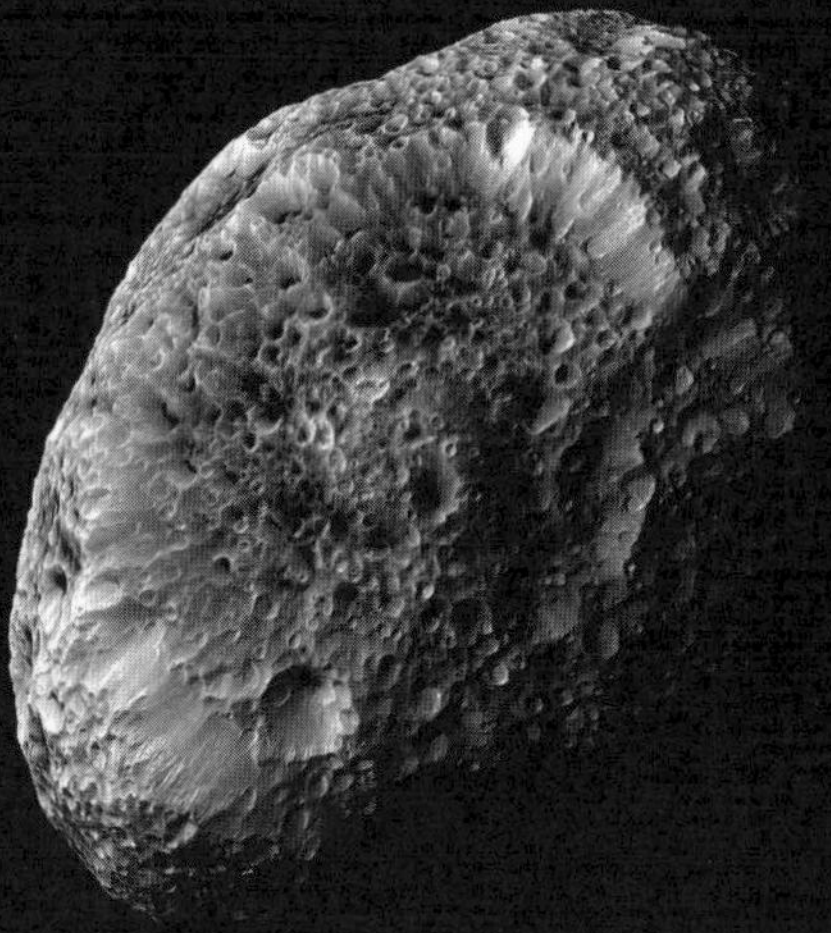

いびつな形をしたヒペリオン。もっとも長い部分でおよそ300キロメートルあり、土星の衛星の中では8番目の大きさだ。

まり氷を主成分としているために密度が異常に低い、つまりスカスカな状態であることが関係している。隕石などがヒペリオンに衝突しても、そのまま天体の奥へめり込んでしまい、衝突の衝撃で飛び散った岩や塵もそのまま宇宙空間へ逃げてしまうため、クレーターにはならないのだ。こうしてヒペリオンは、まるでスポンジか軽石のような姿になったと考えられている。

また、「カッシーニ」の観測によって、ヒペリオンの表面に二酸化炭素の氷（ドライアイス）の存在も確認されている。わずかな熱でもすぐに蒸発してしまうドライアイスが、太陽光の当たる表面でも存在しているのは、二酸化炭素が有機物と結びついているからだという。有機物は生命の材料となるものだ。ヒペリオンに生命が存在する可能性はほとんどないが、私たちが思っているよりも、生命の材料は太陽系内ではありふれたものなのかもしれない。

天王星は過去に大きな天体と衝突した？

横倒しになって公転する星の謎

赤い光を吸収する巨大なガスの星

天王星と次項で説明する海王星は、木星や土星と同様に「巨大ガス惑星」(88ページ参照)に分類されるが、木星と土星とは星の組成に違いがあることから、最近では「天王星型惑星」として区別されることもある。

また、天王星と海王星は「巨大氷惑星」とも呼ばれる。それは、両星が岩石や氷でできた中心核(コア)を、水やアンモニア、メタンなどの氷からなるマントル層が包んでいる構造だからだ。天王星も海王星も太陽から遠く離れているために、惑星表面は極低温となり、アンモニアも凍結してしまうのである。

天王星は、水素とヘリウム、そして微量のメタンやアンモニアを含む大気が覆っていると考えられている。天王星が薄い青色の星に見えるのは、大気中のメタンが赤い光を吸収し、青色の光だけを反射するためだ。同じ青色でも、地球のように海の反射によって青く見えているわけではないのである。

自転軸の傾きはなぜ起こった？

天王星で特筆すべきは、自転軸の傾きについてだろう。天王星の自転軸は、黄道面に対して約98度とほぼ水平に近く傾いており、いわば横倒しになったままグルグルと太陽の周りを回っているのだ。金星の自転軸も約177度と他の惑星に比べて極端に傾いているが、いずれもなぜ自転軸がこれほど他の惑星と異なっているのかはよくわかっていない(62ページ参照)。

まだ仮説の域を出ないが、自転軸が大きく傾いた理由として考えられるのは、月の起源を説明する説で有力視されている「ジャイアント・インパクト説」(48ページ参照)と同じように、天王星や金星も、惑星が形成される途中で巨大な天体と衝突したために、自転軸が大きくずれたのではないかということだ。

また、自転軸の傾きのため、天王星の極地は日照量が多いはずなのだが、奇妙なことに赤道部分のほうが極地よりも温度が高いのだ。これもまた未解明の謎である。

ただ、残念なことに、現在のところNASAの「ボイジャー計画」に続く天王星探査の計画は立てられていないため、天王星の謎が解明されるのは、まだまだ先のことになるだろう。

自転軸が大きく傾いている天王星

自転軸の傾きによって、11本のリングや27個の衛星のすべてが「横倒し」状態になっている。

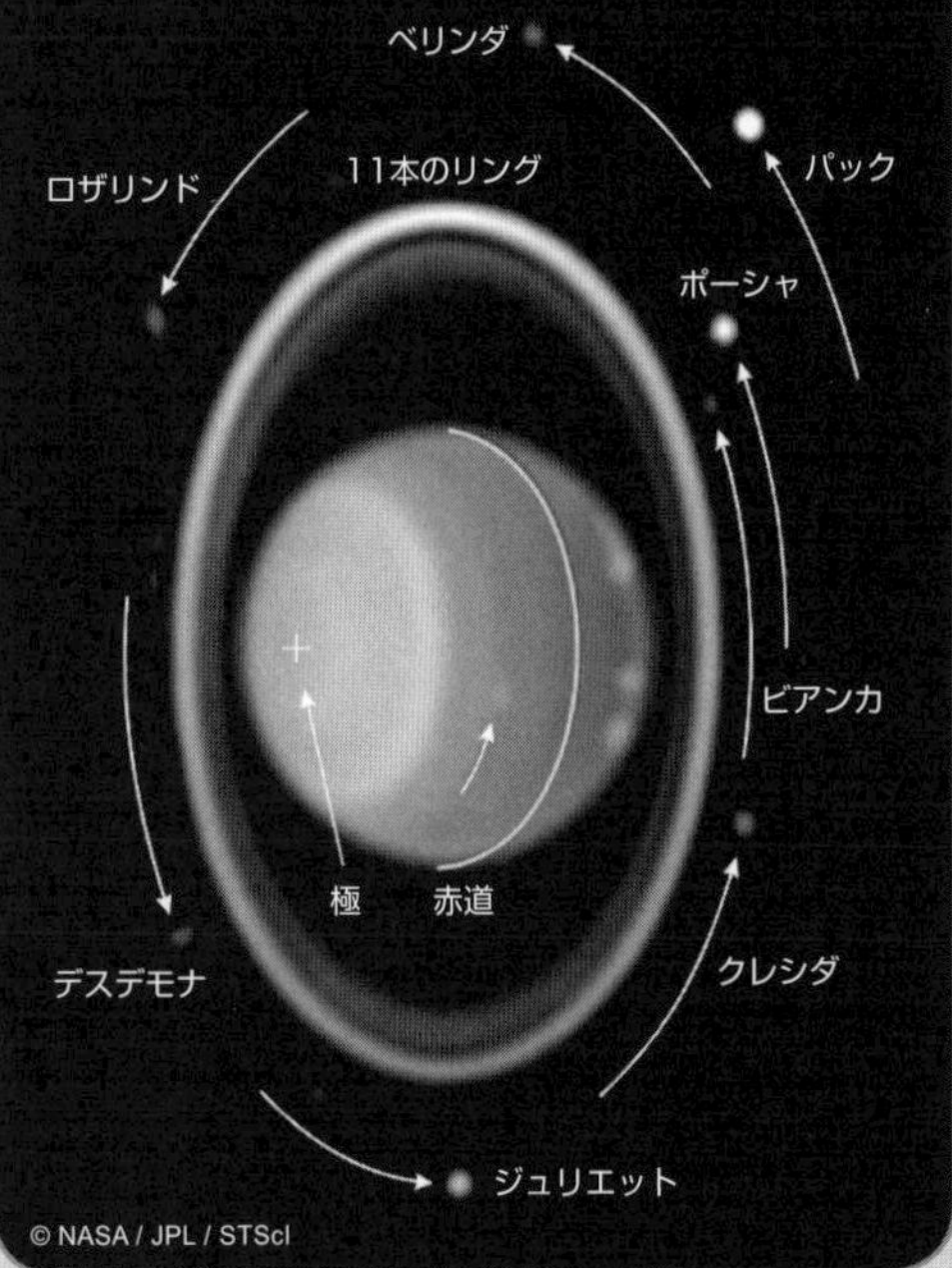

© NASA / JPL / STScl

最遠の惑星で何が起こっているのか?

現れたり消えたりする海王星の渦の謎

計算によって発見された8番目の惑星

海王星は太陽系の8つの惑星の中で、もっとも遅く見つかった星だ。しかも、純粋な観測結果からというよりは、軌道の計算によって発見に導かれたという、変わった経緯を持つ。

星自体の存在は、17世紀前半にガリレオ・ガリレイらによって観測されていたが、当時は「恒星」として記録されていた。「惑星」として観測されたのは1846年のこと。そのころには天王星はすでに発見されており、その軌道が予測された結果との間に差があることから、多くの科学者が「天王星の外側に未知の惑星がある」と考えていた。そんな中、フランスの数学者ユルバン・ルヴェリエが伝えた計算結果に基づいて、ドイツのベルリン天文台に勤務していた天文学者ヨハン・ゴッドフリート・ガレが観測を始めたその夜、海王星を「発見」したのだ。

実はその1か月ほど前に、イギリスの数学者でジョン・クーチ・アダムズも軌道を予測していたが、観測者が海王星を新惑星と認識していなかった。現在では、ルヴェリエ、ガレ、アダムズの3人が、海王星の発見者とされている。

「大暗斑」はどうして消えた?

海王星も前項の天王星同様の内部構造で、外側をガスに取り囲まれた「巨大ガス惑星」(巨大氷惑星)だと推測されている。海王星も大気に

出現と消失を繰り返す巨大な渦

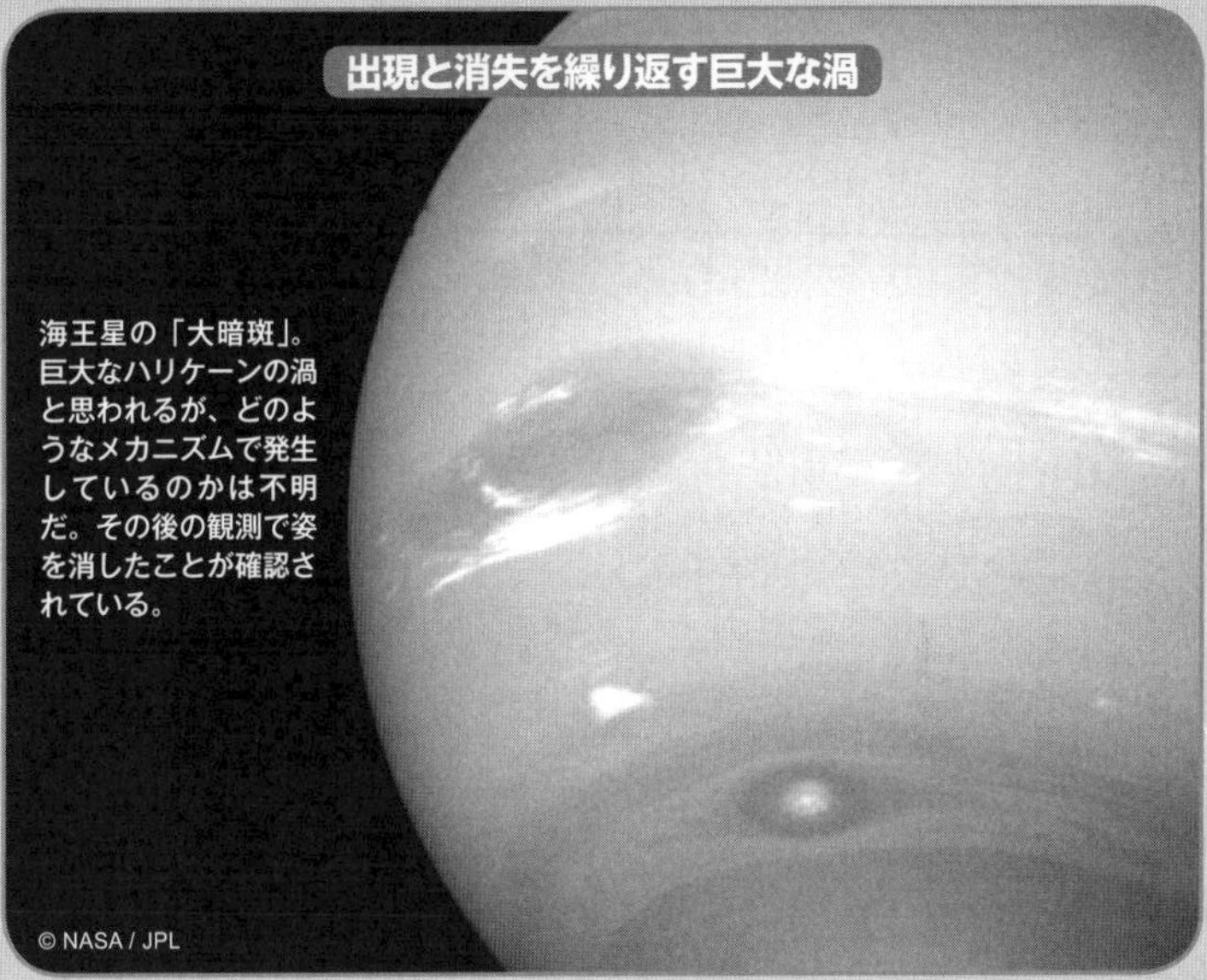

海王星の「大暗斑」。巨大なハリケーンの渦と思われるが、どのようなメカニズムで発生しているのかは不明だ。その後の観測で姿を消したことが確認されている。

© NASA / JPL

含まれるメタンの影響で、赤い色が吸収されて青く見えるが、天王星よりもメタンの濃度が濃いため、より深い青色に見える。天王星も海王星も色がときどき変化することから、どちらの惑星にも季節があると考えられる。

１９８９年、海王星に接近した「ボイジャー2号」は、南半球に地球を飲み込むほどの巨大な暗い渦を発見した。木星の「大赤斑」と同じくハリケーンのようなものと考えられ、「大暗斑」や「大黒斑」と呼ばれる。渦は反時計方向に回転しながら、時速１２００キロメートルほどの速度で西に向かって移動していたが、その後の観測で、痕跡も残さず消失していたことがわかった。１９９４年には北半球に似たような斑点が観測されたが、これも3年後には消えていた。渦が作られた原因や消えた理由は不明だが、海王星の気候がダイナミックに変化するものであることと関係があると見られている。

初探査で明らかになった冥王星の姿とは？

地球から48億キロメートル離れた未知の世界

複雑で変化に富んだ冥王星の地形

2006年1月、アメリカ・ケープカナベラル基地から、冥王星を含む「太陽系外縁天体」（海王星の軌道より外側を周回する天体）の観測を目的としたNASAの探査機「ニューホライズンズ」が打ち上げられた。その時点では、冥王星が太陽系で最遠の惑星だったが、同年、なんと冥王星が惑星から準惑星へと変更されてしまった。それでも探査機自身は順調に飛行を続け、2015年7月、ついに冥王星へ到達した。

地球から約48億キロメートルも離れているため、これまで冥王星の観測は困難を極めたが、ようやく初の観測の機会が訪れた。そして、探査機から次々に送られてくる鮮明な画像や観測データは、想像を超える驚きに満ちていた。氷の山脈や氷原、氷河など、冥王星の表面には複雑で変化に富んだ世界が広がっていたからだ。

今回の探査によって、たとえば冥王星の大きさが従来推定されていたよりも大きいことなど、明らかになった点もあるが、予想よりも地表にクレーターが少ないことや、確認されたような地形が形成されるためには何らかの熱源が必要なこと、今でも地質活動が続いている可能性があるなど、新たな謎や疑問も生まれてきた。

大きすぎる奇妙な衛星カロン

「ニューホライズンズ」の探査は、冥王星の衛

「ニューホライズンズ」から届いた冥王星とカロンの姿

冥王星の表面の様子。撮影された領域には3500メートル級の氷の山脈が確認されている。

© NASA/JHUAPL/SwRI

衛星カロン。観測前にはクレーターだらけの星だと考えられていたが、峡谷や崖、平原といった複雑な地形を持っていた。

© NASA/Johns Hopkins University Applied Physics Laboratory/Southwest Research Institute

星カロンにも及んでいる。カロンは奇妙な衛星だ。直径が約1200キロメートルもあり、主星である冥王星の直径（約2400キロメートル）に対して異常に大きいのだ。また、冥王星とカロンの共通重心（36ページ参照）が冥王星の外にあることから、カロンは冥王星の衛星というよりも、連星としてのパートナーといえるかもしれない。

　カロンは天体としては小さな部類に入る。にもかかわらず、その表面には峡谷や崖など、地質学的な活動があった痕跡が認められる。また、クレーターが少ないことから、冥王星同様、何らかの地質活動がある可能性が考えられる。

　今回、「ニューホライズンズ」が収集した膨大な量の観測データが、地球にすべて届くまでには16か月を要するという。それらのデータから、冥王星やカロンに関するどんな新事実が判明するのか、今後に注目したい。

2章

準惑星ケレスに見られる謎の光とは？

画像にくっきり写った2つの光点

小惑星から準惑星になったケレス

ケレス（セレス）は、火星と木星の間にある小惑星帯（メインベルト）の天体だ。直径はおよそ950キロメートルで、もっとも小さい惑星である水星の約5分の1の大きさだが、同じ小惑星帯の中では飛び抜けて大きく、自分の重力によって球形になっている。ケレスの質量は、小惑星帯全部の質量の約3分の1を占めると推測されている。1801年に発見された際には、新しい惑星ではないかとも考えられたが、その後、ケレスの近くに小惑星が多数見つかったことから（これが小惑星帯の発見につながった）、太陽系最大の小惑星として扱われてきた。2006年に天体の定義が変更されたことによって、ケレスは冥王星とともに「準惑星」と呼ばれるようになった。

光って見える点は塩か氷の反射？

2007年9月に打ち上げられたNASAの探査機「ドーン」が、小惑星ベスタの観測を終えてケレスに到着したのは2015年のこと。そして、ケレスに接近した「ドーン」から送信された画像に、研究者だけでなく世界中が驚いた。そこにはケレスの表面で光るふたつの小さな点が写っていたのだ。この画像のおかげで、ケレスの名は一気に知られるようになった。

「ハッブル宇宙望遠鏡」の観測でも、以前から

ケレスの表面で光る点の正体は？

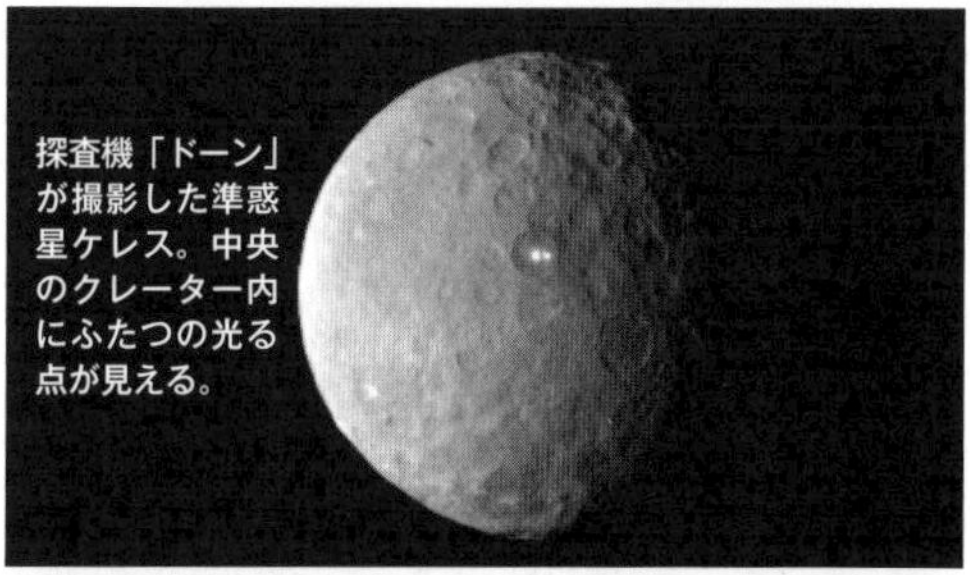

探査機「ドーン」が撮影した準惑星ケレス。中央のクレーター内にふたつの光る点が見える。

光点のあるオッカトルクレーターのアップ。光点の正体は、氷の微粒子や鉱物の塵などが太陽光を反射したものである可能性が高いという。

© NASA/JPL-Caltech/UCLA/MPS/DLR/IDA

ケレスに明るい領域があることは知られていたが、それがどんなものかははっきりとしていなかった。しかし、「ドーン」から送られてきた画像には、はっきりとした光の点を見ることができた。自転によって変化する様子から、この光点は自ら発光しているのではなく、太陽光を反射したものであり、その正体は反射率の高い塩か氷ではないかと考えられているが、まだ確定的な証拠は見つかってない。

２０１５年８月には、「ドーン」の観測結果から作成されたケレスの地図が公開され、ケレス表面のいくつかのクレーターにも名前がつけられた。謎の光点が存在するクレーターには、ローマの神「オッカトル」の名が与えられた。

なお、「ドーン」はおよそ1年半にわたってケレスの観測を行い、ミッション終了後は小惑星帯にとどまる予定だが、延長ミッションとして他の小惑星の探査に向かう可能性もある。

星がみんな丸いとは限らない？

重力の大きさが星の形を決める

星は重力の影響で丸くなる

天体には、丸い（球形の）ものもあれば、いびつな形をしているものもある。こうした違いは重力の大きさによって生じている。

惑星や準惑星などのように、ある程度の大きさがある天体はその大きさに見合った重力を持っている。重力は中心から全方向に向かって働くため、最終的に球形になるのだ。その目安として、主に岩石からできている天体で、直径が1000キロメートル程度あれば球形になると考えられている。ただし、直径が500キロメートル程度でもほぼ球形になっている土星の衛星エンケラドゥスのような例外もある。

たとえば地面に砂山を作ると、風の影響がなくても少しずつ崩れていく。長い時間をかければ、砂山が平らになる様子を観察できるだろう。同様に、地面に穴を掘っても穴の内壁が崩れたり、土砂が流れ込んだりして、やがて穴は埋まってしまう。いずれも重力の働きによるものだ。

地球上にいる人間にとっては、地上は起伏に富んでいるため、「地球は丸い」といわれても実感しにくいだろうが、地球全体の大きさからすれば、8000メートル級の山でもわずかな膨らみでしかない。もしも地球内部の活動が停止して、火山の噴火やプレート移動などがなくなれば、エベレストのような高い山も崩れて、地球の表面はもっとなだらかなものになるだろう。

太陽系のさまざまな衛星の形と大きさ

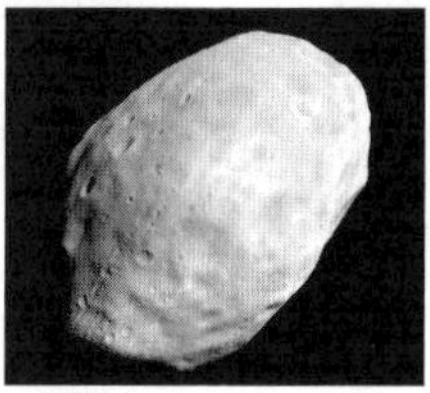
フォボス（火星／約19～27km）
© NAS /JPL/Malin Space Science Systems

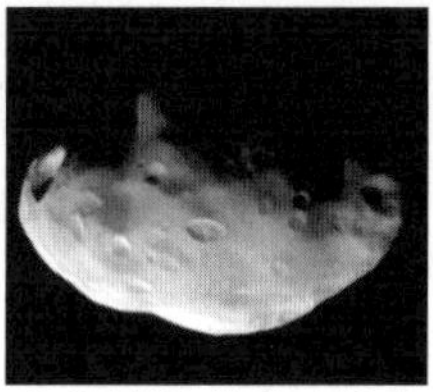
パンドラ（土星／約66～110km）
© NASA/JPL/Space Science Institute

エピメテウス（土星／約100～140km）
© Cassini Imaging Team, SSI, JPL, ESA, NASA

フェーベ（土星／約210～230km）
© NASA/JPL/Space Science Institute

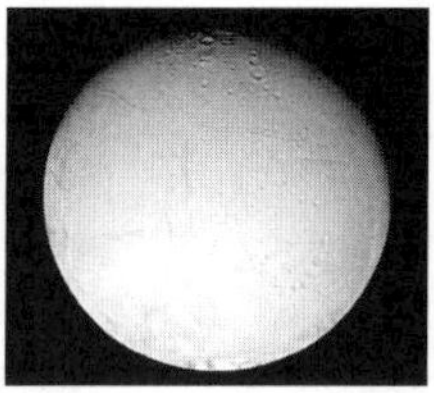
エンケラドゥス（土星／約500km）
© NASA/JPL/Space Science Institute

月（約3500km）
© NASA/JPL/USGS

実際は完全な球形ではなく楕円体？

ところで、「ある程度の大きさがあれば、天体は丸くなる」と述べたが、正確には惑星などは完全な球形ではなく、少し潰れた楕円体になっている。なぜなら、ほとんどの天体が回転（自転）しており、回転による遠心力の影響で変形しているためだ。たとえば地球の場合は、地球の中心から北極、あるいは南極までの距離よりも、赤道までの距離のほうが少しだけ長い。

自転周期が遅ければ遅いほど、天体は球に近くなり、速ければ速いほどつぶれて扁平な形になっていく。たとえば2000年に発見された太陽系外縁天体の小惑星ヴァルナは、自転周期が3・17時間（または6・34時間）と非常に短く、細長い楕円体になっていると推測されている。大きさと形状という視点で星を見てみると、また違った楽しみ方ができるだろう。

地球以外にも生命は存在する？

生命が存在する可能性のある星は意外に多い

生命の誕生に必要なものとは？

現時点で、太陽系内には地球にしか生命は存在しない。人類、いや地球上の生物は、宇宙の中で孤独な存在なのだろうか。そんな疑問に突き動かされた数多くの研究者が、地球以外の天体に生命の痕跡を求めて探査を続けている。

そもそも生命が誕生するためには、何が必要なのだろうか。どのような条件で生命が誕生するのかについてはまだわかっていないが（生命の起源については30ページ参照）、最低でも大量の水（海）と熱が必要だと考えられている。幸いなことに、地球は太陽からほどよい距離（ハビタブルゾーン）にあり（156ページ参照）、十分に暖かく、また水も豊富にあった。しかし、ほかに地球のような恵まれた天体はない。したがって、太陽系内の他の天体に生命が存在する可能性は非常に低いと思われてきた。

火山や地熱が生命を生む？

しかし、観測技術の発達などによって、地球とは違う形で水と熱が存在する可能性が出てきた。NASAの探査機「ボイジャー1号」が撮影した木星の衛星イオの画像には、数百キロメートルもの高さまで噴き上げる火山の様子が写っていた。その後の探査で、150以上の火山活動が確認されている。イオの火山活動は、木星に近いときと遠いときの引力の差による潮汐力の影響と考えられる。太陽から離れた場所にある凍りついた天体でも、火山や地熱などの熱源があれば、生命が誕生しているかもしれない。

厚い氷の下に生命が存在する可能性

土星探査機「カッシーニ」が撮影した土星の衛星エンケラドゥス。南極付近から、水蒸気と氷粒子が間欠泉のように噴出する様子を捉えている。
© NASA/JPL-Caltech/Space Science Institute

地下に巨大な海をたたえた木星の衛星エウロパの想像図。
© NASA/JPL-Caltech

現在では、木星の衛星ガニメデ、カリスト、エウロパ、土星の衛星タイタンやエンケラドゥスに生命が存在する可能性があると考えられている。これらの星の表面は厚い氷で覆われているが、その下には大量の水が存在し、さらに海底火山などの熱源も存在する可能性が高いのだ（ガニメデについては86ページ参照）。

たとえば、土星探査機「カッシーニ」は、エンケラドゥスの地表から水蒸気が噴き出す様子を確認している。この水蒸気には、内部に熱源がある証拠となる二酸化ケイ素が含まれている。また、エウロパでも大量の水が噴出していることが観測によって判明しており、NASAではこの発見を受けて、エウロパに探査機を送り込み、水蒸気に突入させる計画を検討中だ。

彗星の尾はひとつではない？

美しい尾を引きながら旅をする天体

不吉なシンボルだった彗星

長く尾を引いて夜空を鮮やかに彩る彗星は、天文ファンや写真家たちに人気のある天体だ。古くから知られていた天文現象で、その姿から「ほうき星」とも呼ばれている。

現代では、彗星が小さな天体であることは知られているが、そうした知識がなかったころには、突然現れる明るい星は主に凶兆（悪いことが起こる予兆）とされていた。たとえば、日本では飢餓になる前触れとして、中国では皇帝の死を予言するものとして、彗星を不吉な存在と捉えていたのだ。

１９１０年にハレー彗星が接近した際、フランスでは「彗星の有毒ガスが地球に降り注ぐ」というデマが流れてパニックになった。その話が日本に伝わると、さらに「彗星のガスと地上の酸素が反応して人間は窒息死する」というデマに変わり、自転車のチューブを買い占める人や息を止める練習をする人まで現れた。この話をもとに児童文学が書かれ、のちに映画化までされたものだ。もちろん、実際にハレー彗星が地球の大気に影響を及ぼすことはなかった。

彗星の正体は「汚れた雪だるま」？

彗星の大きさは、数キロメートルから数十キロメートルで、小惑星と同じ「太陽系小天体」に分類される。彗星と小惑星の外見的な違いは、

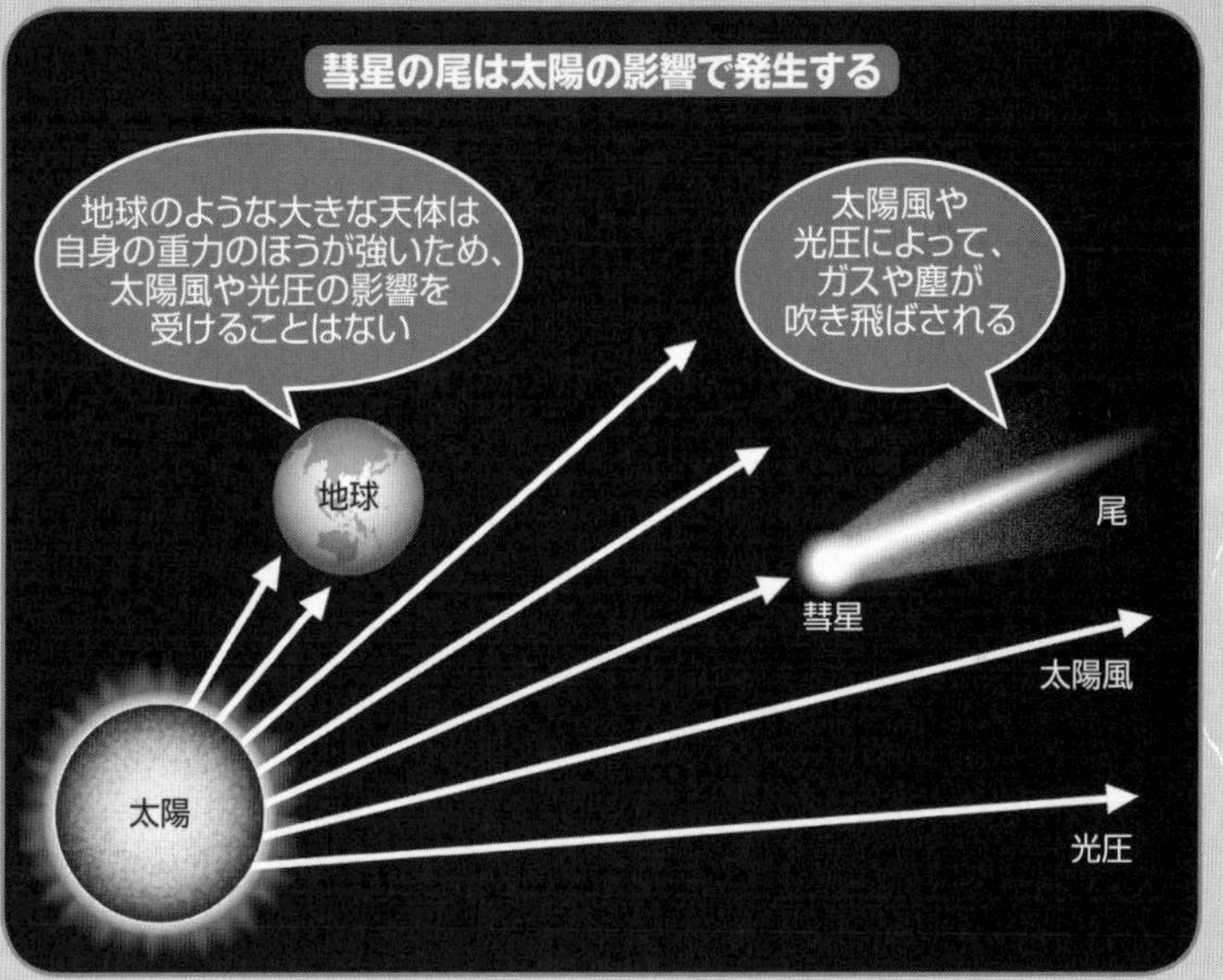
彗星の尾は太陽の影響で発生する
地球のような大きな天体は自身の重力のほうが強いため、太陽風や光圧の影響を受けることはない
太陽風や光圧によって、ガスや塵が吹き飛ばされる
地球
尾
彗星
太陽風
太陽
光圧

尾の部分があるかないかだけである。

小惑星が飛んできても尾ができないのは、小惑星が主に岩石や鉄などでできているからだ。

一方、彗星の本体である「核」と呼ばれる部分の成分は、80パーセントが凍った水で、残りが二酸化炭素や一酸化炭素、その他のガスや塵でできている。いわば「氷の塊」あるいは「汚れた雪だるま」のようなものだ。

宇宙空間を漂っているこうした氷の塊が、何らかのはずみで軌道を離れ、太陽に引き寄せられることで彗星になる。彗星が太陽に近づくと、太陽の熱によって表面の氷やドライアイスが溶け出し、「コマ」と呼ばれる、核の周囲を球状に包み込むガスの雲を作り出す。コマとは日本語の「独楽（駒）」ではなく、「髪」を意味するラテン語に由来する。

彗星がさらに太陽に近づくと、太陽から放出されているプラズマの粒子や光がコマに衝突し、そのエネルギーによってガスや塵が彗星の後方へと吹き飛ばされて、彗星の尾（テイル）が形作られるのだ。

彗星は2本の尾を持っている

地上からの肉眼による観測では確認しづらいが、彗星には尾がふたつ存在する。ひとつは、ガスが電気を帯びて光る「イオン（プラズマ）の尾」（イオンテイル）で、彗星から見て太陽と反対方向にまっすぐ伸びる。もうひとつは、彗星から吹き飛ばされた塵や岩石などからできた「塵の尾」（ダストテイル）で、こちらも太陽とは反対側に伸びるが、彗星の進行方向とは逆向きに、少したなびいたように曲がって見える。核にたくさんの塵や岩石が含まれるほど、塵の尾は太く立派になる。ただし、磁場や太陽の活動状態などにも影響を受けるため、尾は必ずしも同じように見えるとは限らない。彗星は、思った以上に個性的な存在なのだ。

彗星の尾は、太陽に近づけば近づくほど長く伸び、明るく輝く。1997年に地球に接近したヘール・ボップ彗星や、2013年に太陽に接近しすぎて崩壊してしまったアイソン彗星のような大きな彗星であれば、ふたつの尾をはっきりと観測することができる。

彗星が迎える末路とは？

彗星の尾は、自分の核から放出されたガスや塵でできている。つまり、自分の身を削りながら尾を出しているわけだ。彗星には定期的に太陽の周りを公転している「周期彗星」と、一度だけ太陽に接近して二度と戻ってこない（回帰しない）「非周期彗星」に分類されるが（110ページ参照）、何度も太陽に接近する周期彗星の場合、太陽に近づくたびに尾を引くため、核がどんどん小さくなっていき、いずれは完全に溶

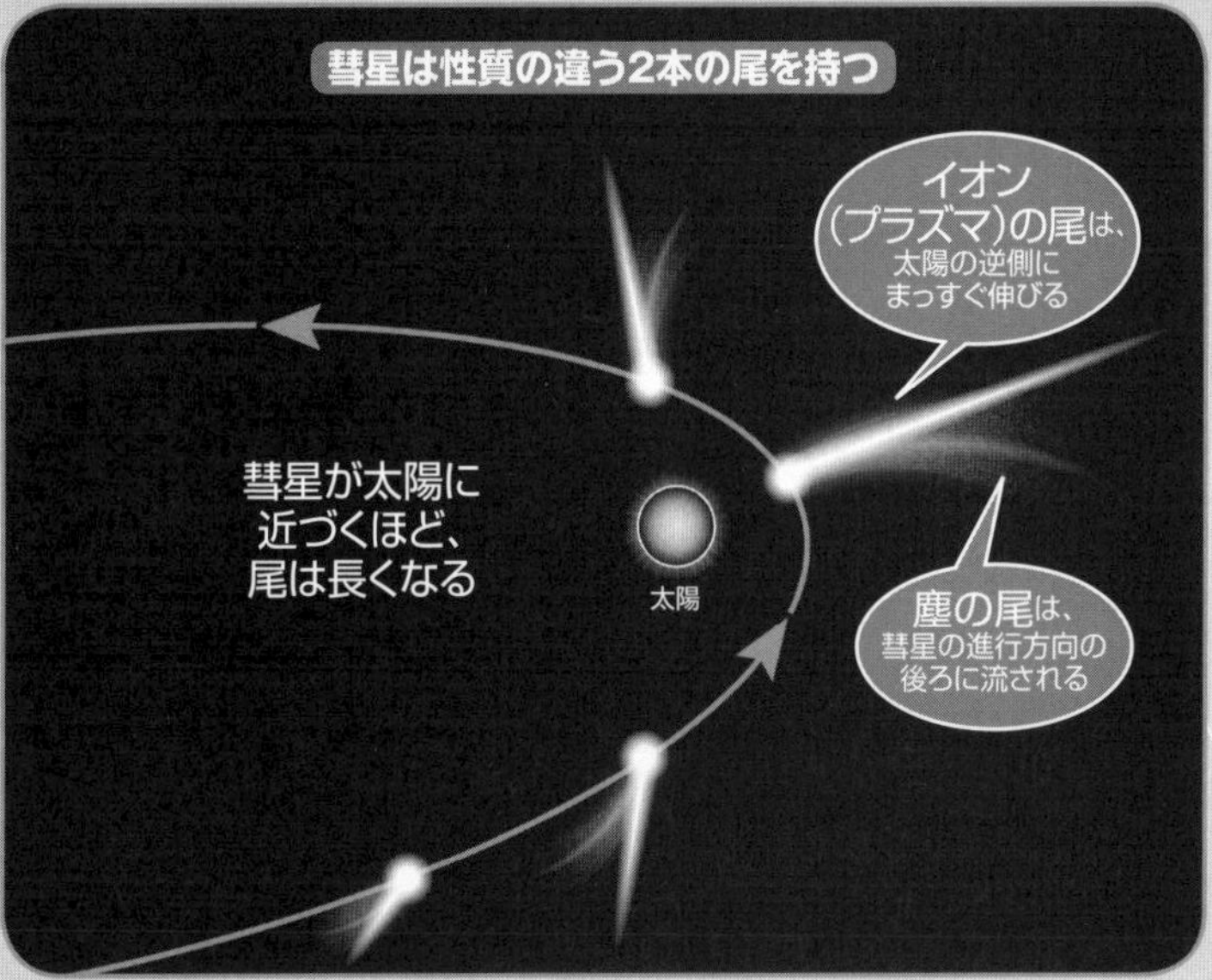
イオン
(プラズマ)の尾は、
太陽の逆側に
まっすぐ伸びる
彗星が太陽に
近づくほど、
尾は長くなる
太陽
塵の尾は、
彗星の進行方向の
後ろに流される
彗星は性質の違う2本の尾を持つ

けて消えてしまうことがある。

ただし、すべての彗星が消滅するわけではない。彗星の中でも、核が大きな岩石と氷でできているものは、何度も太陽に接近するうちに、氷の部分だけが吹き飛ばされ、岩石だけが残されることがある。核に蒸発するものがなくなり、干からびた状態になると、彗星は尾を引くことがなくなる。こうなると、もはや彗星とは呼べず、小惑星の一種として扱われるようになる。このように、もともとは彗星であったものが、氷の部分が溶けきって小惑星になった天体を「枯渇彗星核」と呼ぶ。枯渇彗星核と思われる天体は、現在までに10個ほど発見されている。

一方、１９９４年７月、木星に衝突したシューメーカー・レヴィ第９彗星のように、他の天体に衝突して最期を迎えた例もある。この衝突は「１０００年に一度」といわれるほど珍しい現象で、世界中で大きな話題となった。

太陽系の外に「彗星の巣」が存在する？

2000億個の彗星の「卵」が浮かぶ空間

何度も来る彗星と二度しか来ない彗星

彗星の軌道は、200年未満という短い周期で太陽の周りを公転する「短周期彗星」と、それよりも長い周期で公転する「長周期彗星」のふたつに分類される。短周期彗星は、多くが黄道面に沿った軌道を描いて移動する彗星で、これまでに250個ほど見つかっている。たとえば、約76年周期で訪れるハレー彗星や、2014年にESAの探査機「ロゼッタ」が観測を行ったことで話題になったチュリュモフ・ゲラシメンコ彗星（6.57年周期）などがある。

一方、放物線軌道や双曲線軌道のように、一回だけ太陽に接近して二度と戻ってこない（回帰しない）彗星がある。これを「非周期彗星」と呼ぶ。2011年に発見されたラヴジョイ彗星も非周期彗星のひとつだ。この非周期彗星は長周期彗星に含まれる。

彗星はどこから来るのか？

それでは、彗星はいったいどこからやってくるのだろうか。短周期彗星は、海王星の外側にある「エッジワース・カイパーベルト」からやってくると推測されている。なお、冥王星もエッジワース・カイパーベルトに属する天体に分類される。一方の長周期彗星は、その軌道がとても大きく、細長い楕円形をしていることが特徴で、エッジワース・カイパーベルトよりもさ

彗星の巣「オールトの雲」の想像図

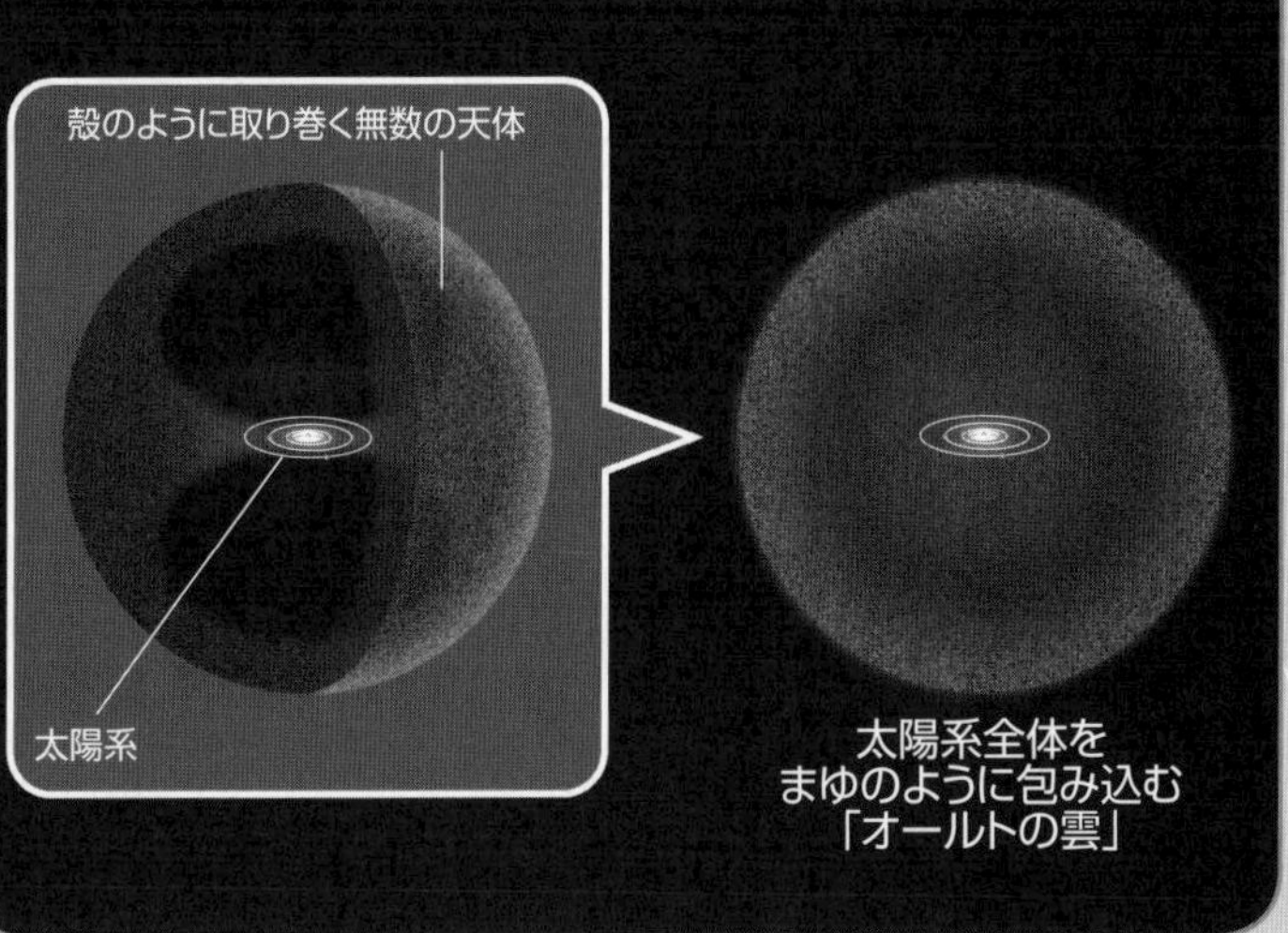

らに外側にある「オールトの雲（オールト雲）」と呼ばれる領域が起源だと考えられている。

　オールトの雲は、オランダの天文学者ヤン・オールトが1950年代に発表した論文で言及した領域のことで、太陽から数百〜数万天文単位※離れた場所に、大きなまゆのように太陽系をすっぽり包む形で存在すると考えられている。そして、そこには水（氷）、一酸化炭素、二酸化炭素、メタンなどを主成分とした原始状態の彗星が2000億個程度存在しているというのだ。また、エッジワース・カイパーベルトとゆるやかにつながっているという説もある。

　エッジワース・カイパーベルトやオールトの雲のように、太陽から遠く離れた冷たい場所は、太陽系が誕生した当時の姿をそのまま残していると思われる。そこからやってくる彗星を調べれば、太陽系の誕生について新たな情報を得ることができるかもしれない。

※ 天文単位：天文学で用いる単位で、太陽と地球の平均距離（1億5000万キロメートル）を1とする尺度。単位はAU。

「太陽系の果て」はどこにある?

探査機「ボイジャー」が太陽系を飛び出した!

太陽系と外宇宙の境界線とは?

かつて「太陽系の果て」は、惑星の中でもっとも外側にある冥王星の軌道だと考えられていた。しかし、冥王星よりもさらに外側に「太陽系外縁天体」が発見されたことにより、この考え方は捨てられた。現在では、太陽風が星間物質とぶつかる境界面が太陽系の果てだと考えられている。太陽風とは太陽から噴き出すプラズマ粒子のことで、地球の磁気圏にぶつかってオーロラが発生するのも、太陽に接近した彗星に尾ができるのも、この太陽風による影響だ(106ページ参照)。

太陽風は高温かつ高速だが、どこまでも無限に飛んでいくわけではない。恒星間に広がる物質や宇宙線の影響で、徐々に減速していくのだ。この太陽風が到達する範囲を「ヘリオスフィア(太陽圏)」といい、太陽系の果てとされる、太陽圏と星間物質の境界面を「ヘリオポーズ」と呼ぶ。太陽からヘリオポーズまでの距離は、50～160天文単位と推定されている。

まだまだ続く「ボイジャー」の旅

1977年、NASAは太陽系の外惑星と太陽系外の探査を目的として、「ボイジャー1号」と「ボイジャー2号」という2機の探査機を打ち上げた。「ボイジャー1号」は、計画通りに木星や土星などを観測した後も飛行を続け、20

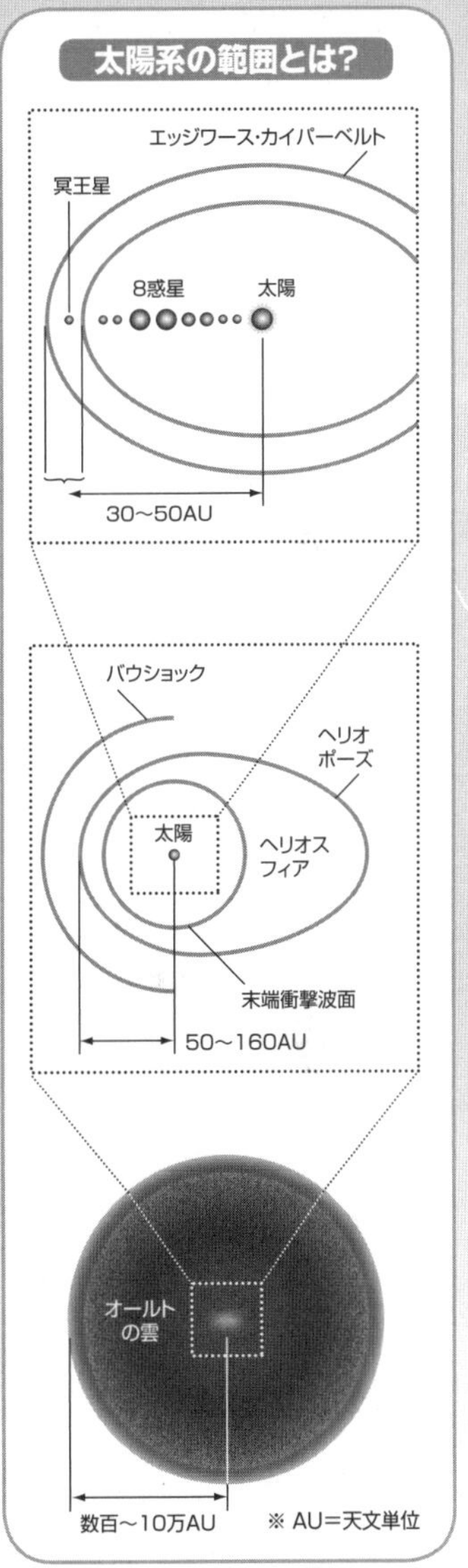

０５年５月には、ヘリオポーズの手前にある太陽風と星間物質が混じり合った空間「ヘリオシース」を通過、２０１２年８月にはヘリオポーズを越え、ついに太陽系の外へ飛び出した。また、「ボイジャー１号」と「ボイジャー２号」の観測結果から、ヘリオポーズが宇宙磁場の影響を受けて歪んでいることも判明した。

「ボイジャー１号」は現在、地球からもっとも遠くにある人工物で、２０１６年１月の時点で、太陽からおよそ１３３天文単位の場所を飛行中だ。そして、「ボイジャー２号」もおよそ１１０天文単位の場所、ヘリオシースの中を飛行中で、数年後にはヘリオポーズを越えると予測されている。両機はすでに40年近く飛びつづけており、電源も残り少なくなっているが、少なくとも２０２０年ごろまでは観測データを地球に送信すると考えられている。太陽系に関する新たな発見の知らせを大いに期待したい。

Column 2

宇宙を観測するたくさんの“目”

1608年にオランダの眼鏡製造者ハンス・リッペルスハイが世界最初の望遠鏡を製作し、翌年にガリレオ・ガリレイが人類初の望遠鏡による宇宙観測を始めてから400年余。その間、望遠鏡の性能は格段に向上し、宇宙を観測する人類の〝目〟は、どんどん精密に、高性能になった。

もっとも基本的な望遠鏡は「光学望遠鏡」、つまり光（可視光線）を捉えるタイプだ。私たちが購入できるような身近なものから、国立天文台ハワイ観測所にある「すばる望遠鏡」のように巨大なものまで、大きさも機能もさまざまだ。

光学望遠鏡の弱点は、地上からの観測では、大気の揺らぎや空中に飛散している細かい粒子（エアロゾル）の影響を受けてしまうことだ。だから、「すばる望遠鏡」のように標高の高い場所に設置された望遠鏡も多い。

大気の影響を受けるなら、いっそ大気のない場所から観測すればいい――そんな発想から作られたのがNASAの「ハッブル宇宙望遠鏡」だ。宇宙空間であれば、大気の影響を受けずに、遠くの天体をクリアに観測できる。ただし、メンテナンスのためには宇宙へ行かなければならないというデメリットもある。

また、宇宙での観測には、光学望遠鏡だけでなく、X線や赤外線などの電磁波を観測する望遠鏡もあり、可視光線よりも遠い天体の観測が可能だ。さらに遠い宇宙を観測するためには、南米チリにある「アルマ」のような「電波望遠鏡」が使われる。

このような最新鋭の観測機器によって得られたデータから、次々に新たな宇宙の事実が判明していくのだ。

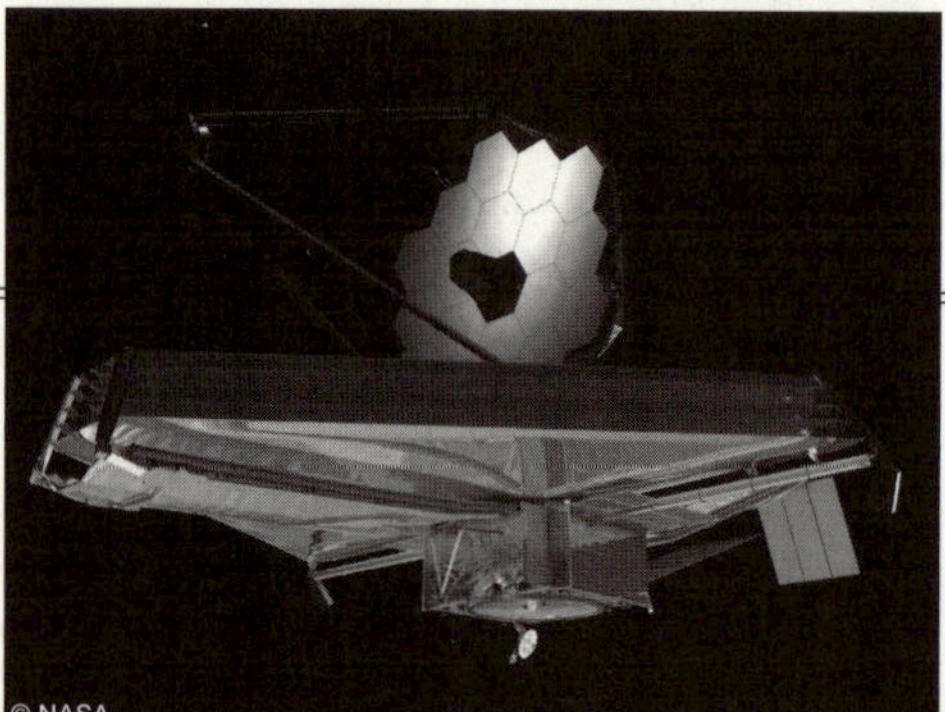

1990年に打ち上げられた「ハッブル宇宙望遠鏡」の後継として、2018年に打ち上げが予定されている「ジェイムズ・ウェッブ宇宙望遠鏡」（想像図）。

3章

宇宙と天体の不思議

知れば知るほど深くなる宇宙の神秘

古代の人々は、夜空に輝く星と星とをつなげて、神や動物などの姿を描き出した。私たちにもなじみ深い「星座」だ。現代に生きる私たちは、星座を形作るそれぞれの星が、太陽と同じ恒星や星団、銀河であることを知っている。それでも、やはり夜空を見上げて、昔の人々と同じように星座の物語を語るのはとても楽しいことだ。

そして、「今眺めているあの恒星は、太陽系のように惑星を持っているかもしれない。そこには地球に似た惑星があって、生命が存在し、私たちと同じように文明が築かれているのではないか」——遠い宇宙から届く星の光は、美しいだけでなく、私たちの想像力をもかき立てる。

けれど、現実は厳しいものだ。今の私たちは、目にしている恒星のどれひとつとして到達することはできないのである。1977年に打ち上げられたNASAの「ボイジャー1号」は、現在、地球からもっとも遠い場所を飛行している惑星探査機だ。それでも、およそ40年飛びつづけて、ようやく太陽系の外に出ることができたところである。太陽系を出るだけでも、人類にとっては大変なことなのだ。

だから、隣の恒星系を訪問し、そこに文明があるかどうかを確認することなどは、まだまだ遠い未来の話だ。ちなみに、太陽系にもっとも

© John Colosimo (colosimophotography.com)/ESO

近い恒星であるプロキシマ・ケンタウリまでの距離は4・22光年。つまり、光の速さで飛んでも、4年以上かかってしまうのである。

　当然、そんな遠くにある天体を直接見にいくことはできない。そこで、天文学者たちはさまざまな観測機器を駆使し、観測データに基づいて推測してきた。現在、宇宙にある数々の天体についてわかっていることは、そうやって地道な観測と推測を積み重ねてきた結果なのである。

　たとえば、夜空を横切る「天の川」の正体は、私たちの太陽系が含まれる天の川銀河（銀河系）であることがわかっている。また、遠い銀河の中にはさまざまな段階の恒星が存在し、それらを観測することで、恒星の一生についてもわかってきた。

　数ある天体の中でも興味深いのが、質量の大きい恒星が寿命を迎えた姿のブラックホールだ。その存在はアインシュタインの「相対性理論」によって予言されていたが、現在では実際にいくつものブラックホールが発見されている。それもまた、地道な観測による成果だ。

　本章では、宇宙のさまざまな天体について、現在までにわかっている情報を紹介する。今なお数多くの謎が残されているが、それが宇宙の奥深さであり、面白さでもあるのかもしれない。

淡い光の帯のように、夜空に横たわる「天の川」。その正体は、天の川銀河（銀河系）を内側から見た姿だ。

宇宙では星は瞬いて見えない？

夜空を飾るきらめきの秘密

星の瞬きは地上限定の見え方？

晴れた夜空には、無数の星がキラキラと瞬いて見える。星々の神秘的なきらめきは見飽きることがないが、宇宙空間では、星の光はどのように見えるのだろうか。

実は、宇宙空間では星は瞬いては見えないのだ。光る星のほとんどは、自らが光を放つ恒星（120ページ参照）だが、恒星がその活動によって瞬くように明滅することはなく、光は一定である。また、金星や火星などの惑星が光って見えるのは、太陽の光を反射しているためだが、宇宙空間では常に太陽光を反射しつづけている。

夜空の星々が瞬いて見える理由は、主に地球の大気が影響しているからだ。

地球の大気は均一ではなく、場所によって濃淡がある。温度も地表近くと上空では大きな差があるうえ、風によって移動もしている。星の光は、大気圏を通って私たちの目に届くが、その間に大気の密度差や温度差のある部分を通ることで、屈折したり拡散したりする。人間の目には、それが瞬きに見えるのである。

天文台が山の上にある理由とは？

日常生活においては、星の瞬きはなんの問題にもならない。だが、天文観測となるとそうはいかない。大気によって像が歪められてしまうのでは、正確な観測ができなくなるからだ。だ

標高4205メートルのハワイ・マウナケア山頂には、アメリカのW・M・ケック天文台をはじめ、日本のすばる天文台やカナダ・フランス・ハワイ望遠鏡など、世界各国の天文台・望遠鏡が建ち並ぶ。

から、多くの天文台が山上に造られるわけだ。

山の上であれば、地上よりも大気が薄いため、観測時にもその影響を受けにくい。同時に、人里を離れることで、夜間照明の影響を受けにくくなるという利点もある。

また、天文台はできるだけ標高の高い場所に造るほうが、条件はよりよくなる。ハワイのマウナケア山に、日本のすばる天文台をはじめ、各国の天文台がいくつも造られているのは、こうした理由からなのだ。

そして、大気の影響を受けずに観測ができるもっともいい方法は、宇宙空間に出てしまうことである。そんな構想のもとに開発されたのが、NASAの「ハッブル宇宙望遠鏡」に代表されるような宇宙望遠鏡だ。宇宙空間では大気の影響を受けないのはもちろん、大気に吸収されてしまう紫外線なども観測できることから、非常に精度の高い天体観測が可能になったのである。

星にはどんな種類があるのか？

広大な宇宙に存在するさまざまな天体

自ら光を放つ恒星

夜空を見上げると、そこには無数の星が輝いている。しかし、ひとまとめに「星」と呼んでいる存在も、それぞれが持つ特徴によっていくつかのカテゴリに分類され、呼び名も違うのだ。

宇宙空間に浮かぶ、ある程度の大きさを持った物体のことを総じて「天体」と呼ぶ。天体は宇宙空間に漂うガスや塵、岩石などが重力によって集まり、形作られたものだ。

天体の中で、宇宙空間のガスや塵などが集まり、その質量によって生まれた重力が核融合を起こし、自ら光を放つようになったものを「恒星」と呼ぶ。私たちにとって、もっとも身近な恒星は太陽だ。

恒星とは、「天動説」でいうところの「天球」（66ページ参照）に、月や惑星のように動かずに、恒常的に固定された星という意味で名づけられた。宇宙的なスケールで見れば恒常的ではないが、人間の一生に比べると〝恒《つね》に同じ星〟といっても間違いではないだろう。

恒星にもさまざまな種類がある

恒星には、その質量や大きさ、明るさ（等級）、色などによって、いくつかの分類方法がある。また、その年齢によっても状態が変化し、それぞれ別の名で呼ばれる（恒星の一生については128ページ参照）。

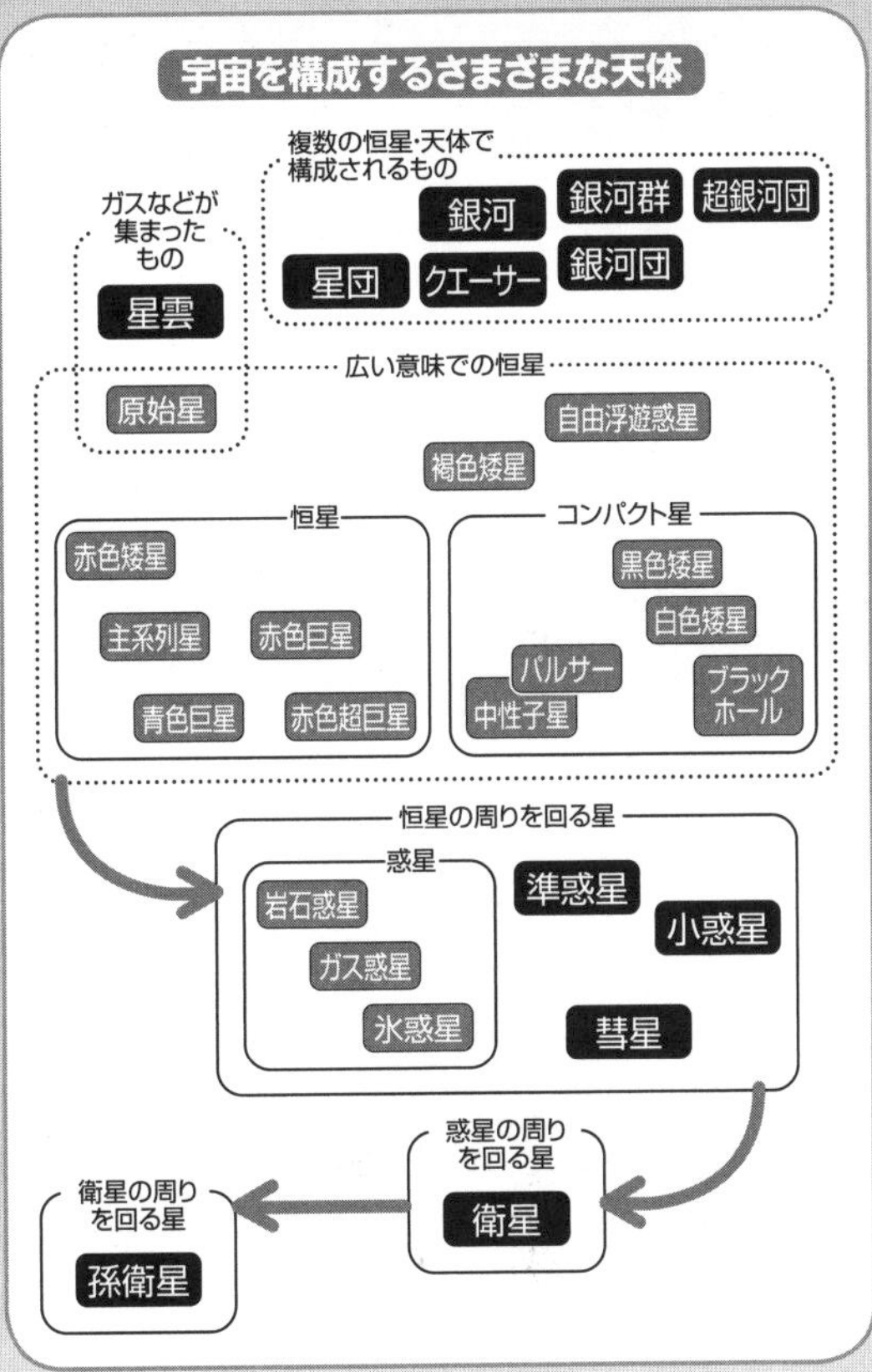

まず、まだ恒星になる前の状態を「原始星」と呼ぶ。質量が小さいために原始星から恒星になれなかった天体を「褐色矮星」、何らかの理由で恒星系からはじき飛ばされ、銀河を公転している天体を「自由浮遊惑星」（あるいは「浮遊惑星」）という。

そして、恒星もいつかは燃え尽きる。その終わり方は天体が持つ質量によって異なる。太陽と同程度の質量を持つ恒星は「赤色巨星」となる。太陽よりも重い恒星は「赤色超巨星」になった後、爆発してガスに戻るが、より重い恒星の場合には「中性子星」や「白色矮星」になり、それよりもさらに重い恒星は「ブラックホール」となる。中性子星や白色矮星、ブラックホールなどの天体をまとめて「コンパクト星」と呼ぶ。また、恒星やコンパクト星、褐色矮星、原始星などは〝広い意味での恒星〟と呼ばれることもある。

恒星の周りをめぐる小さな星

天空をさまよいながら動く（ように見えた）ことから「惑星」と名づけられた天体は、恒星が誕生する際に集まった星間物質や岩石などによってできたものだ。もちろん地球も惑星のひとつで、地球のように岩石でできた星を「岩石惑星（岩石質惑星）」と呼ぶ。太陽系の中では、ほかに水星、金星、火星が岩石惑星に該当する。また、惑星にはほかに、木星や土星のような「巨大ガス惑星」（ガス惑星）、天王星や海王星のような「巨大氷惑星」（氷惑星）がある。そして、それぞれを「地球型惑星」「木星型惑星」「天王星型惑星」と呼んで区別する場合もある。

惑星よりも小さいが、自分の重力で球形になる程度の質量を持った天体は「準惑星」という。冥王星は、以前は惑星に分類されていたが、現在はこの準惑星に分類されている。また、冥王星や「エッジワース・カイパーベルト」という領域にある「エッジワース・カイパーベルト天体」など、海王星より外側の軌道に存在する天体をまとめて「太陽系外縁天体」と呼ぶ。

惑星や準惑星の周りを公転する天体を「衛星」という。地球の衛星は月だけだが、複数の衛星を持つ惑星も多い。また、17世紀には、惑星よりも小さい岩のような天体が数多く発見されるようになり、天文学者ウィリアム・ハーシェルによって「アステロイド」という言葉が作られた。日本では「小惑星」と呼ぶ。また、尾を引いて夜空を横切る天体を、小惑星と区別するために「彗星」と呼ぶが（彗星については106ページ参照）、国際天文連合（IAU）の分類では、どちらも「太陽系小天体」に含まれる。

恒星よりもスケールの大きな天体

次に、恒星よりも大きなスケールの天体を見

惑星の分類

分類名	該当する惑星	特徴など
地球型惑星（岩石惑星）	水星 金星 地球 火星	金属を主体にした核（コア）の周りを岩石成分が取り巻き、固い地表を持つ。質量が小さく、密度が大きい。
木星型惑星（巨大ガス惑星）	木星 土星	岩石や金属を主体にした固体の核を持ち、周りを水素やヘリウムなどのガスが取り巻いている。地球型惑星に比べると、質量も密度も小さい。
天王星型惑星（巨大氷惑星）	天王星 海王星	岩石や金属を主体にした固体の核を持ち、周りを水やメタン、アンモニアなどの氷が取り巻いている。大気成分は木星や土星に似ているが、メタンを含んでいるために赤い色が吸収されて、惑星全体が青く見える。

てみよう。恒星などの星々が、お互いの重力によって引き寄せ合い、形成される集団を「銀河」や「星団」と呼ぶ。天体が集まってできているのだから、「天体群」と呼ぶほうがふさわしいのかもしれないが、あくまで地球から見た分類として考えれば、銀河も夜空に輝く天体のひとつなのだ。なお、私たちの太陽系を含む銀河は、「天の川銀河」あるいは「銀河系」と呼んで、他の銀河と区別される。

　銀河や星団が持つ重力は遙か遠方にも影響を及ぼし、これらが引き寄せ合って銀河の集合体「銀河群」や「銀河団」を作る。さらに、銀河群や銀河団同士も引き寄せ合い、より大規模な構造の「超銀河団」を形成する（銀河の集団については182ページ参照）。ここまでくると、天体と呼ぶにはあまりにも大規模だが、想像を絶するようなスケールの天体すら内包しているのだから、宇宙の広大さには驚かされるばかりだ。

3章

星までの距離や星の重さはどうしてわかる？

地道な観測と数学の知識がものをいう

簡単な数学で星までの距離が測れる

近くにあるものなら、定規やメジャーなどを使って距離を調べることはだれにでもできる。しかし、遠くにある天体までの距離を求めるには、どのようにすればいいのだろう。

もっとも簡単な方法は、「三角法」を使うことだ。三角法とは、地球上でも測量などに使われる方法で、その源流は2000年以上前のギリシアで完成した方法だ。その三角法を使って天体までの距離を求める方法を「年周視差法」という。年周視差とは、地球が太陽の周りを公転することで、ある天体とそれよりも遠くにある天体の見え方がずれることを指す。このずれの角度で、距離を求めることができるのだ。

具体的な手順としては、まず目的の天体の位置（方位・方角）を測っておく。そして、地球が太陽を中心に180度移動した半年後に、もう一度目的の天体の位置を調べれば、目的の天体と太陽、そして地球を結んだ三角形ができあがる。あとは簡単な三角関数で、天体までの距離を導き出すことができるのだ。なお、年周視差が1秒（3600分の1度）になる距離は3・26光年で、これを「1パーセク」と呼ぶ。

星の色から距離を推定できる

年周視差法で測定できるのは、100光年程度までの距離だ。それ以上離れた星の距離につ

遠く離れた星の距離を測る「年周視差法」

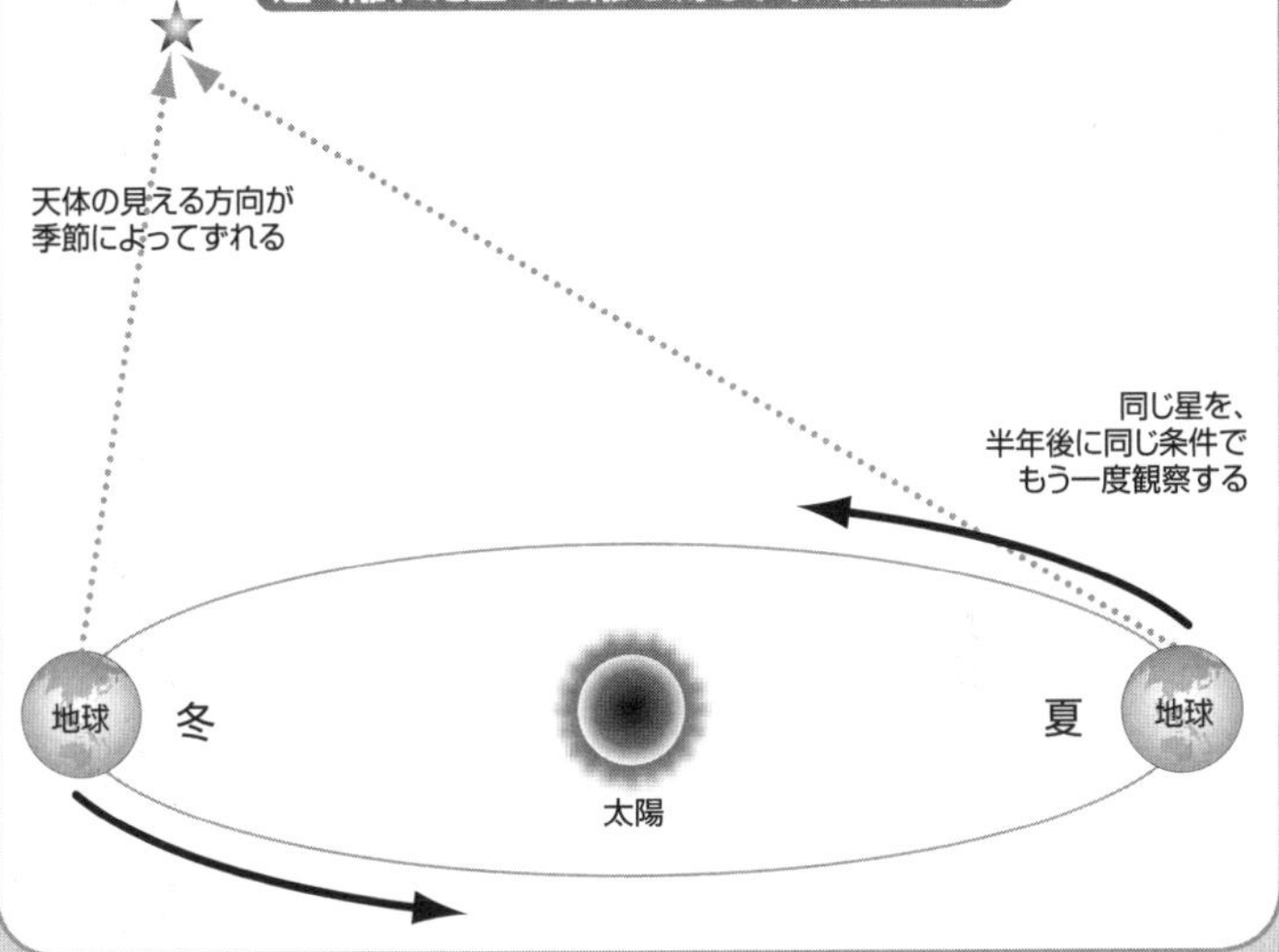
天体の見える方向が
季節によってずれる
同じ星を、
半年後に同じ条件で
もう一度観察する
地球
冬
太陽
夏
地球

いては、星の明るさと色から推定する。たとえば、太陽と同じように黄色い恒星で、見かけは少し暗い恒星があったとする。色が同じならば、本来の明るさも同じはずだと考えれば、その恒星は暗くなった分だけ遠くにあることになる。

　恒星の色を見れば、おおよその表面温度がわかる。表面温度が2万℃以上になると青白く、３０００℃程度なら赤く見える。黄色く光る太陽の表面温度は約６０００℃と推測される。

　こうした色から推測される表面温度と明るさの相関を表した図が、横軸に星の表面温度、縦軸に絶対等級※をプロットした「ＨＲ図」だ。ＨＲ図を使えば、恒星の表面温度から絶対等級がわかる。明るさは距離の2乗に反比例するので、実際に観測した星の等級と比較すれば、その星までの距離が推定できるのである。

　さらに、より遠くにある別の銀河までの距離

※ 絶対等級：10パーセク（32.6光年）の距離から見た星の明るさのこと。

を測るには、「脈動変光星」を利用する。脈動変光星とは、規則的に膨らんだり縮んだりを繰り返して明るさを変える星で、その周期は長いほど明るく、短いほど暗くなることがわかっている。その周期と明るさから絶対等級を導き出すことができるので、その脈動変光星を含む銀河までの距離が算出できるのだ。

天体の重さはどうやって量る？

恒星の色と明るさからは、同時に恒星の重さ（質量）も推測することができる。HR図に当てはめれば、その恒星が進化のどの段階にあるのか、どの程度の質量を持っているのかが、おおまかにわかるのだ。

天体の質量は、その天体の持つ重力がどの程度なのかを知ることができれば算出できる。太陽と地球を例に考えてみよう。地球が太陽の周りをほぼ同じ軌道で公転しているのは、地球が遠心力で飛び出そうとする力と、太陽の重力のバランスが取れているからだ。惑星の運動に関する「ケプラーの法則」とニュートンの「万有引力の法則」から、太陽の質量は地球の公転周期、および太陽と地球の距離から求めることができる。

同じように、地球と月など、衛星を持つ天体であれば、衛星の公転周期と衛星までの距離で天体の質量を計算できるのだ。また、別の恒星系であっても、連星のようにそれぞれの重力が影響し合って運動する天体であれば、観測データから同じように質量が求められる。

一方、金星のように、衛星を持たない天体の場合には、近くを通過する小惑星や彗星などの天体の軌道の変化から、その重力を導き出すことができる。重力が大きければ天体の軌道は大きく変化し、重力が小さければ軌道の変化も小さいと考えられるからだ。

銀河の重さも計算できる?

もっと大きな天体である銀河の場合には、銀河の回転速度から銀河全体の質量を計算することができる。そして、回転数から求められる銀河の質量と、銀河の明るさから求められる銀河の質量に大きな差があることから、質量を持った見えない物質「ダークマター」の存在が推測されている（172ページ参照）。

天体の距離や重さを求めるためには、さまざまな観測結果を突き合わせて、さまざまな計算を行う必要がある。非常に地味で根気のいる作業だが、こうした地道な努力の積み重ねで、天文学や物理学は進化してきたのである。

恒星の色と分類

●スペクトル分類
恒星の色からおおよその表面温度がわかる。

型	表面温度(K)	色
O	29,000～60,000	青
B	10,000～29,000	青～青白
A	7,500～10,000	白
F	6,000～7,500	黄白
G	5,300～6,000	黄
K	3,900～5,300	橙
M	2,500～3,900	赤
L	1,300～2,500	暗赤
T	1,300以下	赤外線

恒星の分布図(HR図)
HR図を使えば、目的の恒星までの距離と質量を算出することができるほか、その恒星の進化の段階も判断できる。

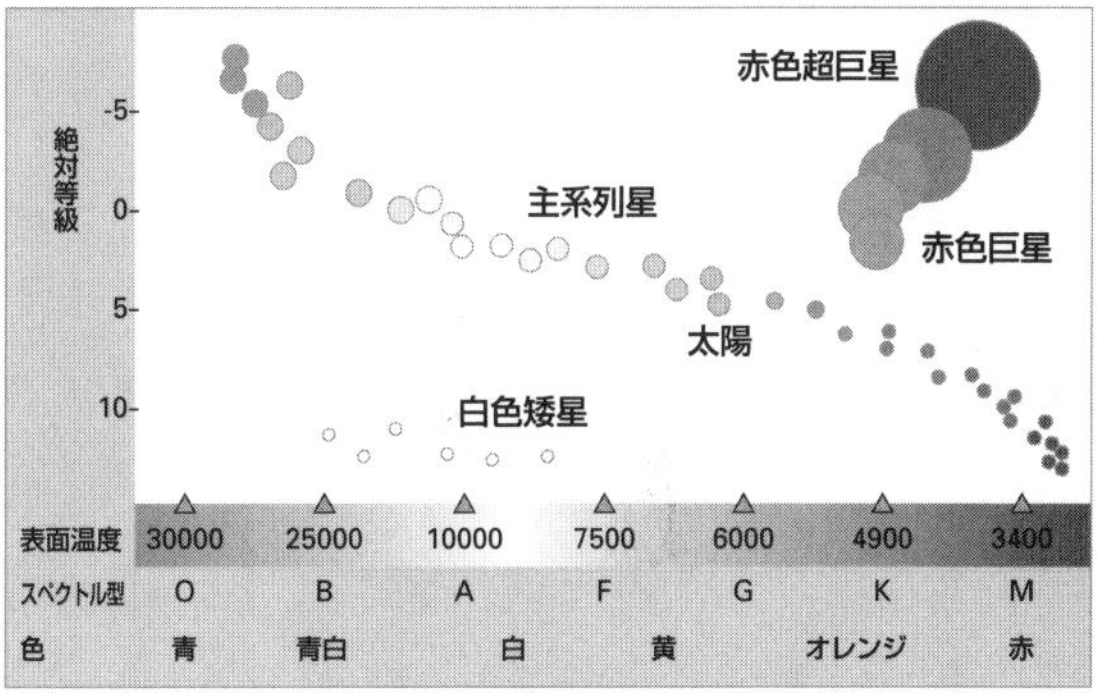

恒星にも一生がある?

人知れず繰り広げられる壮大なドラマ

ガスや塵から生まれる原始星

ギラギラと輝いて地球を暖めてくれる太陽は、私たちの一番身近な恒星だ。そのような恒星にも、人間と同じように一生がある。

宇宙空間に漂うガスや塵などの星間物質が、安定した状態から何らかの影響を受けて乱れが生じると、重力の不均衡が起こる。不均衡になった重力によって、坂を転がるように、あるいは穴に落ち込むように、星間物質が集まって塊となる。塊はまた別の塊に衝突して砕けたり、集まったりを繰り返し、徐々に大きくなっていく。やがて、その中でも大きな塊が中心となり、ガスや塵、岩石などが円盤状に渦を巻いて、より大きな塊へと成長していく。そして、質量が十分に大きくなった塊は、重力によって内部で収縮が起こり、温度が上昇して自ら発光するようになる。これが、「原始星」と呼ばれる幼年期の恒星だ。

星の寿命は重さで決まる

原始星は、さらに周囲の星間物質を取り込んで成長していき、やがて原始星の内部で核融合が始まる。これが「主系列星」の誕生だ。星の一生の中では、この主系列星である時期がもっとも長く、その寿命は星の重さ(質量)で決まってくる。

たとえば、太陽のように比較的質量が軽い恒

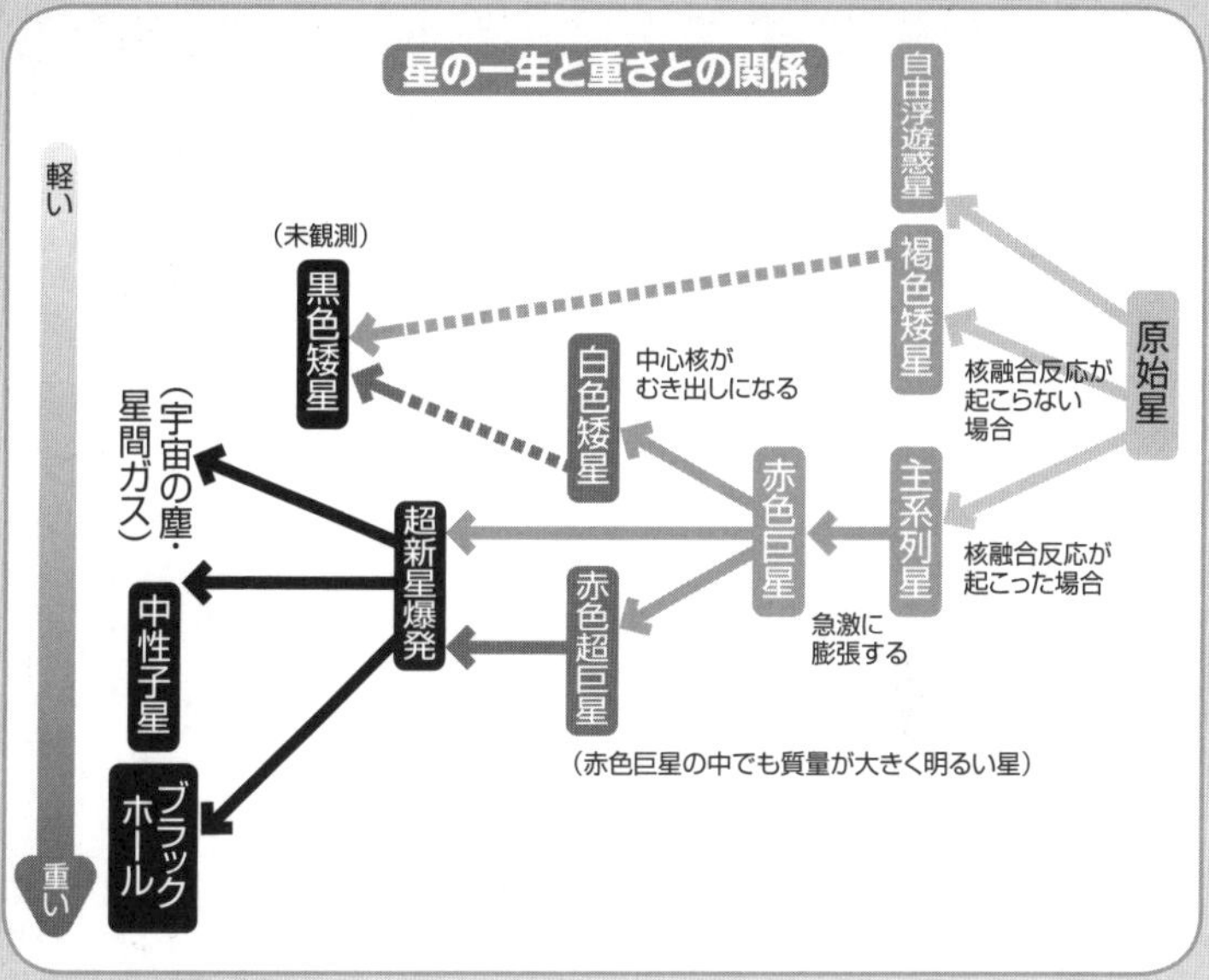

星の場合、数十億年から数千億年の間、内部の水素を燃やして、重水素やヘリウムへと変換しつづける。やがて、中心部の水素が燃え尽きると、ヘリウムが核融合を起こして炭素が作られ、さらにヘリウムが燃え尽きると炭素の核融合が始まる。このようにして、より重い元素が作られることで内部の圧力はどんどん上昇し、やがて太陽は膨張を始めて「赤色巨星」になる。私たちの太陽も、今から約50億年後には金星を飲み込むほど膨張し、直径も数十倍から数百倍になると考えられている。

赤色巨星になった後には、表面のガスが徐々に散逸し、ついには地球と同じくらいの小さな天体が残る。これを「白色矮星」と呼ぶ。白色矮星は徐々に冷えて、最終的には「黒色矮星」という天体になると考えられているが、実際にはまだ観測されてはいない。

一方、太陽に比べて質量が1パーセントに満たないような軽い天体は、水素の核融合が起こるほどの温度にはならない。そのため、短い期間だけ重水素の低温核融合を起こし、その後は冷えて「褐色矮星」となる。褐色矮星は、分類上恒星には含まれない。

重い星が迎える最期

それでは、太陽よりも重い星はどうなるのだろうか。太陽よりも8倍程度重い星は、赤色巨星になった後、中心部が鉄になるまで核融合が続く。鉄は安定した元素であり、それ以上は核融合反応を起こさないが、非常に重いため、自らの重力で一気に収縮を始める。これを「爆縮」という。爆縮によって、周囲のガスが中心部に落ち込み、その落下エネルギーによっておよそ100億℃という高温に達すると、星は大爆発を起こす。これが、星の死を意味する「超新星爆発」である。

超新星爆発によって放出されるエネルギーはとてつもない規模であり、中心核を構成した鉄が、さらに恒星内部では作り出されなかった、ウランなどのより重い元素を合成する。

超新星爆発の後には、恒星の残骸であるガスや塵が残される。やがて、宇宙空間を漂うガスや塵が再び引き寄せ合って、新たな恒星を生み出す。いわば、星は輪廻転生を繰り返しているといえるだろう。

中性子星とブラックホールの誕生

そして、太陽よりもさらに重い星の場合には、また違った終わり方が待ち受けている。もともとの質量が、太陽の8～20倍程度までの恒星は、赤色巨星になってから超新星爆発を起こすところまでは一緒だが、跡形もなく爆発するのではなく、中心核が「中性子星」として残る。

中性子星は、そのほとんどが中性子からでき

重い星が起こす大爆発

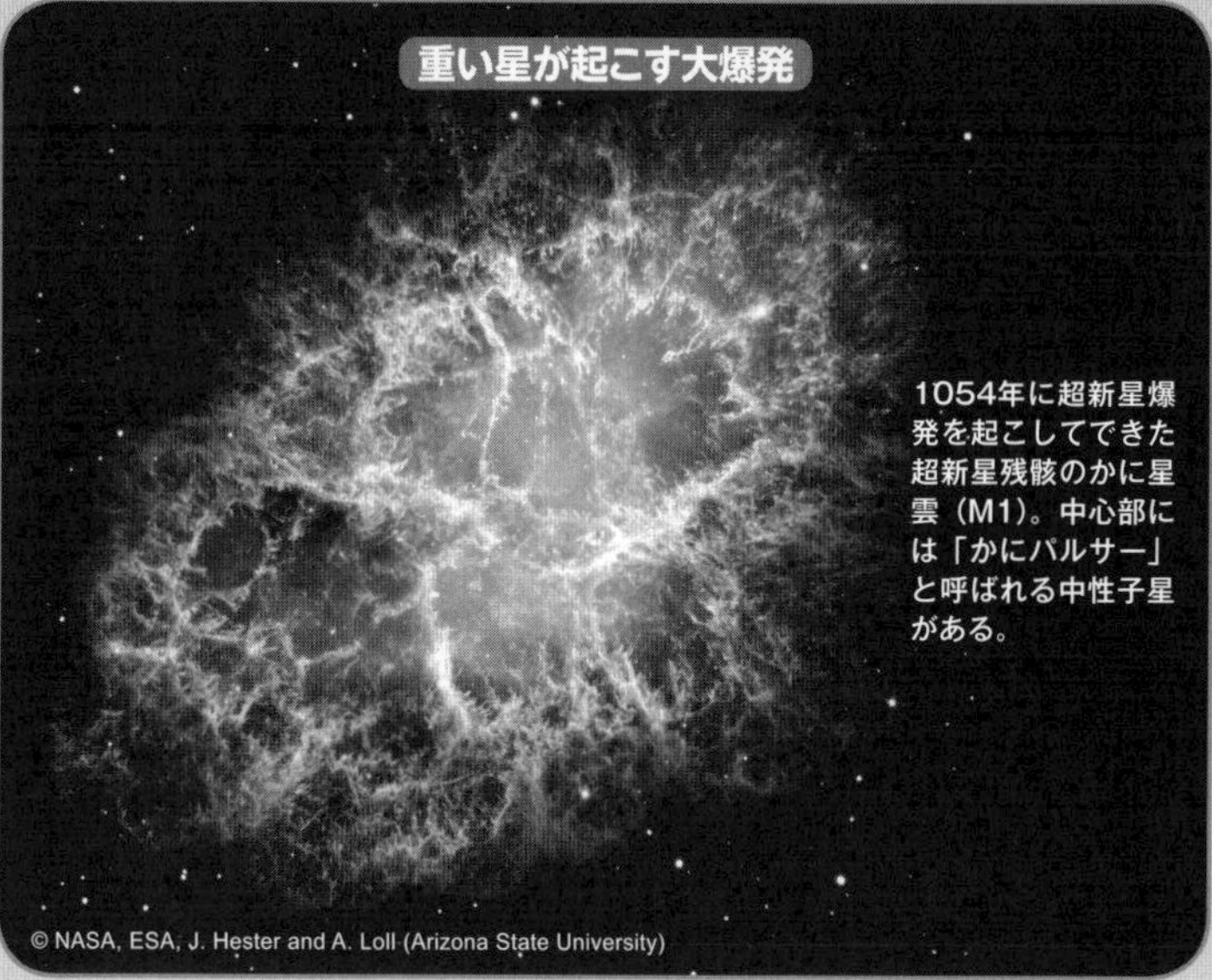

1054年に超新星爆発を起こしてできた超新星残骸のかに星雲（M1）。中心部には「かにパルサー」と呼ばれる中性子星がある。

© NASA, ESA, J. Hester and A. Loll (Arizona State University)

た天体で、半径10キロメートル程度の大きさだが、太陽と同程度の質量を持っており、1立方センチメートルあたり10億トンという桁外れの密度になっている。また、100分の1秒から30秒程度という非常に高速な周期で自転すると考えられている。

規則的な周期で、電磁波（光や電波、X線など）を放つ天体のことを「パルサー」と呼ぶが、現在、このパルサーの正体は中性子星ではないかと推測されている。パルサーは安定して規則正しい周期で電磁波を放出するため、「宇宙の灯台」とも呼ばれる存在だ。

さらに、質量が太陽の20～30倍以上重い星になると、中心核が自らの重力に耐えきれず、収縮を続けるようになる。これを「重力崩壊」と呼び、重力崩壊を起こしてできるのが、「ブラックホール」（142ページ参照）と呼ばれる天体である。

星の大きさと寿命は関係がある？

宇宙に存在できる限界のサイズがある

大きな恒星ほど短命になる

私たちの太陽は、宇宙の中では平均的な恒星だ。太陽のような恒星の寿命はおよそ100億年で、太陽は生まれてから約47億年が経過し、現在は「主系列星」の段階にある。太陽が恒星の最終段階である「赤色巨星」になるまではあと50億年程度で、そのころまでに自身の水素を燃やし尽くすと見積もられている。今の太陽は、人間にたとえれば〝働き盛り〟の年齢といえる（恒星の一生については128ページ参照）。

太陽の活動とは、すなわち水素による核融合反応である。では、燃料である水素をもっとたくさん持っている恒星は、太陽よりも寿命が長いのだろうか。

水素が多いということは、その分恒星のサイズも大きくなるわけだが、実はそうした大きな恒星のほうが、小さな恒星よりも寿命が短いのだ。大きな恒星はそれだけ重力も大きくなり、核融合反応も激しくなる。激しい核融合反応によって明るく輝くが、その分燃料となる水素を激しく消費する。トラックのような重量の大きい車が、ガソリンをガンガン燃やして走っているようなもので、燃料はすぐに底をついてしまうのだ。質量が太陽の10倍程度の恒星は、およそ1000万年で水素を燃やし尽くしてしまう。それよりもさらに重く、質量が太陽の20～30倍もある星の寿命は太陽の1万分の1、つまり誕

重い恒星の最期の姿

太陽の20倍ほどの質量を持つオリオン座の主星ベテルギウス。恒星の末期にあたる赤色超巨星で、近い将来に超新星爆発を起こすと考えられている。図は超新星爆発を起こしたベテルギウス（想像図）。

© ESO/L. Calçada

生してから100万年後には超新星爆発を起こし、ブラックホールへと変貌してしまうのだ。

恒星はどこまで大きくなれる？

質量の大きな恒星が短命であるなら、たとえば質量が太陽の1万倍もある恒星の場合はどうなるのだろう。計算上の寿命はわずか3日だ。誕生してすぐに爆発してしまう星など、実際に存在するのだろうか。

結論からいえば、そんな大きな質量を持つ恒星は存在できない。たとえ大質量の恒星を作る星間物質があったとしても、星間物質が星の形に集まる過程で重力（内側への力）を凌駕する激しい核融合を起こし、放射圧（外側への力）によって安定しないのだ。安定して質量を維持できる限界を「エディントン限界」と呼ぶが、その限界は太陽の100〜200倍程度の質量と考えられている。

3章

夜空を横切る「天の川」の正体は？

地上から眺める宇宙の神秘的な姿

天の川は無数の星の集合体

夜空にかかった淡い雲のような「天の川」。ビルの照明やネオン、街灯など、さまざまな光があふれている都会では天の川を見ることは難しいが、街から遠く離れた山上や離島などに行けば、その美しい光の帯を目にすることができる。

天の川は英語で「milky way（ミルキーウエイ）」という。日本語に訳すと「乳の道」となるが、ヨーロッパでは天の川を、ギリシア神話の女神ヘラの母乳が流れたものとみなされていることから、このような呼び方になった。ほかにも、エジプトでは天を流れるナイル川、フィンランドでは光の橋、ロシアでは鳥の道、インドでは藁《わら》の道など、天の川は世界各地でさまざまなものに見立てられている。

天の川は無数の星が集まって、帯のように見えているものだが、この星の集合体の正体は、私たちの太陽系が属する天の川銀河（銀河系）の姿なのである。

私たちは天の川銀河の「僻地」にいる？

天の川銀河は「渦巻銀河」の一種で、直径10万光年程度の円盤部を持つ。その中心近く、1万5000光年程度を取り囲むように「バルジ」と呼ばれる球状星団が形成されており、その中心には巨大なブラックホールがあると考えられている。かつて天の川銀河は単純な渦巻銀河と

天の川が帯状に見える理由

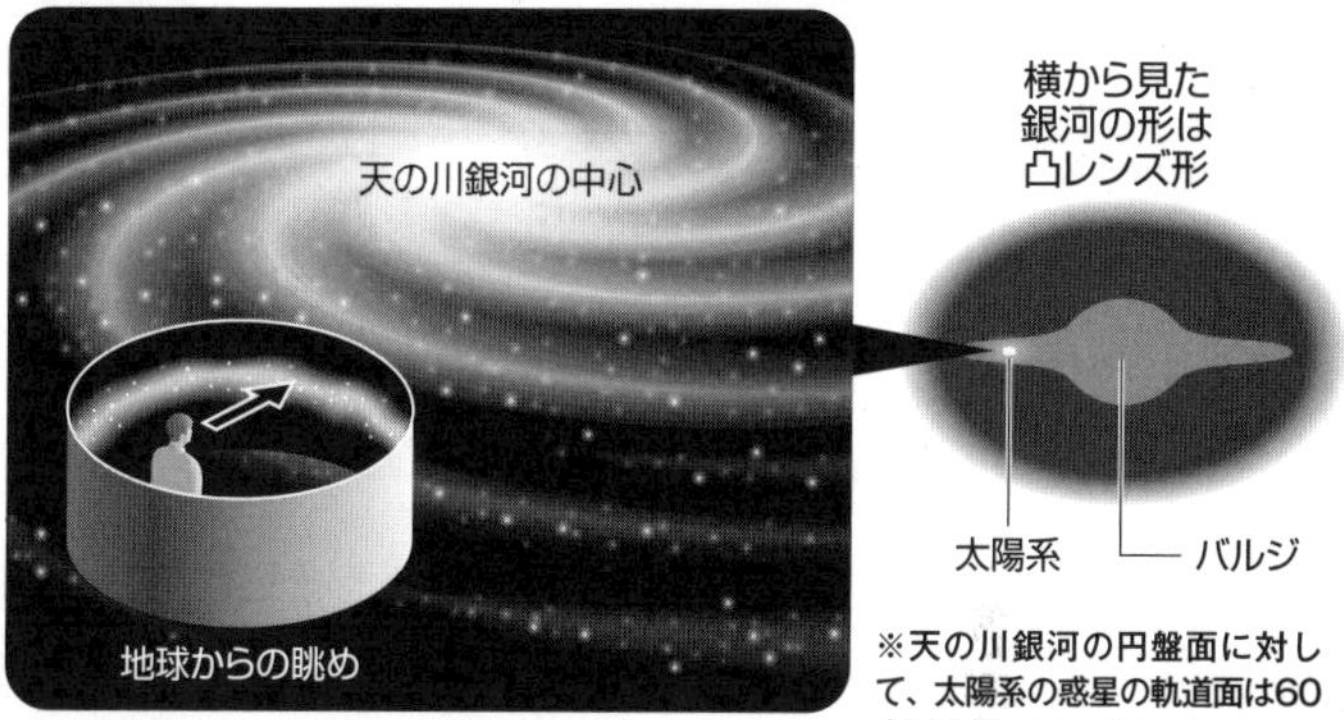

天の川は天の川銀河の中に位置する
地球から見た「天の川銀河の断面」

※天の川銀河の円盤面に対して、太陽系の惑星の軌道面は60度以上傾いているので、実際の天の川は真横ではなく、空に立ちのぼっているように見える。

思われていたが、現在は中心部分が棒状になった「棒渦巻銀河」であるという説が有力だ。

天の川銀河を上から見ると、中央の棒状部分の両端から「たて座・ケンタウルス座腕《わん》」と「ペルセウス座腕」という2本の大きな渦状腕が伸びている。「腕」とは、渦によって形成された星の弧だ。ほかに、それより規模の劣る4本の腕が伸びており、太陽系は天の川銀河の中心から遠く離れた「オリオン腕」に含まれる。私たちは天の川銀河の辺境部分に住んでいるわけだ。

上図でわかるように、天の川銀河は凸レンズ状の形をしている。天の川はこの腕の部分にあたり、帯状に見えるのは、腕の中にある地球から天の川銀河の断面を見ているような形になるからなのだ。夏の天の川は特に明るく見えるが、夏は天の川銀河の中心、つまり天体の集中する方向に向いているためで、星が少ない天の川銀河の外側に向く冬には、天の川は淡く見える。

北の方角を教えてくれる目印の星

昔は別の星が北極星だった?

地球はコマのように揺れ動いている?

北の夜空に輝く北極星。地球の自転軸を延長した先にあるこの星は、ほとんどその位置を変えることがないため、古くから旅や航海の目印として利用されてきた。現在でも、天体観測のアンカーポイントとして貴重な存在である。

北極星は、今は「こぐま座のポラリス」を指すが、紀元前にはポラリスとは違う星が北極星として使われてきた。実は、北極星はひとつだけではなかったのである。

なぜ、「位置が変わらない」はずの北極星自体が入れ替わることになるのだろうか。その原因は地球の自転にある。地球は黄道面から約23・4度傾いた自転軸を中心に、ゆっくりと西向きに動いている。これを「歳差運動」という。左の図にあるのは「地球ゴマ」という玩具だ。学校の授業などで見たことはないだろうか。コマの内側の円盤を回転させると、回転する物体の運動の法則によって、コマの軸はゆっくりと首振り運動を始める。これと同じ現象が、地球でも起きているのだ。ちなみに、地球ゴマという名前は、地球の自転と公転運動を説明できることからつけられたそうだ。

数千年ごとに入れ替わる北極星

地球の歳差周期は約2万5800年。その間、歳差運動によって自転軸が少しずつずれていく

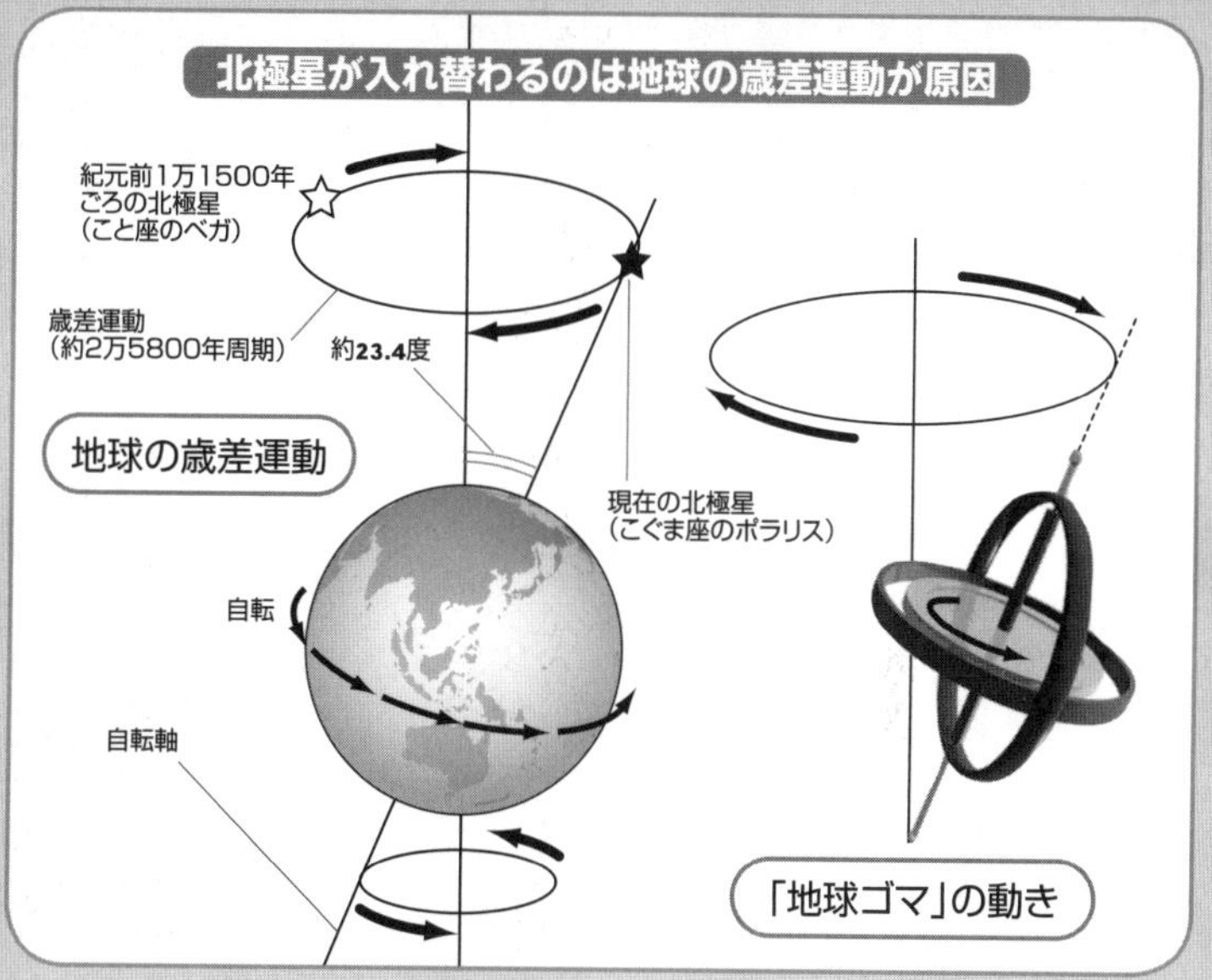

ため、やがて地球の自転軸が指し示す新しい星に、北極星はその座を明け渡すことになる。地球の歳差運動は周期的で、約2万5800年後にはまた元の位置に戻るが、恒星も固有運動をしていることから、以前と同じ星が再び北極星になることはない。

では、現在の「こぐま座のポラリス」が北極星になる前には、どの星が北極星だったのだろうか。紀元前1万1500年ごろには「こと座のベガ」、紀元前2800年ごろには「りゅう座のトゥバン」、紀元前1100年ごろには「こぐま座のコカブ」が北極星だったと考えられている。そして、西暦4100年ごろには「ケフェウス座のエライ」が次の北極星になると推測されている。

ただ、北極星は入れ替わっても、人類の歴史が続く限り、北の方向を指し示す星を目印に使うことは変わらないだろう。

「見えない」惑星をどうやって見つける？

自分で光を出さない星の存在を知る

太陽系外の惑星を捜せ！

太陽系以外の恒星系にも、惑星は存在するはずだ——そう考えた研究者たちは、1940年代から「プラネット・ハンティング」（系外惑星捜し）を始めた。なかなか結果が得られず、一時は下火になったが、1995年に初めて系外惑星が確認されたことで、再び活気を帯びはじめた。2011年からは、NASAの探査機「ケプラー」によって、系外惑星の発見数が飛躍的に伸び、その中には地球によく似た惑星があることも確認されている。

自ら光を放つ恒星は見つけやすいが、自分で光を出していない惑星は非常に見つけにくい。光る恒星が「見える星」ならば、光らない惑星は「見えない星」といえるだろう。しかも、遠く離れた別の恒星系にある「見えない星」を見つけるには、どんな方法があるのだろうか。

星の微妙な変化をキャッチする

系外惑星を見つける方法には大きくふたつある。「ドップラー偏移法」と「トランジット法」だ。ドップラー偏移法は、周期的に変動する恒星の光を観測する方法である。恒星と惑星はお互いの重心を中心に回転しているため、周囲を回る惑星を持つ恒星は、惑星に少し引っぱられてふらつく。地球と月も同じだ（36ページ参照）。惑星に比べれば恒星は非常に重いため、そ

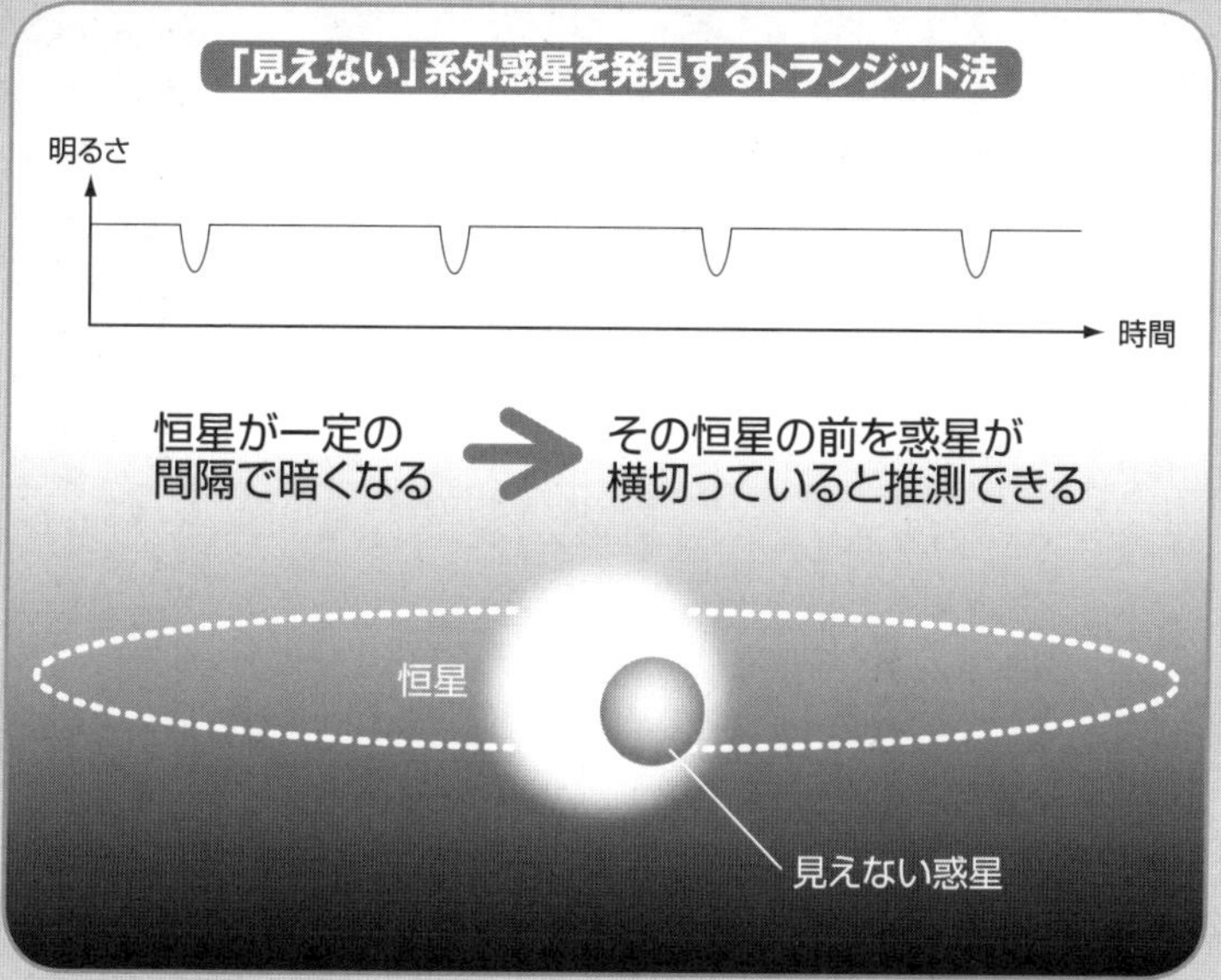

のふらつき具合はわずかだが、惑星の公転周期と同じ周期でふらつくことになる。周期的にふらつくということは、距離が変わるということであり、そのために光のドップラー偏移※を起こす。恒星が遠くなると光の波長は長くなり、近づくと短くなる。この波長の変化を観測すれば、その恒星系に惑星があるかどうかを知ることができるのだ。なお、惑星が恒星に近ければ近いほど、また惑星が重ければ重いほど、恒星のふらつきも大きくなるため、発見しやすくなる。

一方のトランジット法は、恒星の前を惑星が横切ったときに、恒星の光量が減少することを利用した観測方法だ。光量が周期的に減れば、周回する惑星があると考えられる。ドップラー偏移法に比べて遠方の惑星を見つけることができるが、惑星の軌道面（黄道面）が恒星の前を通過する必要があるため、黄道面の傾きが大きいと見つけられないという欠点もある。

※ ドップラー偏移：対象物と観測者が離れる、あるいは近づくことで、波長のずれが起こること。「ドップラーシフト」ともいう。

燃え盛っているのに黒い惑星がある？

恒星の光のほとんどを吸収する不思議な星

何とも異質な惑星の発見

2011年、アメリカのハーバード・スミソニアン天体物理学センターの研究チームは、「炭より黒いエイリアンの世界（Alien World is Blacker than Coal）」というタイトルで、「主星からの光の99パーセントを吸収してしまう、炭よりも黒い惑星を発見した」と発表した。それは黒いアクリル絵の具よりも光の反射率が低い、異質な惑星なのだという。

この太陽系外惑星TrES-2bは、2006年に太陽系外惑星の探査を行う国際的な天文プロジェクト「大西洋両岸系外惑星サーベイ」の観測網によって、GSC 03549-02811と名づけられた恒星をめぐる惑星として発見された。惑星が恒星の手前を横切る際の減光を捉える「トランジット法」（139ページ参照）によって、太陽系から約750光年離れた場所にある、木星ほどの大きさのガス惑星であることがわかっている。

高温の大気が光を吸収している？

TrES-2bは、以前から異常なほどの反射率の低さが確認されており、謎の存在だった。今回の発表は、NASAの探査機「ケプラー」の観測データを分析した結果で、TrES-2bの大気は980℃以上にもなる高温の世界だという。そのような高温になる大気には、気化

炭のように真っ黒な惑星TrES-2b

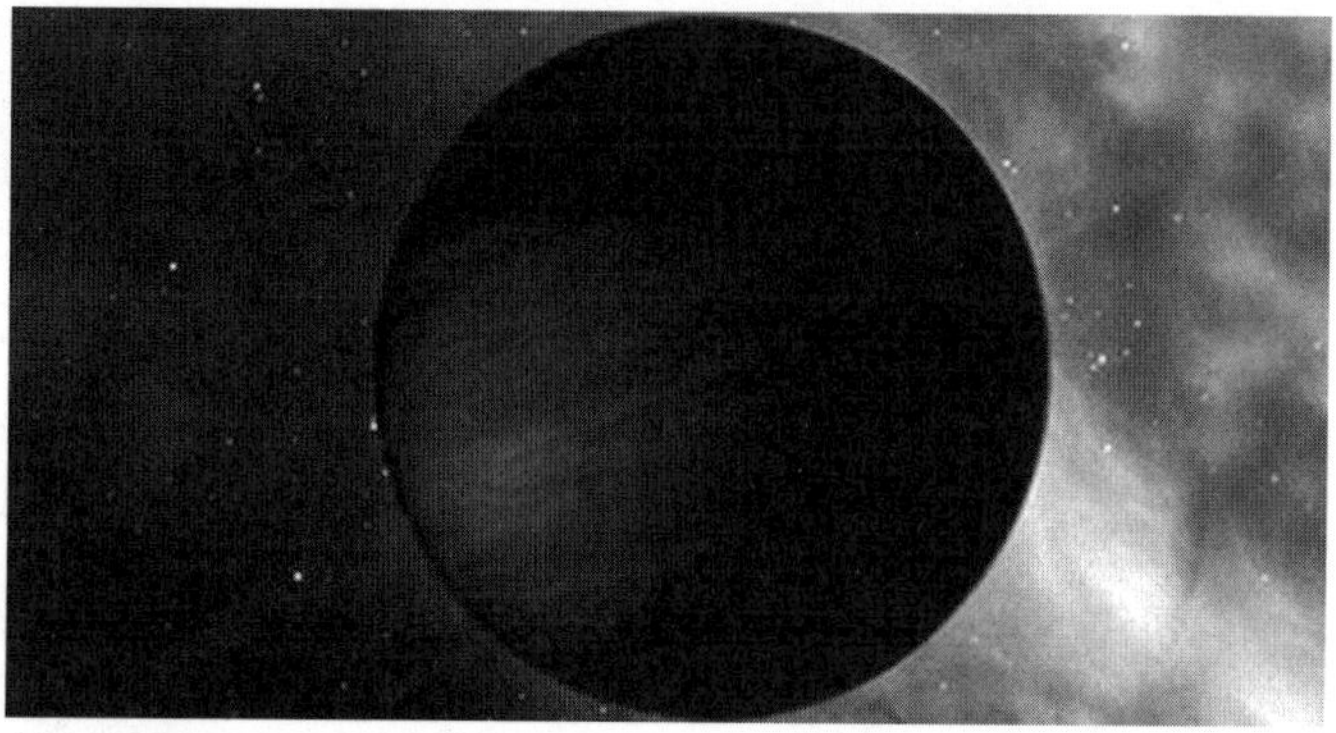

太陽系から約750光年離れた恒星GSC 03549-02811の周りを回る惑星TrES-2b（想像図）。木星ほどの大きさで、恒星の光の99パーセントを吸収する異質な天体だ。

© NASA/JPL-Caltech/T. Pyle

ナトリウムやカリウム、酸化チタンが含まれており、これらの物質が光を吸収しているのではないかと考えられている。

ただし、大気中に含まれる物質が光を吸収することだけでは、ＴｒＥＳ‐２ｂの反射率の低さ、暗さを説明することはできない。冒頭に挙げた発表でも、「ＴｒＥＳ‐２ｂを異常なほど暗くしている原因は不明」としている。ただし、惑星全体が真っ黒というわけではなく、惑星自体が高温なため、石炭などが燃えるときのように、かすかな赤い光を放っているのだという。

想像してみてほしい。私たちの太陽系にある木星が今のような赤茶色ではなく、炭のように真っ黒な惑星だったら。そして、ところどころがわずかに赤く光っていたら――。もしも、ＴｒＥＳ‐２ｂのそばに惑星があり、そこに知的生命体が生まれていたとしたら、どんな気持ちで夜空を見上げているだろうか。

3章

ブラックホールの正体とは？

宇宙にぽっかりと空いた〝穴〟

大質量の恒星がブラックホールになる

宇宙にあまり詳しくない人でも、「ブラックホール」という言葉は聞いたことがあるだろう。ブラックホールとはいったい何なのだろうか。

ブラックホールは、付近の物質をすべて飲み込んでしまう天体のことだ。ひとたびブラックホールに落ち込んでしまうと、光さえも脱出することはできない。地球から脱出するためには、毎秒約11・2キロメートルの速度（第二宇宙速度）が必要になる。太陽表面から脱出する場合は、およそ秒速618キロメートルの速度が必要になる。光の速さは秒速約30万キロメートルで、第二宇宙速度の2万7000倍もの速度である。それほどの速さであっても脱出できないのだから、ブラックホールにおける重力の強さが、とてつもない大きさだとわかるだろう。

そんなブラックホールは、大質量の恒星が終わりを迎えることで誕生する（恒星の一生については128ページ参照）。質量が太陽の20～30倍もある恒星が寿命を迎えると、超新星爆発を起こした後に、鉄などの重い元素からなる〝芯〟のようなものが残る。その芯が、自分自身の重力によって〝無限に小さな一点〟になるまで収縮する。これを「重力崩壊」という。この〝無限に小さな一点〟は、数学的には「特異点」と呼ばれる領域で、通常の物理法則が破綻し、密度も重力も無限大になる。この特異点こそがブ

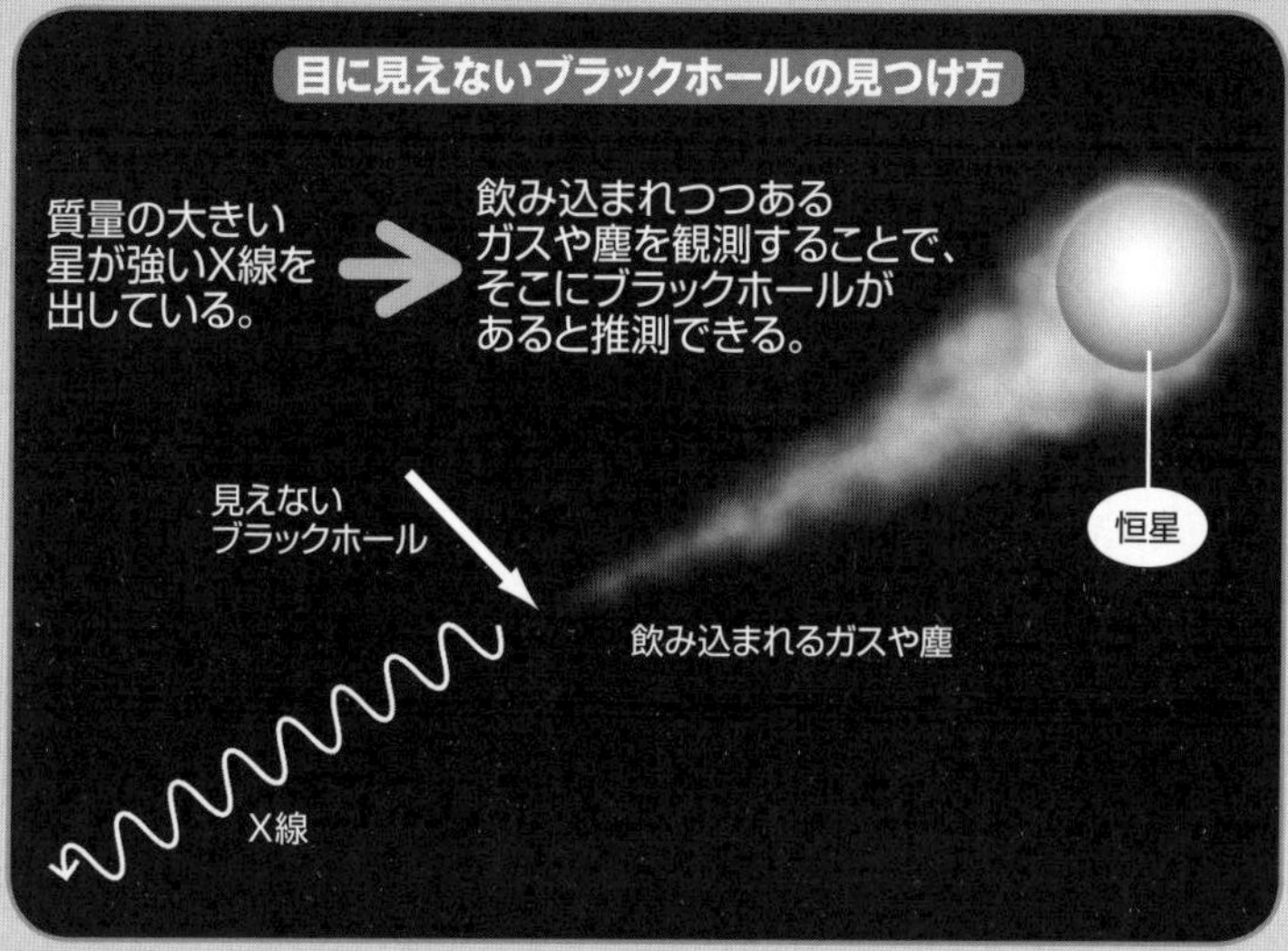
目に見えないブラックホールの見つけ方
質量の大きい星が強いX線を出している。
飲み込まれつつあるガスや塵を観測することで、そこにブラックホールがあると推測できる。
見えないブラックホール
恒星
飲み込まれるガスや塵
X線

ラックホールの正体だ。

ブラックホールに落ちたらどうなる?

特異点の周囲では、非常に強い重力によって時空が歪められ、宇宙でもっとも速い速度を持つ光でさえも出られなくなる境界線が生まれる。すべてのものが飲み込まれてしまう領域の半径を「シュヴァルツシルト半径」（あるいは「重力半径」）と呼び、この半径を持つ球面、すなわちブラックホールと通常の時空との境界線を「事象の地平面（イベント・ホライズン）」あるいは「シュヴァルツシルト面」と呼ぶ。仮に、地球をブラックホールとするならば、シュヴァルツシルト半径は約9ミリメートルで、1円硬貨よりも小さいブラックホールになる。

　では、事象の地平面を越えてしまったら、どうなるのだろうか。たとえば、人が乗った宇宙船がブラックホールに近づき、事象の地平面を越えたとする。宇宙船が重力によってバラバラにならなかったとすれば、外から見ている観察者には、宇宙船は静止したように見える。宇宙船からの光が、無限に引き延ばされるからだ。ブラックホール近辺では、時間の流れが遅くなると言い換えてもいいだろう。一方、宇宙船内部にいる人間にとっては、すべては一瞬の出来事で、巨大な圧力でつぶされるか、バラバラにされてしまうだろう。

見えない天体をどうやって見つける？

ブラックホールの存在は、アインシュタインの一般相対性理論の特殊解※として、天体物理学者カール・シュヴァルツシルトが予言していた。光すら脱出できないブラックホールは、光を放つことはない。惑星のように反射した光を観測することもできない。まったく「見えない」天体なのだ。そのため、ブラックホールは長らく理論上の存在と考えられてきたが、1971年にはくちょう座X‐1から放たれているX線がブラックホールの存在を示すものとされ、初めて観測されたブラックホールとなった。

しかし、ブラックホールは光すら脱出できない、すなわち光を出さない暗黒の天体であるはずだ。そんな天体をどのようにして見つけることができたのだろうか。これまでに数十個のブラックホールが発見されているが、実はいずれもブラックホール自体が直接観測されたわけではない。「ブラックホールに飲み込まれつつある星やガスを観測することで、そこにブラックホールがあると推測できる」というわけなのだ。

降着円盤と宇宙ジェットが目印

ブラックホールの周囲には、ガスや塵などの星間物質が、ブラックホールの重力に引き寄せられて円盤状に渦を巻いている。これを「降着

※ 特殊解：方程式の定数に特定の値を入れて求めた解。ある条件の下で成り立つ。

初めてブラックホールが観測されたはくちょう座X-1

はくちょう座X-1のブラックホールが、近接する恒星から物質を引き寄せている様子（想像図）。ブラックホールへ落ち込む星間物質によって降着円盤が形成され、中央からは宇宙ジェットが噴出している。

© NASA/CXC/M.Weiss

円盤」という。降着円盤内の星間物質は、回転しながらブラックホールへ落ち込んでいくにしたがって高温となり、電磁波を放出するようになる。このとき放出される電磁波のひとつであるX線の観測によって、ブラックホールの存在が推測できるのだ。また、ブラックホールに落ち込まなかった星間物質は、降着円盤の軸方向にすさまじい勢いで噴き出すことがある。これを「宇宙ジェット」と呼ぶ。この宇宙ジェットが放出する電磁波を観測することでも、ブラックホールを見つけることができる。

私たちの天の川銀河（銀河系）を含め、多くの銀河の中心には、大質量のブラックホールが存在すると考えられている。銀河同士の衝突によって多くのブラックホールが誕生し、それらが合体してできたという説もあるが、その発生メカニズムは明らかになっていない。ブラックホールは、まだまだ謎の多い天体なのである。

3章

遠くにあるのに「明るすぎる」クエーサーの謎

その正体は超巨大ブラックホールか?

常識が当てはまらない天体

暗闇に輝く電球を想像してみてほしい。電球の明るさは変化しないが、電球の〝見かけの明るさ〟は、あなたが近づけば明るく、離れれば暗くなる。また、同じ位置から見ても、ワット数が大きな電球のほうが明るく見える。それは宇宙でも同じことで、実際の明るさが同じでも、近くにある恒星は明るく、遠くにある恒星は暗く見える。こうした現象を利用すれば、遠くの恒星までの距離を推測することもできるのだ(124ページ参照)。

しかし、「クエーサー」という天体には、こうした常識が当てはまらない。クエーサーは、遠く離れているにもかかわらず、異常なくらい明るい天体なのだ。クエーサーとは、「準恒星状」という意味の英語「quasi-stellar」を省略したもので、恒星のように点として観測されたことから名づけられた。日本ではかつては「準星」と呼ばれていた。

明るさは天の川銀河の100倍以上?

クエーサーの存在自体は1950年代から知られていたが、当初は宇宙における〝謎の電波源〟という認識だった。1960年代になって、電波源のひとつで、おとめ座の3C273に対応する位置に非常に明るい天体が発見された。そして、その天体の分光スペクトル※を観測した

※ 分光スペクトル:光を分光器(プリズムなど)で周波数ごとに分解し、それぞれの強度を計測したもの。

初めて観測されたクエーサー「3C273」

おとめ座に位置する3C273。地球から20億光年も離れているにもかかわらず、全天でもっとも明るい天体だ。

© ESA/Hubble & NASA

ところ、赤方偏移※していることが判明した。何と３Ｃ２７３は、光速の約20パーセントという猛スピードで地球から遠ざかっていたのだ。そのスピードから計算すると、３Ｃ２７３は地球から20億光年も離れていることになる。

ところが、３Ｃ２７３は地球から見る天の川の星々（その正体は天の川銀河）と同じくらい明るく見える。私たちの太陽系を含む天の川銀河の半径はおよそ5万光年だ。つまり、天の川銀河の星々より4万倍も遠くにある天体にもかかわらず、３Ｃ２７３はそれらと変わらないほどの明るさを持っているのである。

その後、３Ｃ２７３以外にもクエーサーは1万個ほど発見されているが、そのどれもが地球から遠い場所にあることがわかっている。遠い場所にあるクエーサーは、天の川銀河の１００倍から１０００倍というとてつもないエネルギーを放出していることになるため、それ

※ 赤方偏移：観測したすべての波長が、長波長側（可視光で赤色方向）にずれる現象。対象が観測者から離れる方向へ移動していることを示している。

が恒星のようなひとつの天体から放出されていると考えるには無理がある。そんな天体があるとすれば、太陽のおよそ1億倍の質量を持っていることになるからだ。

クエーサーの正体とは?

遠方にあっても非常に明るい天体、クエーサー。その正体については、これまでにも「観測データが間違っていて、実はもっと近いところにあるのではないか」という説や、「反物質※でできた星なので、莫大なエネルギーを放出している」という説など、さまざまな仮説が立てられてきた。現在では、クエーサーの正体は、銀河の中心に位置する超巨大ブラックホールだとする説が有力だ(ブラックホールについては142ページ参照)。

より正確にいえば、ブラックホールの周囲にできる「降着円盤」が、エネルギーを放出しているものと考えられている。降着円盤とは、ガスや塵などの星間物質がブラックホールに吸い込まれる際、その周囲に形成される円盤状の渦で、高速回転している。回転は非常に高速のため、その摩擦によって高温となり、すさまじいエネルギーを放出する。それがクエーサーの明るさの秘密なのだ。

クエーサーのように、非常に小さな領域から(銀河全部を合わせたほどの)莫大なエネルギーを放出している天体を「活動銀河核」と呼ぶ。活動銀河核の中でも、クエーサーは銀河の中心部が残りの銀河よりも明るく輝いており、他の部分が観測されにくいという特徴がある。

ほとんどの銀河の中心には、超巨大ブラックホールが存在し、そこへ飛び込む物質によって放出されたエネルギーで、明るく輝いて見えると考えられている。ただし、中心部にブラックホールが存在する銀河でも、それがクエーサー

※ 反物質:通常の素粒子とは逆の電荷を持つ「反粒子」でできた物質。

クエーサーの正体は超巨大ブラックホール?
© NASA/ESA

クエーサーと周りを取り囲むガスの様子（想像図）。クエーサーの正体は銀河の中心にある超巨大ブラックホールで、周囲にあるガスや塵などを取り込みながら、膨大なエネルギーを放出しているものと考えられている。

であるとは限らないという。

恒星の〝餌〟によって輝くクエーサー

クエーサーのように明るく輝くためには、ガスや塵といった星間物質だけでは間に合わない。そこで、恒星が崩壊してブラックホールに吸い込まれているのではないかと推測されている。

しかし、クエーサーのように輝きつづけるには、相当数の恒星が必要になる。クエーサーの周囲には、それだけの恒星があるのだろうか。

10億光年離れた天体の光は、10億年かけて地球に届く。つまり、今見えている光は10億年前の天体の光ということになる。クエーサーの光も昔の姿であり、そのころには恒星がたくさんあったのだろう。もしかしたら、天の川銀河も過去にはクエーサーのように明るく輝いていて、〝餌〟となる恒星がなくなったために、現在のような姿になったのかもしれない。

3章

遠い銀河が次々に発見されている?

黎明期の宇宙の様子を解明するカギになる

宇宙誕生時代の「若い銀河」発見!

2011年12月、東京大学の研究チームは、ビッグバンから7・5億年しか経過していない、つまり、生まれて間もない宇宙にある銀河を発見したと発表した。7・5億年はとても長い時間に思えるが、天文学的にいえばほんのわずかな時間である。

研究チームは「すばる・ディープ・フィールド」と「グッズ・ノース・フィールド」と呼ばれる領域を「すばる望遠鏡」で観測し、その中から遠方の銀河の候補を絞り込んでいった。その結果、GN-108036という銀河が地球から129・1億光年離れた位置にあり、黎明期の宇宙にある銀河であることが判明した。距離が正確に求められた銀河としては、もっとも遠い銀河の発見となったのである。

GN-108036はNASAの「ハッブル宇宙望遠鏡」が搭載する新しい高感度カメラでも撮影されており、その観測データから、GN-108036の中では、同時代の他の銀河と比べて10倍以上のペースで星が生まれていることがわかった。また、大きさも非常に小さく、天の川銀河の20分の1程度で約5000光年と判明している。ビッグバンから数十億年後の銀河には、重くて年老いた銀河があり、GN-108036のような小さくて活発な若い銀河が〝進化〟したものではないかと考えられている。

この銀河の発見が、銀河が成長していく謎を解明する糸口になると期待されている。

最遠の銀河からわかることとは？

ところで、「記録は塗り替えられるもの」といわれるが、その後もさらに遠い銀河の発見が続いた。現在、発見されている中で最遠の銀河は、ＥＧＳ８ｐ７と名づけられた銀河だ。２０１５年９月、アメリカ・カリフォルニア工科大学の研究チームが、「ハッブル宇宙望遠鏡」や「スピッツァー宇宙望遠鏡」などの観測データを分析し、地球から約１３２億光年離れた場所にＥＧＳ８ｐ７を発見したと発表した。宇宙ができたのは約１３８億年前であることから、この銀河は宇宙誕生後６億年ほどで生まれたと考えられている。ＥＧＳ８ｐ７を詳細に研究することで、宇宙の黎明期に宇宙がどのような状態にあったかを知ることができるかもしれない。

132億年前の宇宙にある銀河EGS8p7

現在確認されている中で、最遠の銀河であるEGS8p7。ビッグバンから6億年ほどで誕生したと見られており、宇宙黎明期の宇宙の様子を知る手がかりになるとして注目されている。

© Labbé (Leiden University), NASA/ESA/JPL-Caltech

3章

天の川銀河が消滅する日がやってくる？

宇宙空間で起きている「交通事故」

銀河同士は高速で近づいている

人間の感覚では、地球は静止しているように思えるが、実際には地球は太陽を公転し、太陽（太陽系）もまた天の川銀河（銀河系）の中を動いている（太陽系の移動については20ページ参照）。さらに、天の川銀河そのものも宇宙の中を移動している。そして、天の川銀河がこのまま動いていくと、30億～40億年後には、アンドロメダ銀河と衝突してしまうと考えられている。両者は毎秒300キロメートルという高速で接近しているのだ。

アンドロメダ銀河は、天の川銀河やさんかく座銀河とともに、「局部銀河団」を構成するメンバーであり（銀河の集団については182ページ参照）、230万光年しか離れていない天の川銀河とアンドロメダ銀河は、宇宙的なスケールで見ればお隣さんといえるほど近い距離にある。

ただし、もし銀河同士が衝突したとしても、恒星間の距離が非常に大きいため、互いの恒星同士や惑星同士が衝突することはまずないと考えていいだろう。むしろ星間ガスの衝突によって、新しい恒星が誕生する可能性が高いといわれている。

宇宙での衝突事故は日常茶飯事？

「銀河同士の衝突」という天文イベントは、実はそれほど珍しいものではない。たとえば、お

とめ座方向の銀河団を観測すると、形の崩れた銀河や渦状腕がつながった銀河、中心部がなく

頻発する銀河同士の衝突事故

衝突や接近によって形を変えた、さまざまな銀河の様子。

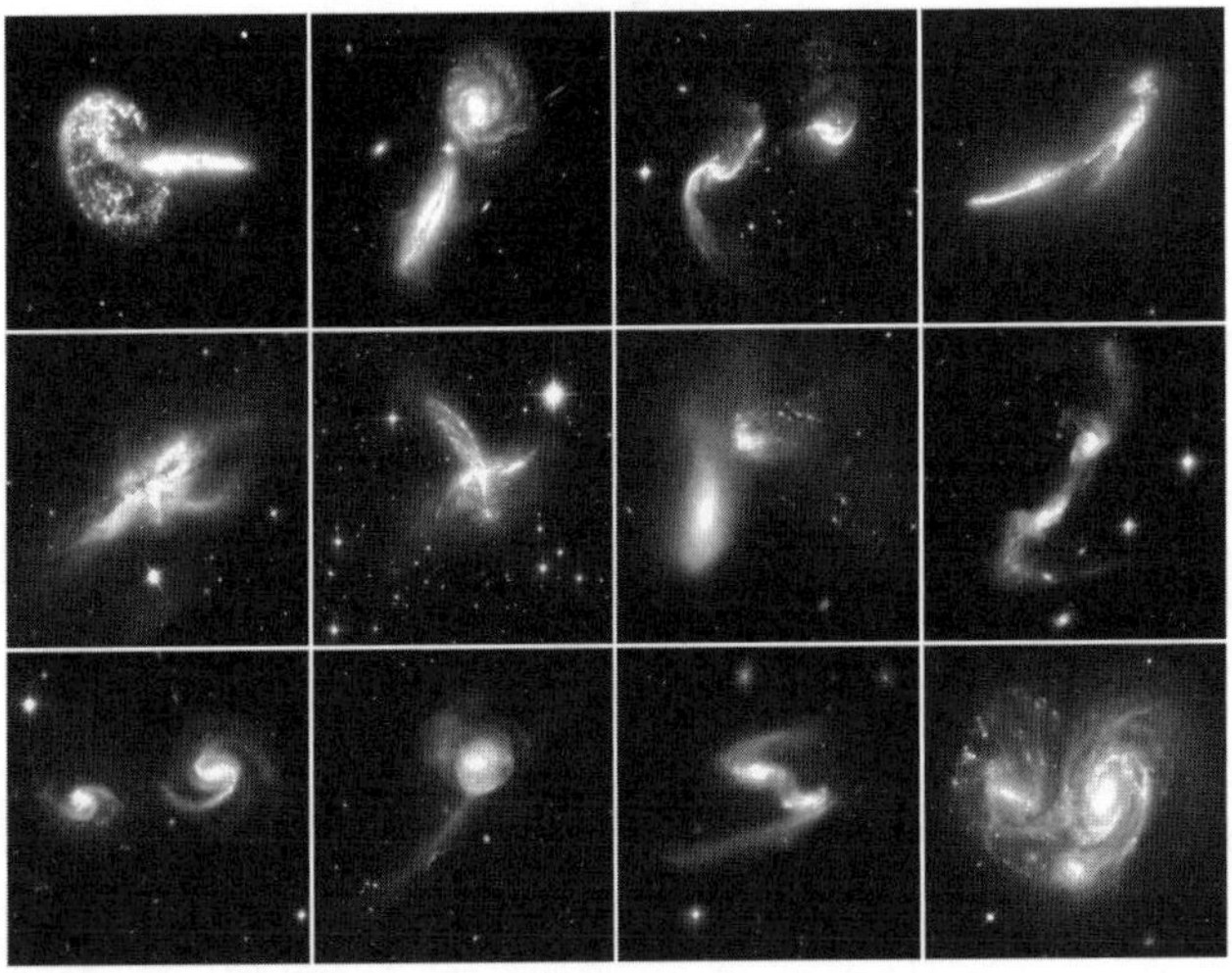

© NASA, ESA, the Hubble Heritage Team (STScI/AURA)-ESA/Hubble Collaboration, and W. Keel (University of Alabama, Tuscaloosa

なったリング状銀河などといった「特異銀河」を見つけることができる。このような特異銀河は、複数の銀河が衝突し、変形したものだと考えられている。つまり、広大な宇宙空間も、意外に「混み合っている」のだ。

それでは、天の川銀河とアンドロメダ銀河が衝突した後はどうなるのだろうか。考えられるシナリオは、衝突後およそ10億年でふたつの銀河が合体し、新たにひとつの銀河を形成する、というものだ。そのとき、互いの中心に存在するブラックホールもひとつに合体することになるだろう。その過程において、いくつかの恒星や惑星が消滅するかもしれないが、一方で新しい恒星や惑星も数多く生まれることになるだろう。そうなれば、太陽系の近くもかなり賑やかになるかもしれない。

宇宙全体の大きさと質量はどのくらいなのか？

果てしない宇宙に挑みつづける人類

宇宙の大きさはどうやってわかる？

私たちの健康診断では、必ず身長と体重の計測が行われる。それらの数値が、健康かどうかを知るための基礎的なデータになるからだ。同じように、宇宙に関して詳しく知るためには、基礎的なデータである宇宙の身長（大きさ）や体重（質量）が重要な要素になる。しかし、結論からいうと、宇宙全体の大きさや質量の数値はまだわかっていない。

現時点でも、天体までの距離を計測（あるいは推測）することはできるが（124ページ参照）、宇宙全体の大きさとなると話は別だ。人類はこれまでに、光やX線、赤外線などのさまざまな電磁波を使って、天体からの情報を集めているが、光速を超えて遠ざかる領域を観測することはできない。人類が観測できる範囲を「観測可能な宇宙」と呼ぶ（166ページ参照）。そして、その先の世界がどうなっているのか、宇宙が続いているのか、それとも何もないのか、ということはまったくわからないため、宇宙全体の大きさを知ることはできないのだ。

宇宙物質のほとんどは観測不能？

一方、宇宙全体の質量についてはどうだろうか。天体までの距離と同様に、天体の質量も推測することはできる。ならば、推測した天体の質量を合計していけば、宇宙全体の質量も推測

観測できる範囲の外側はどんな世界？

NASAが公開した「宇宙の地図」。地球から見た構図で、水平の明るい線は天の川銀河だ。全天の99パーセントが捉えられており、5億6000万個を超える銀河や恒星が写っている。ただ、どんなに精細な画像が撮れても、観測範囲を越えた宇宙の姿を見ることはできないのである。

© NASA/JPL-Caltech/UCLA

できるのではないか、と思うかもしれない。しかし、宇宙には人類が観測できない〝見えない〟物質とエネルギーが存在するため、観測できた天体の質量だけを積み重ねても、宇宙全体の質量を推測することはできないのだ。

２００９年にＥＳＡによる「宇宙背景放射」（宇宙の全方向からほぼ一様に放射されているマイクロ波）の観測結果から、人類が観測可能な物質は、宇宙全体の４・９パーセントと発表された。残りは、見えない物質「ダークマター」と観測できない「ダークエネルギー」で構成されていることがわかったのだ（１７２ページ参照）。

ダークマターとダークエネルギーが観測できれば、宇宙の全質量を推測することもできるようになるだろう。ただし、両者は完全に証明されたものではなく、あくまでも理論上の存在であり、もしかしたら新しい宇宙論が登場して、すぐに宇宙の総質量が判明するかもしれない。

地球外生命体の存在を求めて

宇宙のどこかに地球と似た星がある？

地球は〝奇跡の星〟だった！

太陽系内にある惑星には、地球以外に生命体は確認されていない。生命体が存在する可能性はまだ捨てきれないが（104ページ参照）、存在していたとしても原始的な生命だろう。

なぜ、太陽系内では地球以外の惑星に生命が存在しないのかといえば、太陽系の「ハビタブルゾーン」内に位置する惑星が地球だけだからにほかならない。ハビタブルゾーンとは、生命が存在する目安で、「天体が生命の誕生に適した環境となる領域」のことだ。日本語では「生命居住可能領域」と呼ばれる。

生命が存在する必須条件としては、基本的に惑星の表面温度が十分に暖かく、また十分な量の水が液体として存在していなければならない。つまりハビタブルゾーンとは、太陽からほどよい距離に位置し、そうした環境を維持できる範囲を指すわけだ。

具体的なハビタブルゾーンにはいくつか説があるが、おおよそ0・97〜1・39天文単位の領域がハビタブルゾーンにあたると考えられている。太陽系では地球のみがこれに該当する。

20光年先で地球型惑星を発見！

もし太陽系以外の恒星系で、安定したハビタブルゾーン内に惑星（あるいは衛星）が見つかれば、そこに生命体が存在する可能性は高い

太陽系の中では、生命が存在できる領域に位置するのは地球だけだ。

といえる。観測機器の性能が向上したおかげで、現在ではいくつかの恒星系において、1000個以上の太陽系外惑星が発見されているが、その中で、すでにハビタブルゾーン内に存在する惑星も確認されている。

2007年4月、欧州南天文台の観測チームが、太陽系から20・4光年離れた赤色矮星グリーゼ581を周回する軌道上に「地球型惑星」を発見した（惑星の分類については123ページ参照）。当初、見つかった惑星のうち、グリーゼ581Cがハビタブルゾーン内にある可能性が高いと考えられていたが、その後、ハビタブルゾーンよりもグリーゼ581に近いことがわかった。現在では、グリーゼ581Cに代わって、同じグリーゼ581をめぐる惑星グリーゼ581dが、近星点（主星の重力の中心にもっとも近づく位置）付近でハビタブルゾーンにある可能性が高いと見られている。

生命誕生のシステムを解明せよ！

グリーゼ581dは、質量は地球の約5倍で、半径は地球の1・5倍程度と推測されている。この星のように、質量や大きさが地球よりも大きい地球型惑星を「スーパーアース」と呼ぶ。2009年にはフランスの観測衛星が、地球の約2倍の質量の惑星COROT－Exo－7bを発見しており、こうした地球型惑星は半径20光年の中に数多く存在するという説もある。

ただし、生命誕生のシステムが解明されていない現状では、ハビタブルゾーンは生命誕生の目安のひとつでしかない。「ハビタブルゾーンの考え方は、水に依存しすぎている」という批判も以前から存在するくらいなのだ。

地球の生命は水中から発生したと考えられているが、宇宙の中では水以外――たとえばガスや金属――も、生命誕生の〝素〟となる可能性はある。研究者によっては、「恒星からの距離を主に考えるハビタブルゾーンだけでなく、恒星の変化や金属の含有率など、もっと厳密な条件がそろっていなければ、生命が生存できる惑星とはならないだろう」という厳しい見方もある。地球の環境だけをモデルに考えていては、生命のシステムを解明する仮説の幅は広がらないし、地球外生命体を探索するための方向性も定めることができないというところだろう。

地球外生命体と遭遇できる確率とは？

ところで、地球外生命体が存在する可能性は、いったいどのくらいあるのだろうか。

1961年、アメリカの天文学者フランク・ドレイクが、人類とコンタクトする可能性のある地球外文明の数を求める数式を考案した。「ドレイクの方程式」と呼ばれるこの方程式は、天の川銀河で恒星が形成される速度や、その恒星

ハビタブルゾーン内にある
太陽系外惑星グリーゼ581d

太陽系から20.4光年離れた場所にある恒星系グリーゼ581（想像図）。これまでに6つの惑星が見つかっている。そのうちのグリーゼ581dはハビタブルゾーンに位置し、生命生存の条件を満たす惑星だと考えられている。

系が惑星を持つ確率、ひとつの恒星系のハビタブルゾーンにある惑星の平均値、その惑星で実際に生命が発生する確率などをパラメータ（設定値）としている。ドレイクは、それらのパラメータに信頼性が高いと思われる数値を代入し、将来私たちが遭遇する可能性のある地球外生命体の数を「10個」と推測した。

　ドレイクの方程式を信じれば、私たちが太陽系外の生命体、もっといえば「地球外知的生命体」に遭遇する可能性は十分にある。実際、ドレイクの方程式に妥当と思われる数値を入力すると、多くの場合、コンタクト可能な宇宙文明の数は1個以上とカウントされるのだ。このことが、地球外惑星の観測や深宇宙探査の原動力のひとつになっている、といっても過言ではないだろう。

　いつか、私たちと同じように文明を持った知的生命体と遭遇できる日を心待ちにしたい。

Column 3

音や光が変化する「ドップラー効果」とは？

救急車やパトカーがサイレンを鳴らしながら走ってくるとき、こちらに近づいてくるときにはサイレンの音が高く聞こえ、離れていくときには低く聞こえる。そんな音の変化に気づいたことはないだろうか。

　これは、音（波）の発生源が移動している場合、前方では波が圧縮されて周波数が高くなり、後方では波が引き延ばされて周波数が低くなるためだ。電車に乗っていて踏切を通過する際に、警報器の音が途中で変わるのも同じ理由で、固定された音源に観測者が近づく場合にも起こる。

　この現象は古くから知られていたが、オーストリアの物理学者クリスチャン・ドップラーがそれを科学的に解明したことから、彼の名を取って「ドップラー効果」や「ドップラーシフト」と呼ばれている。

　気象観測レーダー（ドップラー・レーダー）は、このドップラー効果を利用して雲の動きを観測している。また、野球などでボールの速度を測定する際に使われるスピードガンも、ドップラー効果を利用した機器だ。

　このドップラー効果は、音だけでなく、光などの電磁波でも起こる。光で起こるドップラー効果のことを「光のドップラー効果」という。たとえば、近づいてくる天体は、光の波長が短いほうにシフトするため、青みがかって見える。反対に、離れていく天体は、波長が長い方向にシフトして赤っぽく見える。前者を「青方偏移」、後者を「赤方偏移」という。ドップラー効果によって各波長がどれだけ変化したのかを観測できれば、地球とその天体の相対速度を知ることができるのである。

「ドップラー効果」とは？

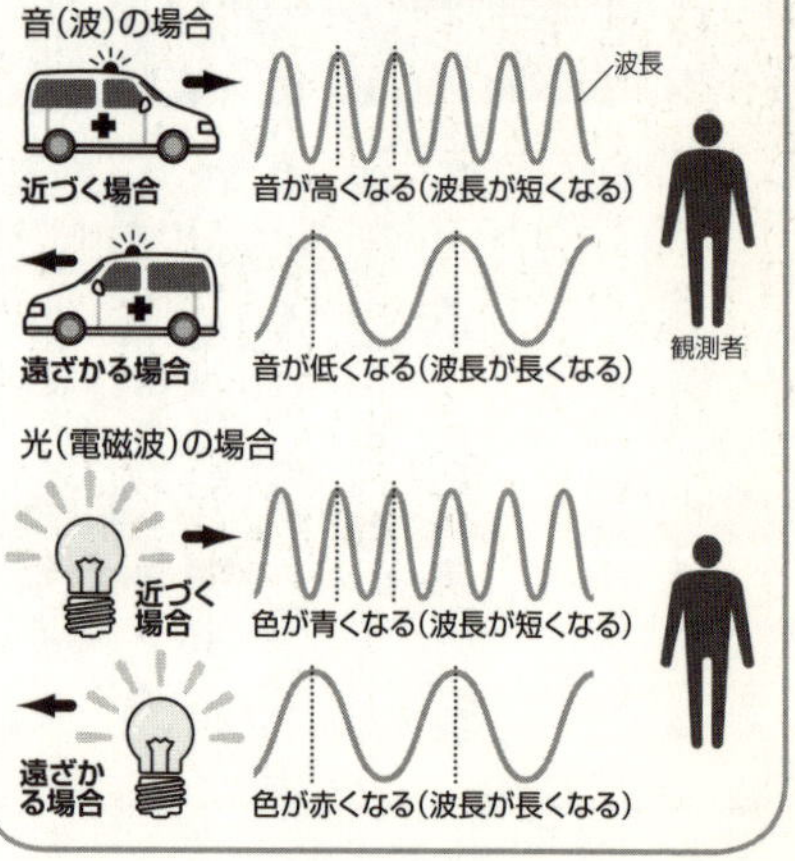

4章

最新の宇宙論を知る

「宇宙の姿」を解明するための歩み

宇宙は謎に満ちている。観測技術が向上し、目に見える光（可視光）だけでなく、赤外線やX線での観測ができるようになり、遙か彼方の銀河を発見できるようになっても、解けない謎はまだ数多く残されている。そうした謎に対し、昔から天文学者や科学者たちはさまざまな仮説を立て、実験や観測によって検証を行い、そこからまた新たな仮説を組み立てて、宇宙の真の姿を見いだそうと努力してきた。

たとえば、コペルニクスはギリシア時代から信じられてきた「天動説」に疑問を呈し、「地動説」を唱えた。ケプラーは惑星の運動を解明した「ケプラーの法則」を提唱し、地動説を確かなものにした。さらに、ニュートンは「万有引力の法則」によって、「ケプラーの法則」がなぜ成立するかを証明し、身近な物事の運動を解明した「ニュートン力学」を確立した。そして、ニュートン力学でも説明することができなかった宇宙の事象を解明したのが、アインシュタインの「相対性理論」である。

相対性理論が発表されるまでは、「宇宙は変化しない静的な空間だ」と考えられていた。それが、相対性理論の登場によって「宇宙は変化するものだ」と考えられるようになり、銀河を観測したハッブルによって、実際に宇宙が膨張していることが証明された。そのことから、「宇宙が膨張しているなら、宇宙はある一点から膨らんでいったはずだ」として「ビッグバン宇宙論」が生まれ、さらに、それを補強する「インフレーション」理論が構築されるにいたった。

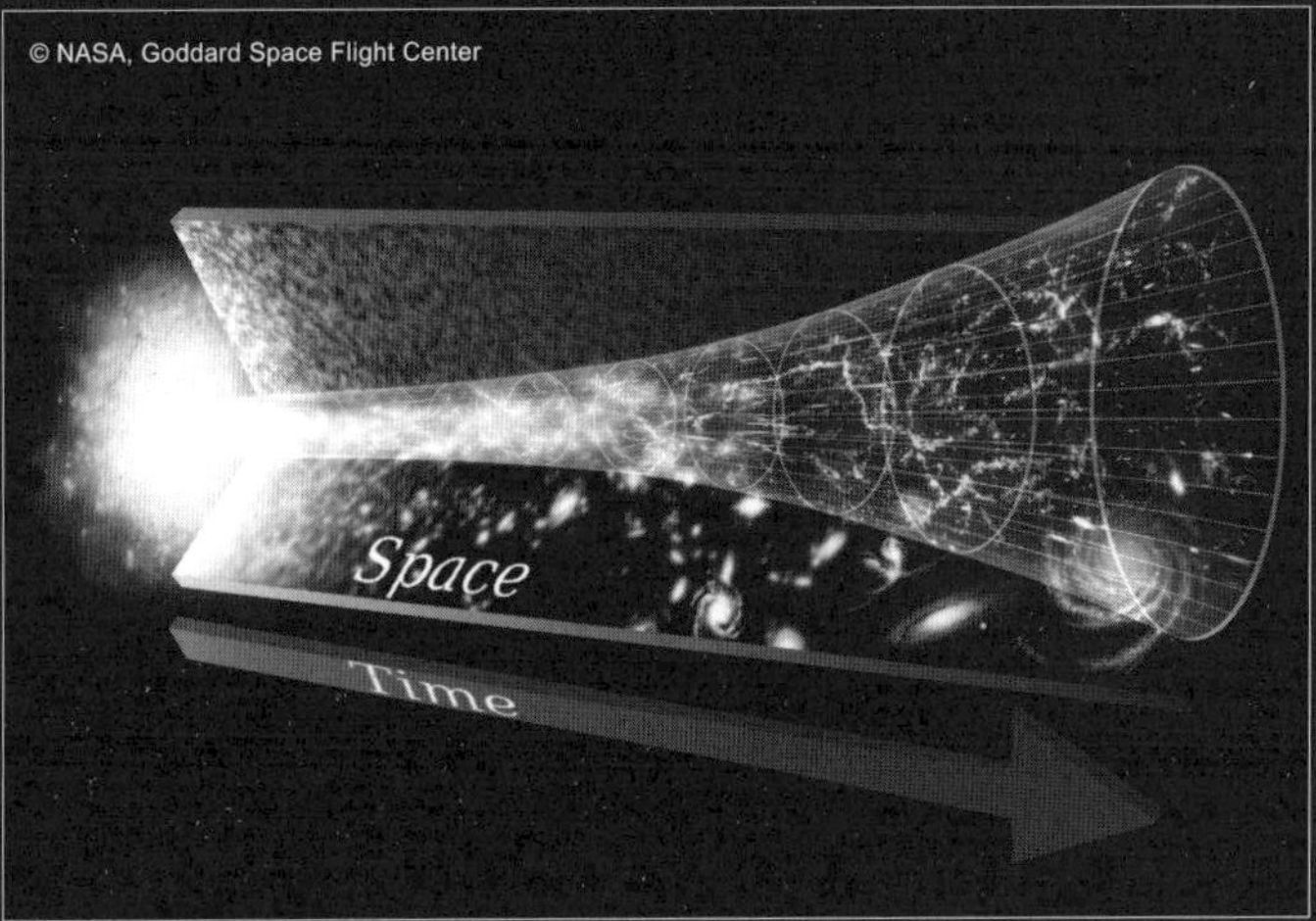

宇宙の始まりを説明する仮説として、現在は「宇宙はある一点から始まり、現在も膨張を続けている」とする「ビッグバン宇宙論」が支持されている。

このことからもわかるように、人々の「宇宙観」は科学的な発見や発表があるたびに移り変わってきた。中には、だれからも支持されずにそのまま消えていった理論や仮説、あるいは、それに反する観測結果と反証が登場したことで否定された理論や仮説も数多く存在する。

また、現時点で理論的に正しいと考えられている仮説であっても、まだその現象や存在が確認されず、立証されていないものも多い。たとえば、宇宙に存在すると考えられている「ダークマター」と「ダークエネルギー」は、それらがなければ説明がつかないことも多いため、その存在はほぼ確実視されているが、実際にはまだ観測できていないのだ。もしかしたら、明日にはまったく新しい発見と新たな理論が発表されるかもしれない。そんなふうに劇的に変化する可能性を持っているところが、宇宙論の面白さだといえるだろう。本章では、現在考えられている最新の宇宙の姿を解説するとともに、まだ解明されていない謎と不思議を紹介する。

宇宙に「果て」はあるのか？

宇宙を考えるときに必ず立ちはだかる謎

移り変わる人々の宇宙観

「宇宙は無限である」ということは、もはや常識のようにいわれている。しかし、「天動説」が信じられていた時代には、地球を包む「天球」までが宇宙であり、その先の世界については何も考えられていなかった（天動説については66ページ参照）。「有限・無限」という概念そのものが存在しなかったといってもいいだろう。

16世紀になって、コペルニクスが「宇宙の中心は地球ではなく、地球は太陽の周りを1年かけて回っている」とする「地動説」を提唱すると、徐々にそれを指示する者も増えていった。その中に、イタリアの哲学者ジョルダーノ・ブルーノもいた。ブルーノはコペルニクスの地動説の一部を支持するとともに、コペルニクスが言及しなかった、天動説における「恒星は天球上に張りついているので、地球から等距離にある」という考えについても、「そのように考える理由はない」として否定した。それと同時に、「宇宙が有限である」と考える理由もないとした。ブルーノは専門的な天文学者ではなかったため、理論に基づいた結論ではなかったが、天動説が示すような〝閉じた〟宇宙ではなく、宇宙は無限の広がりを持つものであるという考えを初めて示したのだ。

一般的な常識を覆してまったく新しい主張を行うことを「コペルニクス的転回」と表現する

が、16世紀に本当の意味でコペルニクス的転回を行ったのは、コペルニクスではなくブルーノだといわれることがある。それほどブルーノの考え方は後世へ大きな影響を及ぼしたのだ。

宇宙はどこまで観測できた?

パンドラ銀河団の「重力レンズ効果」で分離して見える銀河の画像。130億光年以上離れた位置にある銀河であることがわかった。観測技術の向上により、宇宙誕生後間もないころの銀河の姿も観測できるようになってきた。

宇宙は有限？　それとも無限？

冒頭で、宇宙が無限であることが常識になっていると述べたが、厳密にいえば、宇宙が無限か有限かはまだ明らかになっていない。

欧米の物理学者たちは、20世紀初頭まで「宇宙は始まりも終わりもない静的なもの」という認識だったが、アインシュタインによる「相対性理論」から導き出された宇宙は、とても不安定で「膨張（あるいは収縮）する」というものだった。のちに、観測によってあらゆる銀河が赤方偏移している、つまり地球から遠ざかっていることが証明されたことで、宇宙が膨張を続けていることが確認された。

宇宙を風船にたとえるなら、今はどんどん膨らんでいる段階だ。その風船の外側がどうなっているのかはだれにもわからない。したがって、無限とも有限ともいいきれない。今、私たちがわかっているのは、私たちが宇宙と認識できる「果て」が存在することだ。

「果て」と「端」の違いとは？

「宇宙の果て」について考える前に、地球上での「果て」について考えてみよう。たとえば、「日本の北の果て」といえば北海道のことを思い浮かべる人が多いだろう。だが、「日本の北の果て」の先にも別の土地があり、別の国がある。果てとは、（ある基準に基づいた）境界線（面）のことであり、そこから先に何もないという意味ではない。

一方、「端」といった場合には、その先に何もない（行けない、見えない）ことを意味する。もし、地球が昔の人々が想像したように平板であったなら、ひとつの方向に向かって歩いていけば必ず端に到達するだろう。しかし、地球は球であり、ひとつの方向に延々と歩いたとしても、端に到達することはない。宇宙も同じで、果ては存在するが、端は存在しないのだ。

観測可能な範囲が「宇宙の果て」

仮に、あなたが望遠鏡で10億光年先の銀河を観測したとしよう。あなたが見たその光は、10億年かけて地球に届いた光であり、あなたが見ている銀河の姿は10億年前のものだ。もし、138億光年離れた場所の天体を観測できたとすれば、それは138億年前の光ということになる。宇宙が誕生したのは138億年前と考えられているので、観測した天体は宇宙の誕生直後にできた天体といえる。

では、138億光年よりもっと先を見ようとした場合にはどうなるだろうか。そもそも138億年前には、まだ宇宙が存在していないのだから、何も見ることはできない。人類の技術がどんなに進歩したとしても、それより先は観測できない「観測の限界」であり、そこが「宇宙の果て」といえる。地球に当てはめて考えれば、自分が立っている場所から見渡しても、地平線

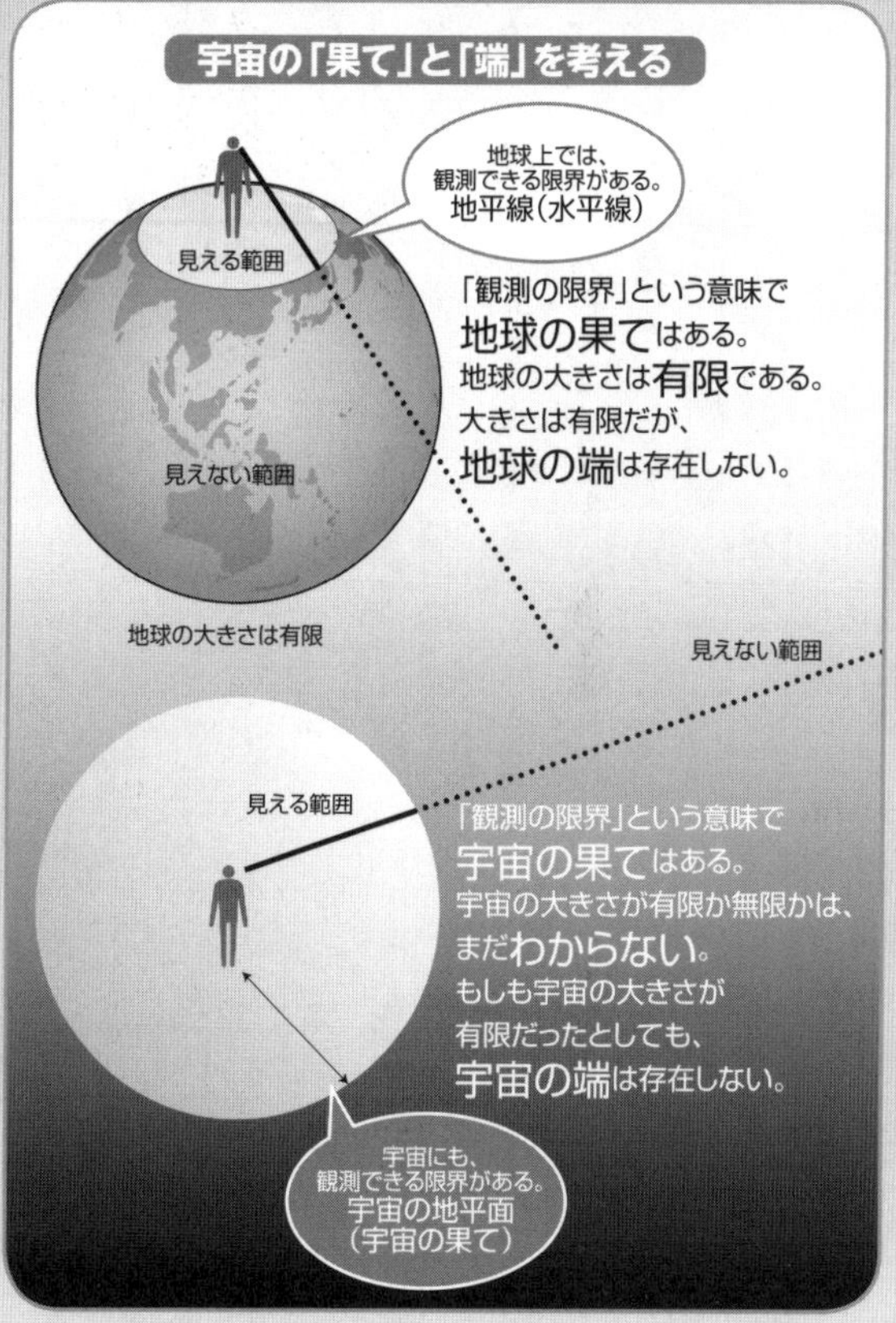
宇宙の「果て」と「端」を考える
地球上では、観測できる限界がある。地平線（水平線）
見える範囲
見えない範囲
「観測の限界」という意味で地球の果てはある。地球の大きさは有限である。大きさは有限だが、地球の端は存在しない。
地球の大きさは有限
見えない範囲
見える範囲
「観測の限界」という意味で宇宙の果てはある。宇宙の大きさが有限か無限かは、まだわからない。もしも宇宙の大きさが有限だったとしても、宇宙の端は存在しない。
宇宙にも、観測できる限界がある。宇宙の地平面（宇宙の果て）

（水平線）の先は見えない。そこが「観測の限界」であり、地平線までの距離を半径とする円の中が「観測可能な世界」となる。

また、観測者が移動すれば、観測可能な範囲も一緒に移動する。地上では平面だが、宇宙において「観測可能な宇宙」は球状になる。ただし、宇宙は膨張しており、一点にとどまることはない。

138億光年離れた場所に見つけた天体は、138億年経過する間にさらに遠くへ、約465億年離れた場所へ移動していると考えられる。したがって、地球を中心に直径約930億光年までの範囲が「宇宙の果て」となるのだ。

4章

宇宙はどうやって誕生したのか？

ビッグバンとインフレーション理論

天才物理学者が見誤った宇宙の姿

物理学者アルバート・アインシュタインは、「一般相対性理論」を発表した翌年の1917年に、一般相対性理論に基づく宇宙モデルを発表した。それによれば、宇宙はずっと変化しない静的な「定常宇宙」である、という。

1922年、旧ソ連の宇宙物理学者で数学者のアレクサンドル・フリードマンは、アインシュタインの一般相対性理論から、「宇宙は時間の経過とともに変化してもよい」とする考えを導き出し、「宇宙が時間とともに進化する」という「膨張宇宙モデル」を考案した。フリードマンは、アインシュタインの方程式から「宇宙項」を取り除いて計算することで、収縮あるいは膨張する宇宙の姿を提示したのである。

同じころ、アメリカの天文学者エドウィン・ハッブルは、銀河を観測しているうちに、別の銀河にある星が赤方偏移している、つまり遠ざかっていることを発見した。また、遠い銀河ほど遠ざかるスピードが速いことがわかり、宇宙が膨張していることを証明したのである。のちに、アインシュタインはハッブルが勤めていたウィルソン山天文台を訪問し、観測データを見て、「定常宇宙論」を捨てたといわれている。

宇宙は高温の火の玉だった？

フリードマンの弟子で物理学者のジョージ・

ガモフは、「今の宇宙が膨張しているなら、その始まりは密度が高い高温の状態だったはず」と考えた。ガモフが発表したこの理論は画期的で、「火の玉宇宙論」とも呼ばれたが、これに反対する人物がいた。「宇宙は変化しない」とする定常宇宙論を発表したイギリスの天文学者フレッド・ホイルだ。

宇宙論の歴史

【2世紀　プトレマイオス】	天動説
【16世紀　コペルニクス】	地動説
【16世紀　ブルーノ】	無限宇宙モデル
【17世紀　ホイヘンス】	エーテル宇宙モデル
【1915年　アインシュタイン】	有限宇宙モデル
【1921年　フリードマン】	膨張宇宙モデル
【1948年　ガモフ】	ビッグバン宇宙モデル
【1981年　グース／佐藤勝彦】	インフレーション宇宙モデル

ニコラウス・コペルニクス(1473-1543)

アルバート・アインシュタイン(1879-1955)

ジョージ・ガモフ(1904-1968)

　ガモフの理論に対して、ホイルが「(火の玉宇宙論が正しいのなら)宇宙は大爆発(ビッグバン)から始まったとでもいうのか?」と揶揄《やゆ》したことから、火の玉宇宙論は「ビッグバン宇宙論」という名前で定着することになる。

　ビッグバン宇宙論によって、宇宙にある物質のうち、水素がその4分の3を占める理由や、反物質が存在しない理由をうまく説明することができた。しかし、ビッグバン宇宙論の発表当時、理論はまだ完全なものではなく、いくつかの問題点も指摘されていたのである。

インフレーションからビッグバンへ

　その問題点を解決したのが、「(宇宙の)インフレーション」理論だ。この理論によれば、ビッグバンの前に、空間も時間も存在しない「無」の状態があり、そこに発生した真空エネルギーが「量子ゆらぎ※」を起こしたことで、最初の宇宙が生まれたという。この理論は、アメリカの物理学者アラン・グースと佐藤勝彦東京大学名誉教授が最初に提唱した。

　では、誕生したばかりの宇宙とは、どういう状態だったのだろうか。誕生後間もない宇宙、それは10のマイナス34乗センチメートルという極小の世界だった。それが、誕生後10のマイナス36乗秒から10のマイナス34乗秒後の間に、10の１００乗倍の大きさに一気に膨張する。これが宇宙のインフレーションだ。

　インフレーションを起こした宇宙は、直後にビッグバンを起こす。ビッグバン直後の宇宙は１００兆から１０００兆℃という高温状態で、物質は素粒子※の形でしか存在できない。宇宙誕生から１万分の１秒後になると、温度は１兆℃まで下がり、素粒子は互いに結びついて陽子《ようし》や中性子になる。

　宇宙誕生から３分後、温度が10億℃ほどになると、陽子と中性子が結びついて原子核が生まれる。この原子核が電子を捕まえて原子が生まれるのは、宇宙誕生後38万年ほど経過し、宇宙の温度が３０００℃まで下がったころだ。

　電子が原子核と結びついたことで、光子《こうし》は電子に邪魔されず直進できるようになる。これにより宇宙に光が満ちあふれるが、これを「宇宙の晴れ上がり」と呼ぶ。

　そして、宇宙誕生からおよそ４億年が経過したころ、星や銀河が形成されるようになり、ようやく私たちのよく知る宇宙の姿が現れるのだ。

宇宙の誕生と進化の様子

「無」の状態から突然生まれ、インフレーションを経たビッグバンの後、宇宙はゆるやかに膨張を続けている。

※ 量子ゆらぎ：量子力学において、ごく短い時間内では、エネルギー量は一定の値をとらない。これを「量子ゆらぎ」あるいは「量子論的なゆらぎ」などという。

※ 素粒子：物質を構成する最小単位。

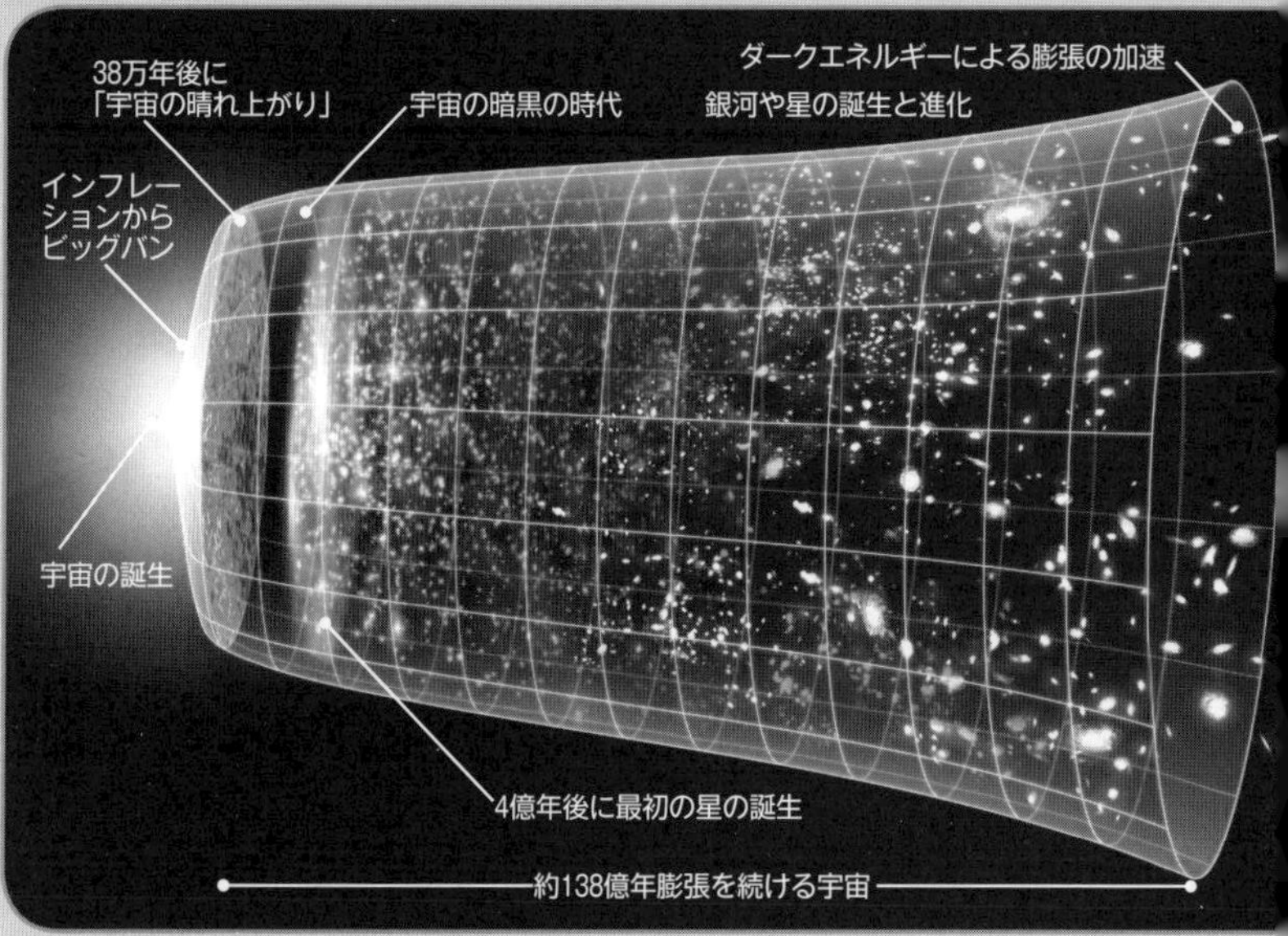

宇宙の温度はマイナス270℃？

宇宙の膨張を発見したハッブルの観測結果以外にも、ビッグバンの証拠が見つかっている。１９６５年に、宇宙のあらゆる方向から電磁波の一種であるマイクロ波が飛んでくることが確認された。これを「宇宙背景放射※」（あるいは「宇宙マイクロ波背景放射」）と呼ぶ。このとき捉えられたマイクロ波の温度は、絶対温度※で３K、つまり約マイナス２７０℃だった。このことから、宇宙は誕生時の１３８億年前は非常に高温だったが、膨張していくにつれて３Kまで温度が下がったと考えられるため、これがビッグバン宇宙論の根拠とされたのである。おそらく今後も、ビッグバン宇宙論にはさまざまな修正が加えられていくことになるだろうが、ビッグバンの存在そのものが否定される可能性はほとんどないだろう。

※ 宇宙背景放射：宇宙誕生から38万年がたち、宇宙が晴れ上がって最初に光が飛びはじめたときの残照。

※ 絶対温度：すべての分子が運動を停止する温度のこと。Kはその単位で「ケルビン」と読む。

4章

宇宙は「見えない何か」で満ちている?

現代宇宙論を支える重要な存在

「何もない空間」に何かがある?

宇宙には恒星や惑星、小惑星などの天体をはじめ、ガスや塵など、さまざまな物質が存在する。では、そうした「目に見える」物質以外の部分はどうなっているのだろう。

宇宙の天体と天体の間には「何もない空間」が広がっているように見える。ところが、この部分には本当に何もないわけではなく、見えない存在である「ダークマター」(暗黒物質)と「ダークエネルギー」(暗黒エネルギー)というもので占められているという。たとえば、私たちの周りには空気が満ちているが、私たちはその存在を目で確認することはできない。それと同様に、私たちの目には見えないだけで、実際の宇宙には物質とエネルギーが満ちあふれ、本当に「何もない空間」というのは存在しないと考えられているのだ。

ただし、ダークマターもダークエネルギーも、まだ存在そのものは確認されていない、架空の物質、架空のエネルギーだ。だが、これらが存在すれば、宇宙における不思議な現象も説明できるうえ、ビッグバン宇宙論と実際の観測結果も合致することになる。

あくまでも仮想的な物質とエネルギーなので、その存在を否定する意見もあるが、現時点では有力な説であり、多くの研究者がダークマターとダークエネルギーを見つけようと真剣に取り銀河の回転速度が示す「見えない物質の存在」

銀河の回転速度の観測により、銀河の内側と外側の回転速度がほぼ同じことが判明したため、「質量を持った見えない物質＝ダークマター」の存在が仮定された。

組んでいるのである。

観測結果から導き出された仮定の存在

そもそも、ダークマターとダークエネルギーは、どのようなことからその存在が仮定されたのだろうか。

太陽系を取り巻いているとする「オールトの雲」（110ページ参照）の提唱者であるヤン・オールトは、1927年に恒星の運動から銀河の重さを推測しようとして、運動が行われるためには質量が足りないことに気づいた。これが「ミッシング・マス（失われた質量）」問題と呼ばれ、のちにダークマターが仮定されるきっかけとなったのだ。

その後、1960年代に行われた銀河の回転速度の観測で、銀河の内側と外側の回転速度がほぼ同じことが判明した。本来、星の数が多い（つまり全体の質量が多い）内側の回転速度は速く、星が少ない（質量が小さい）外側の回転速度は遅くなるはずなのだが、両者の速度が同じということは、質量を持った「見えない物質」が存在するからに違いない、という推測が成り立つ。そこで、その見えない物質をダークマターと呼ぶようになった。

一方、観測結果では宇宙が膨張しつづけているにもかかわらず、膨張を加速するために必要なエネルギーが見つからない。そこから、同じように「未知のエネルギー」、すなわちダークエネルギーが存在するはずだと考えられた。ダークエネルギーの存在を仮定すると、ビッグバン宇宙論と現在の観測結果が一致するようになるため、この仮定も広く受け入れられるようになったのである。

ちなみに、「ダーク」というと「悪役」「悪者」といったイメージがあるが、ダークマターとダークエネルギーは「暗くて見えない」という程度の意味でつけられているだけで、決してネガティブなイメージで語られているわけではない。

宇宙は未知の存在で満ちている？

ESAが2009年に打ち上げた天文衛星「プランク」による「宇宙マイクロ波背景放射」の観測によれば、宇宙を構成する物質のうち、私たちが知っている水素やヘリウムなどの物質はわずか4・9パーセントにすぎず、あとはダークマターが26・8パーセント、ダークエネルギーが68・3パーセントという割合になるという。つまり、宇宙のほとんどは正体不明の物質やエネルギーで占められていることになるのだ。

宇宙を観測すると、銀河は均一に広がっているのではなく、密な部分と何もない部分とに分かれる。また、「宇宙の大規模構造（宇宙の泡構造）」を見ると、何もない空間が泡のように広がっていることがわかる（183ページ参照）。宇

宇宙を満たすダークマターとダークエネルギー

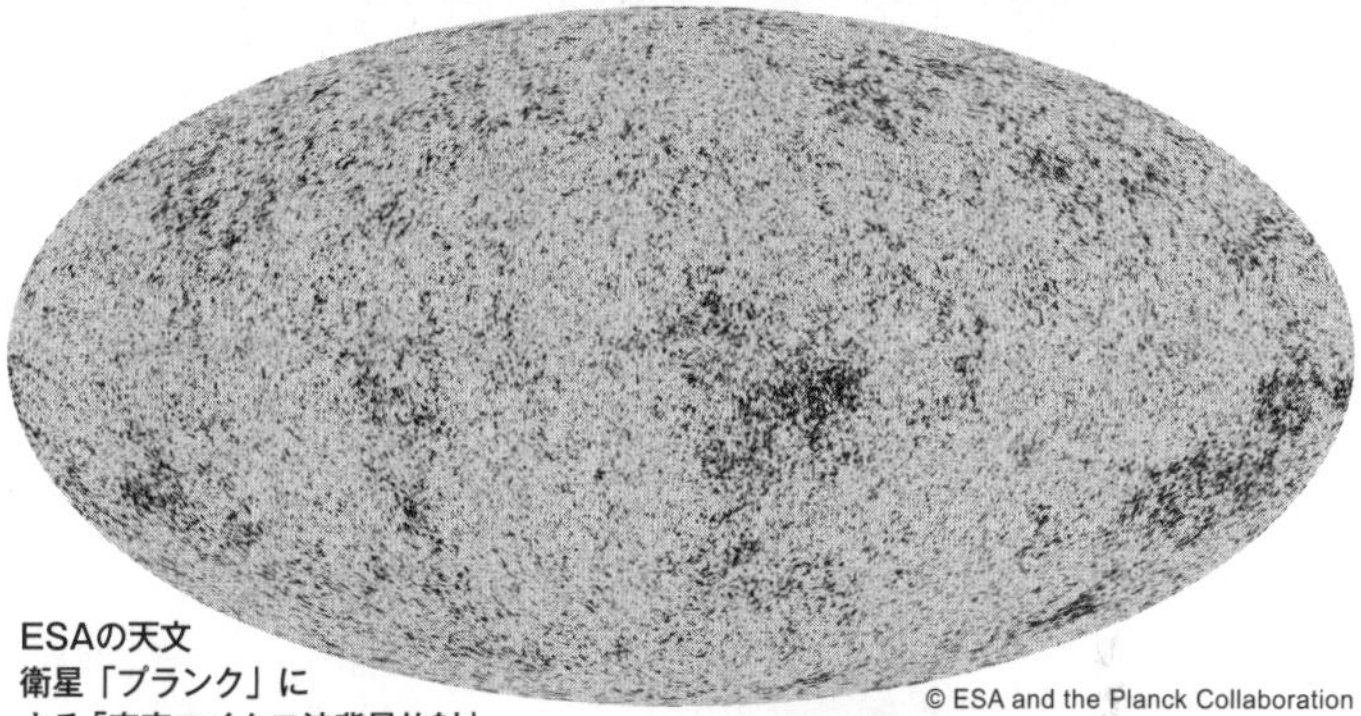

© ESA and the Planck Collaboration

ESAの天文衛星「プランク」による「宇宙マイクロ波背景放射」の画像。誕生直後の宇宙に存在したわずかな密度のムラが捉えられており、その観測結果から、宇宙を構成する成分の割合も判明している。

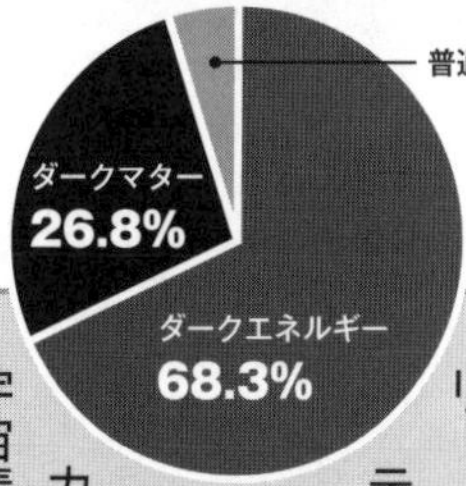

宇宙を構成するものの割合

宙がこうした構造になっているのも、ダークマターによる影響と考えられている。

　この〝見えないけれど存在する〟とされる謎の物質ダークマターの正体として、ニュートラリーノやアクシオン、ダークフォトン、グラビティーノといった素粒子の名が挙がっている。２０１５年にノーベル物理学賞を受賞した梶田隆章氏もニュートリノ検出に携わったことで有名な「スーパーカミオカンデ」がある東京大学宇宙線研究所神岡宇宙素粒子研究施設では、ダークマターを直接観測するための「ＸＭＡＳＳ実験」が進められている。この実験では、バックグラウンドノイズ(観測対象以外の余計な信号など)のほとんどない地下で、液体キセノンを使った検出器で直接ダークマターを見つけ出す試みが行われている。この実験でダークマターの検出に成功すれば、その正体を暴くことができるかもしれない。

4章

最終的に宇宙はどうなっていく？

始まりがあるなら終わりもある？

未来の宇宙に関する3つの仮説

アインシュタインの「一般相対性理論」（184ページ参照）が公表される以前には、「宇宙はずっと変化しないもの」と考えられていた。こうした考え方を「定常宇宙論」という。しかし、現在では、ある一点から宇宙が始まったとする「ビッグバン宇宙論」（168ページ参照）が定説となっており、誕生してからずっと膨張を続けていることも、観測によって明らかになっている。つまり、宇宙はずっと変化しないものではなく、始まりの状態があり、さらに変化を続けている存在だったのである。

宇宙に始まりがあるならば、いつか終わりを迎えることもあるのではないか。宇宙の未来については、いくつかの仮説が立てられているが、大きく「平らな宇宙説」「閉じた宇宙説」「開いた宇宙説」という3パターンに分けられる。

宇宙は一気に収縮して終わる？

ひとつめの「平らな宇宙説」は、宇宙は現在から未来のある時点で宇宙の膨張速度が緩やかになり、安定した状態でゆっくりと膨張を続けていく、という仮説だ。いわば〝終わりのない〟宇宙である。かつて信じられていた定常宇宙論に近い考えといえるだろう。

ふたつめの「閉じた宇宙説」は、宇宙はいずれ膨張が止まって収縮に向かい、また小さな一

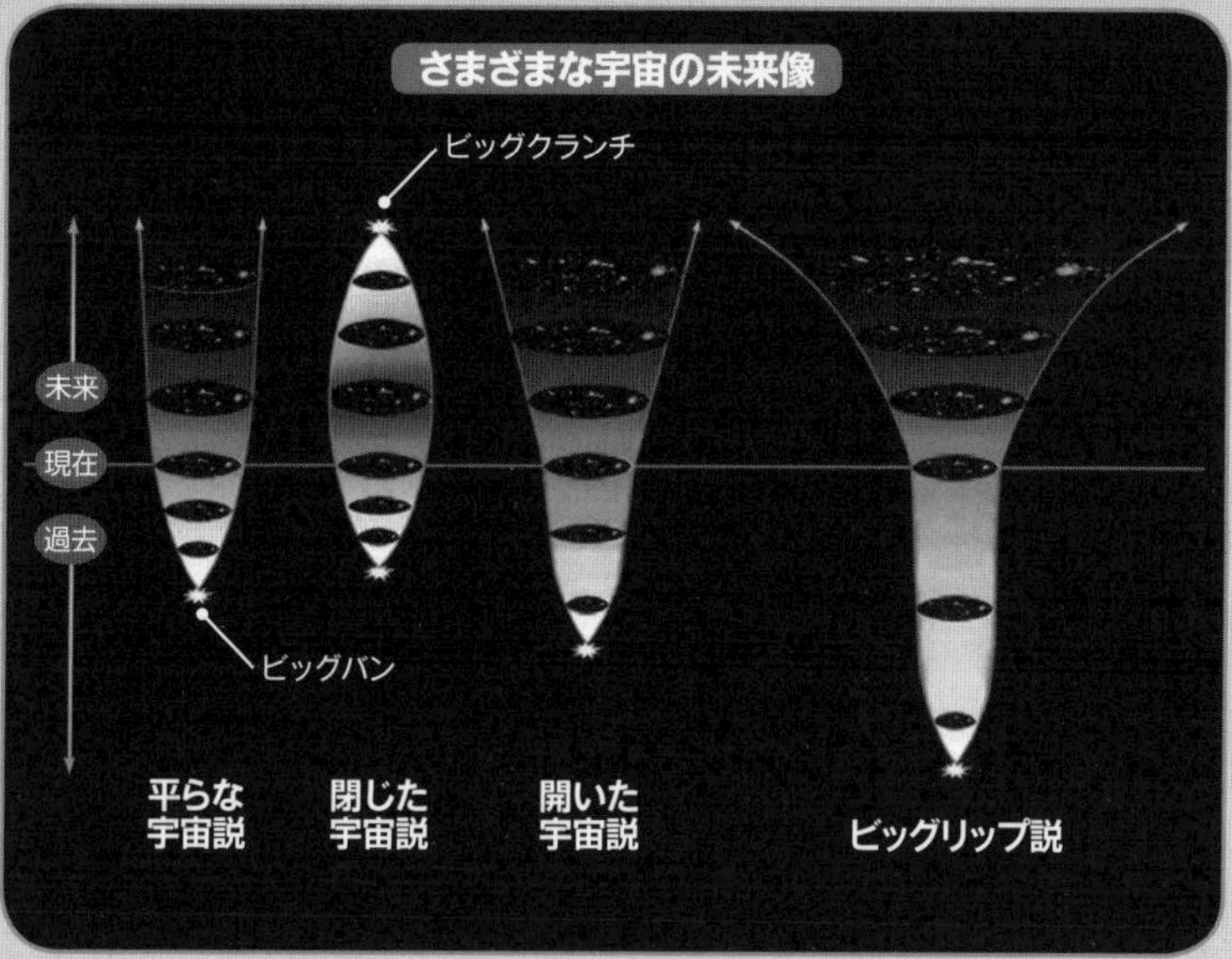

点に収束してすべてが終わる、という仮説だ。

この説によれば、宇宙は誕生した直後から収縮に向かう力が働いているが、その力よりも膨張する力が強いために現在は膨張しているのだという。宇宙の質量が大きければ、重力によって膨張する力は徐々に弱まり、ある時点で反転して収縮が始まる。そして、ビッグバンとは逆のパターンで、一点に集まる「ビッグクランチ」を起こし、宇宙は消滅するというのである。

まっすぐ上に向かってボールを投げる様子を想像してほしい。ボールの速度が十分に速いうちは、ボールは重力に負けずに上昇していく（ボールの速度＞重力）。しかし、ボールは徐々に速度を落とし、どこかの時点で速度と重力が釣り合って（ボールの速度＝重力）、ボールは静止する。そして次の瞬間、重力に負けてボールは落下を始める（ボールの速度＜重力）。ボールには、最初から重力の影響で下向きの力が働いており、ボールの速度が失われると、重力によって下へ引き寄せられる。宇宙もこれとまったく同じで、重力によって収縮が起こると考えられるのだ。なお、ビッグクランチの後に再びビッグバンが起こり、新しい宇宙が生まれるとする説もある。

膨張を続けて緩やかに死ぬ宇宙

「閉じた宇宙説」では、宇宙にある質量が大きければ大きいほど重力も強くなり、収縮の速度も速くなる。では、宇宙に収縮を起こすような十分な質量がなかった場合にはどうなるか。収縮する方向へ働く力が弱くなるのだから、宇宙は膨張しつづけることになるだろう。これが、宇宙がこのまま永遠に膨張をつづけるという3つめの仮説、「開いた宇宙説」だ。

この仮説が考える宇宙の未来は次のような姿である。膨張を続ける宇宙の中には、宇宙全体を収縮させるほど質量は多くないが、天体同士が引き寄せ合うほどの質量は存在する。引き寄せ合った天体はぶつかり合い、やがて巨大な恒星が数多く生まれる。巨大な恒星は自分の重力によって重力崩壊を起こし、恒星の数だけブラックホールが生まれる。

こうして誕生したブラックホールは、他のブラックホールと合体して成長し、いずれ宇宙には、いくつかの超巨大ブラックホール以外存在しなくなる。それでも宇宙は膨張しつづけ、やがてブラックホールも長い時間をかけてゆっくりと蒸発し、最終的には宇宙には何もない静寂が訪れる――。このように、「開いた宇宙説」においては、宇宙は少し寂しい終焉を迎えることになると考えられている。

ダークエネルギーから生まれた新仮説

ところで、近年になって、宇宙には人類がまだ観測できていない未知の物質である「ダークマター」や「ダークエネルギー」の存在が推測されるようになった（172ページ参照）。ダークマターやダークエネルギーが存在するとすれば、これまで考えられてきた宇宙の将来の姿も変わってくる。

宇宙が膨張を続けていくうちに、宇宙にある質量の密度が下がり、質量が周囲に及ぼす重力、つまり収縮させようとする力が弱くなる。一方で、ダークエネルギーの影響が大きくなって、ある時点で膨張が急加速し、そのまま膨張を続ける、という新たな仮説が立てられているのだ。また、ダークエネルギーによって宇宙が急速に膨張し、その力であらゆる物質が素粒子にまで分解されてしまうという仮説（「ビッグリップ説」）もある。

ただし、宇宙がどのような終焉を迎えるにしても、それは遥か未来のことで、私たちが体験することはないだろう。

「開いた宇宙説」の未来は……？

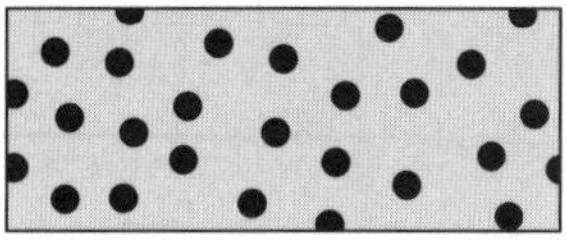

ブラックホールや中性子星がどんどんたまる。

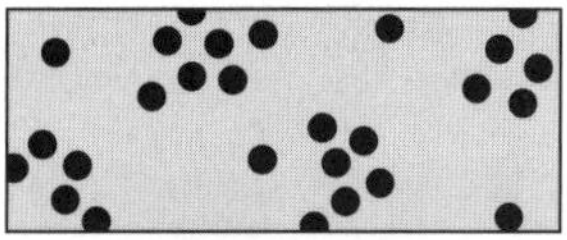

近いもの同士が重力で引き寄せられる。

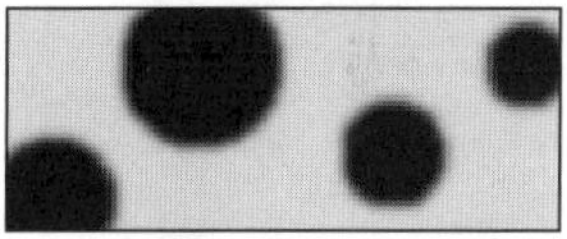

あちこちに超巨大ブラックホールができる。

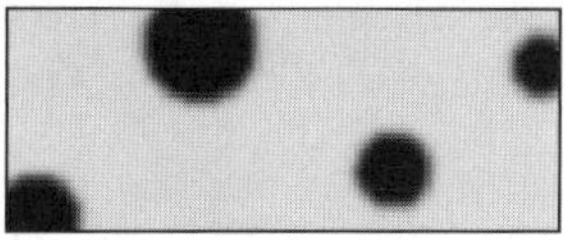

宇宙の膨張によってブラックホールが引き離され、それぞれ孤立していく。

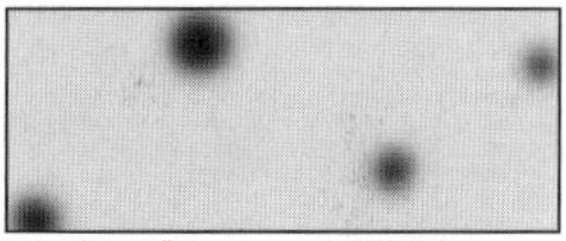

それぞれのブラックホールが蒸発する。

すべてのブラックホールが蒸発する。

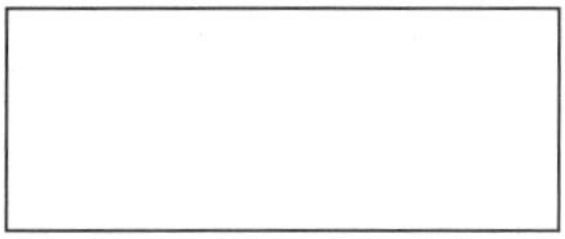

変化の起こらなくなった宇宙。空間だけが膨張を続ける……。

宇宙は巨大な「泡」のような形をしている？

最新の宇宙論が解き明かす宇宙の姿

ハッブルが発見した銀河の動き

宇宙は膨張している——そのことを発見したのは、アメリカの天文学者エドウィン・ハッブルだ。彼は現在の宇宙論の基礎を築いた天文学者として知られており、1990年に打ち上げられたNASAの宇宙望遠鏡にその名が冠されている。

ハッブルは1929年、ウィルソン山天文台の当時世界でもっとも大きな反射望遠鏡を使った銀河の観測で、銀河が赤方偏移していることを発見した。赤方偏移とは天体が赤く見えることで、物体が遠ざかるときに起こる波長のズレにより、波長が長くなって赤く見えることを意味する。ハッブルの観測により、他の銀河は私たちの太陽系が属する天の川銀河（銀河系）から遠ざかっていることが判明したのである。

ハッブルが赤方偏移の量を調べると、天の川銀河からの距離に比例して、速度が大きくなっていることがわかった。これを「ハッブルの法則」と呼び、天体が遠ざかる速さを算出する際に使用する比例定数を「ハッブル定数」と呼ぶ。

隣の銀河がどんどん離れていく!?

ハッブルは、他の銀河が天の川銀河から遠ざかる方向に移動しているということを発見したが、私たちはいまや天の川銀河（ひいては太陽系）が銀河の中心ではないことを知っている。

膨張する宇宙の姿

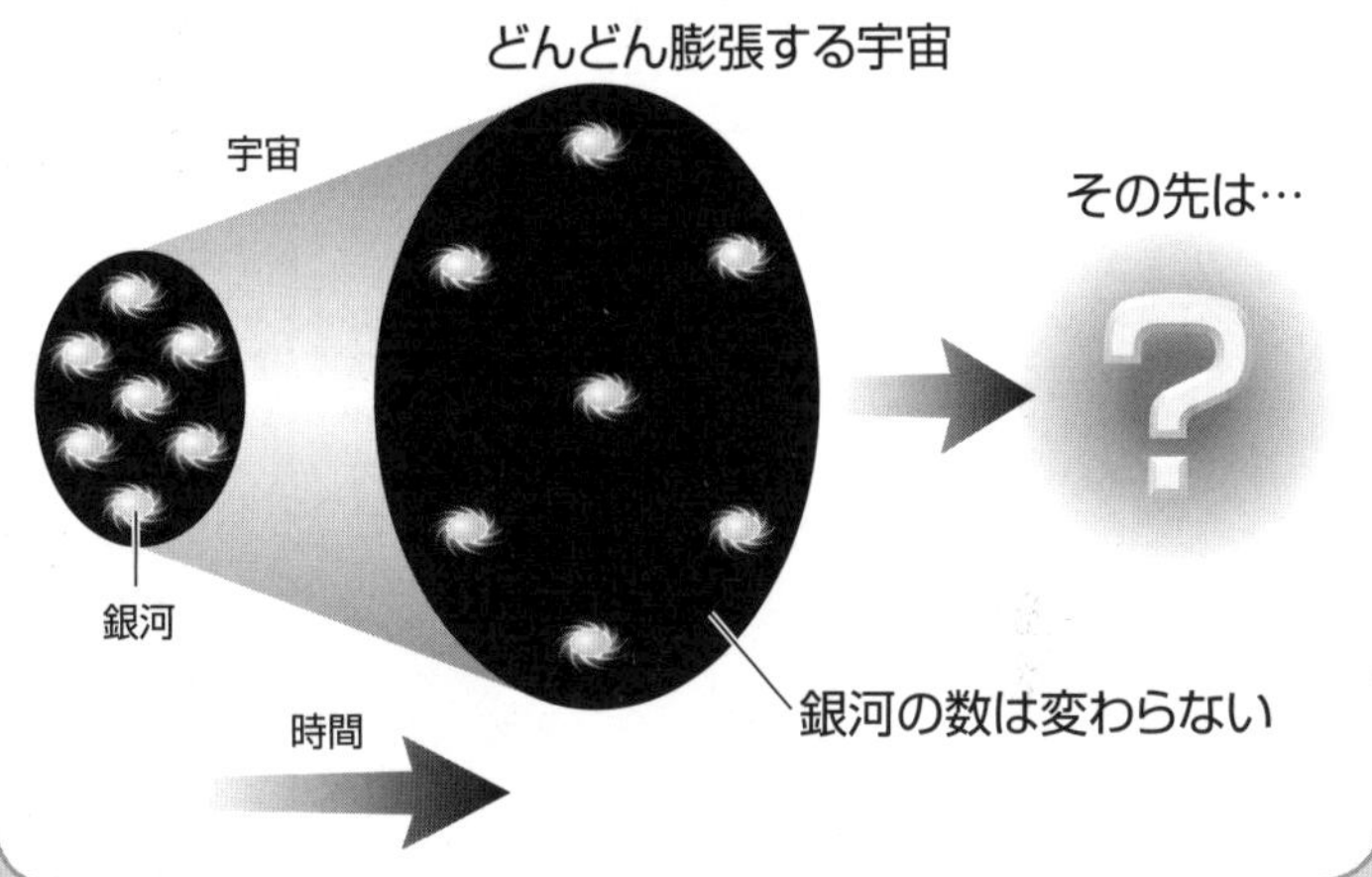

したがって、天の川銀河自体もある場所から遠ざかっていることになるはずだ。逆にいえば、すべての銀河が進む方向がわかれば、その基点となる場所、すなわち「宇宙の中心」もわかることになるのだ。

しかし、現代天文学では「宇宙の中心はない」と考えられている。よくたとえられる例だが、銀河が風船の表面に描かれた点だと考えてみよう。風船を膨らませると、点（銀河）はお互いに離れていく。このとき風船を立体としては考えずに、表面にある点の動きだけを見てみると、表面に風船の中心というものは存在しないように見える。要するに、宇宙にも中心がないことになるのである。

また、風船に描かれた点（銀河）の数は変わらないため、隣り合っていた点はどんどん離れていく一方となる。こうして膨張を続ける宇宙がやがてどうなるのか、いくつか仮説はあるも

さまざまな規模の銀河の集団

銀河群	最小の銀河の集団で、数個から数十個の銀河が集まっている。天の川銀河は約50個ほどの銀河の集団「局部銀河群」に含まれる。
銀河団	数百から数千個の銀河が直径1000万光年ほどの範囲に集まっている集団。銀河群との明確な境界はなく、銀河集団が比較的大規模なものを銀河団と呼ぶ。
超銀河団	銀河群や銀河団が集まって形成された大規模な集団。天の川銀河が所属するおとめ座超銀河団は直径が2億光年にも及ぶ。

のの、いまだに推測の域を出ていない（176ページ参照）。

宇宙は「泡」の集合体だった！

ところで、宇宙の中に銀河は均一に分布しているわけではないことをご存じだろうか。宇宙の中では、銀河がたくさん集まっているところと、反対にほとんど何もないところとがあり、その配分は大きくかたよっているのだ。

銀河が集中している領域を見ていくと、数個から数十個程度の銀河が集中している領域があり、それらを「銀河群」と呼ぶ。たとえば天の川銀河は、アンドロメダ銀河やマゼラン雲など、「伴銀河」と呼ばれる50個ほどの銀河とともに、直径約600万光年程度の空間に集まっている「局部銀河群」に属している。

さらに、直径約1000万光年程度の中には、数百～数千個の銀河が集まった「銀河団」がある。天の川銀河にもっとも近い銀河団は、おとめ座を中心に広がるおとめ座銀河団だ。天の川銀河からの距離は約6000万光年で、1200万光年の範囲に約2500個の銀河が存在すると考えられている。〝近い〟とはいっても、その距離は想像も及ばない遠さである。ほかにも、かみのけ座銀河団やうみへび座銀河団など、これまでに1万個以上の銀河団が発見されている。

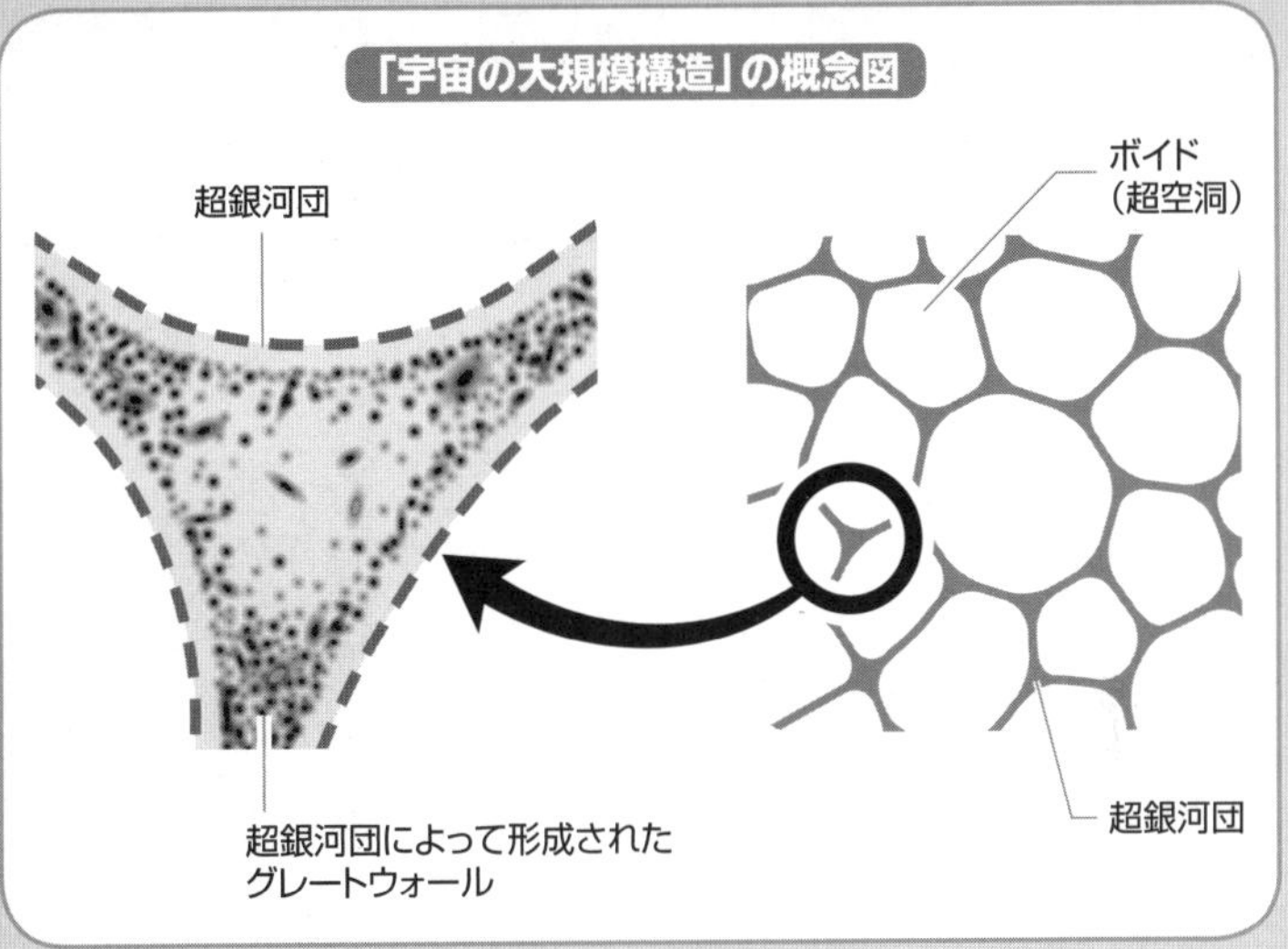

そして、こうした銀河群や銀河団が集まってできた集団を「超銀河団」と呼ぶ。超銀河団は平面状の分布を持っていることから、平面部分は「グレートウォール」と名づけられている。

1980年代になると、グレートウォールと別の超銀河団のグレートウォールとの間には、何もない領域である「ボイド（超空洞）」が存在することがわかってきた。このように銀河やボイドが複雑に入り組んだ構造のことを「宇宙の大規模構造」と呼ぶが、その状態がまるで石けんでできた泡のように見えることから、「宇宙の泡構造」と表現されることもある。

つまり、天の川銀河を含む超銀河団は、グレートウォールが形作る「泡」の表面に浮かんでいて、泡の内部にはほとんど何も存在していないというわけだ。また、こうした構造は、宇宙にダークマターが存在する証拠とも考えられている（172ページ参照）。

難しい理論だけどわかれば面白い！

アインシュタインの「相対性理論」とは？

天才物理学者の画期的な理論

イギリスの物理学者アイザック・ニュートンが物理学の基礎を築いたとするなら、アメリカの物理学者アルバート・アインシュタインが、「特殊相対性理論」(1905年発表)と「一般相対性理論」(1916年発表)によって物理学を近代化し、大きく発展させたといえる。

ニュートンが確立した「ニュートン力学」では、「時間と空間は不変のもの」と考える。しかし、相対性理論では「不変なのは光の速さで、時間と空間は伸縮する」という考え方になる。

一見、相対性理論はニュートン力学を否定しているように思えるが、そうではなく、相対性理論はニュートン力学を内包し、発展させた理論なのだ。ニュートン力学では説明できなかった、高速で運動している物体や重力が大きい場合の運動についても、相対性理論によって正しく説明できるようになったのである。

どこにいても物理法則は変わらない

まず、特殊相対性理論では、ふたつの仮定が提示されている。ひとつは「互いに等速度で運動している場所(慣性系)において、同じ物理法則が成り立つ」という「相対性原理」だ。慣性系とは、「観測者の視点」と言い換えることができる。たとえば、動く電車の中はひとつの慣性系であり、動く電車を見下ろす風景もひとつの慣性系といえる。観測者がどこにいても、物理法則（物体の運動）は変わらないのである。

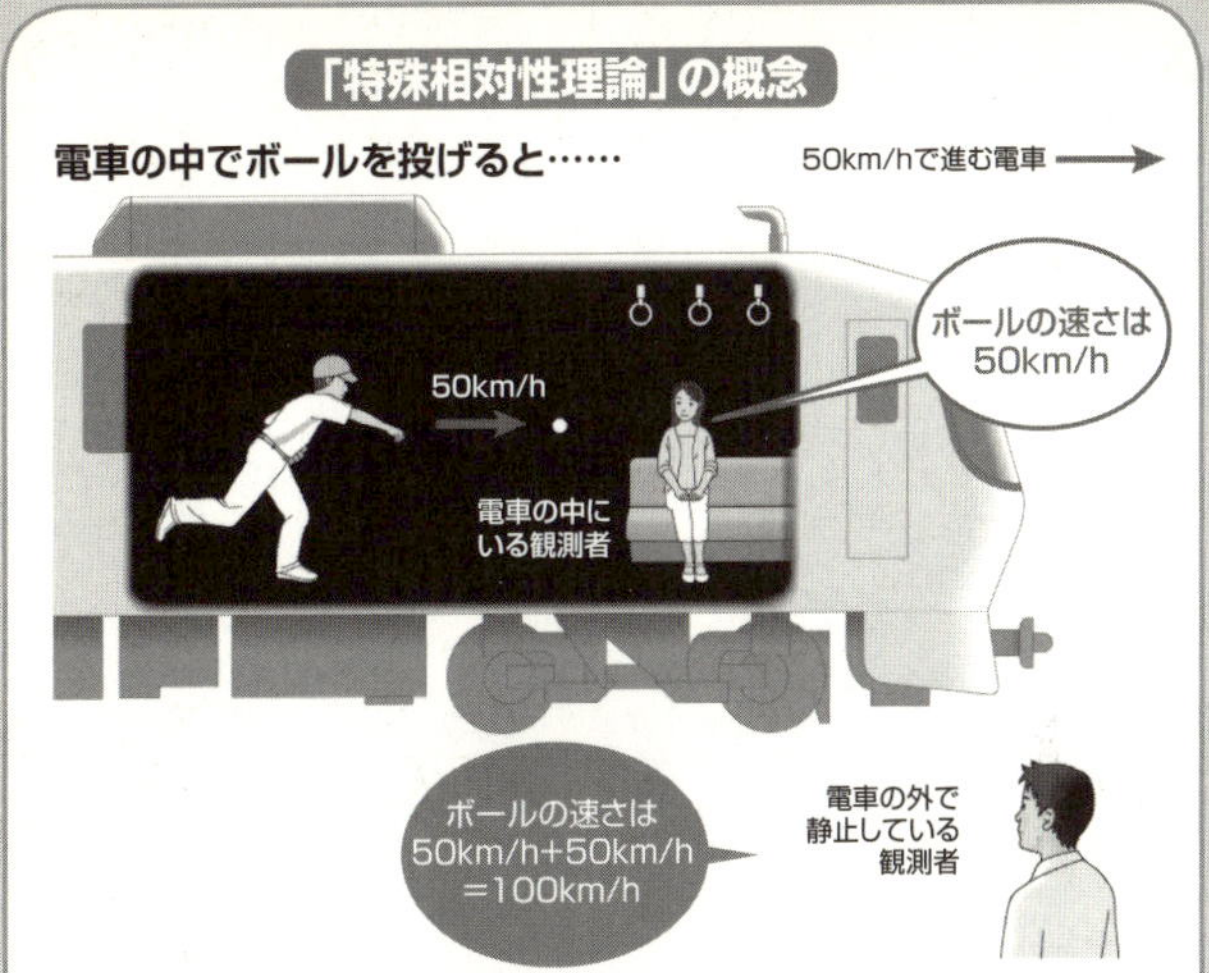

たとえば、時速50キロメートルで走っている電車の中でボールを投げたとする。ボールを時速50キロメートルで電車の進行方向に投げると、同じ電車に乗っている（同じ慣性系にいる）観測者から見ると、ボールは時速50キロメートルで飛んでいく。しかし、電車の外で静止している（別の慣性系にいる）観測者から見ると、ボールの速度は50＋50で時速100キロメートルの速

さに見えるのだ。

今度は、ボールを電車の進行方向とは逆方向に、同じ速度で投げてみる。すると、電車内の観測者には時速50キロメートルで飛んでいくように見えるボールが、外にいる観測者には速度が打ち消し合って止まっているかのように見える。このようにボールの速度に違いが出るのは、観測者の視点の違いによるもので、どちらの場所でも物理法則は変わらない。これが相対性原理である。

時間や空間が伸び縮みする？

特殊相対性理論のもうひとつの仮定は、「真空中の光の速さは、光源の運動状態に影響されず一定である」とする「光速度不変の原理」だ。

先ほどの例で、ボールを光に置き換えてみよう。電車の中にいる観測者が見ても、電車の外にいる静止した観測者が見ても、光の速度は変わらない。これが光速度不変の原理である。ところが、光速で移動する宇宙船のような（光速に近い）慣性系では、単純な足し算、引き算ではすまなくなるのだ。

相対性理論においては、光の速度は不変であり、光の速度を超えることはできない。宇宙船内で光源から飛び出す光を、宇宙船の外で静止した観測者が見たとき、電車のときと同様に速度の足し算をしてしまうと、光の速度を超えてしまうことになる。そこで、この場合は「光の速度は一定だから、宇宙船内の時間の進み方が遅くなっているのだ」と解釈する。つまり、光速に近い速度で運動する慣性系は、静止した慣性系に比べて時間の進み方が遅くなるのだ。光速に近い宇宙船で、1年間宇宙旅行を楽しんだ後で地球に帰ると、地球上ではすでに数年が経過していたという事態になるわけで、これがいわゆる「ウラシマ効果」と呼ばれる現象である。

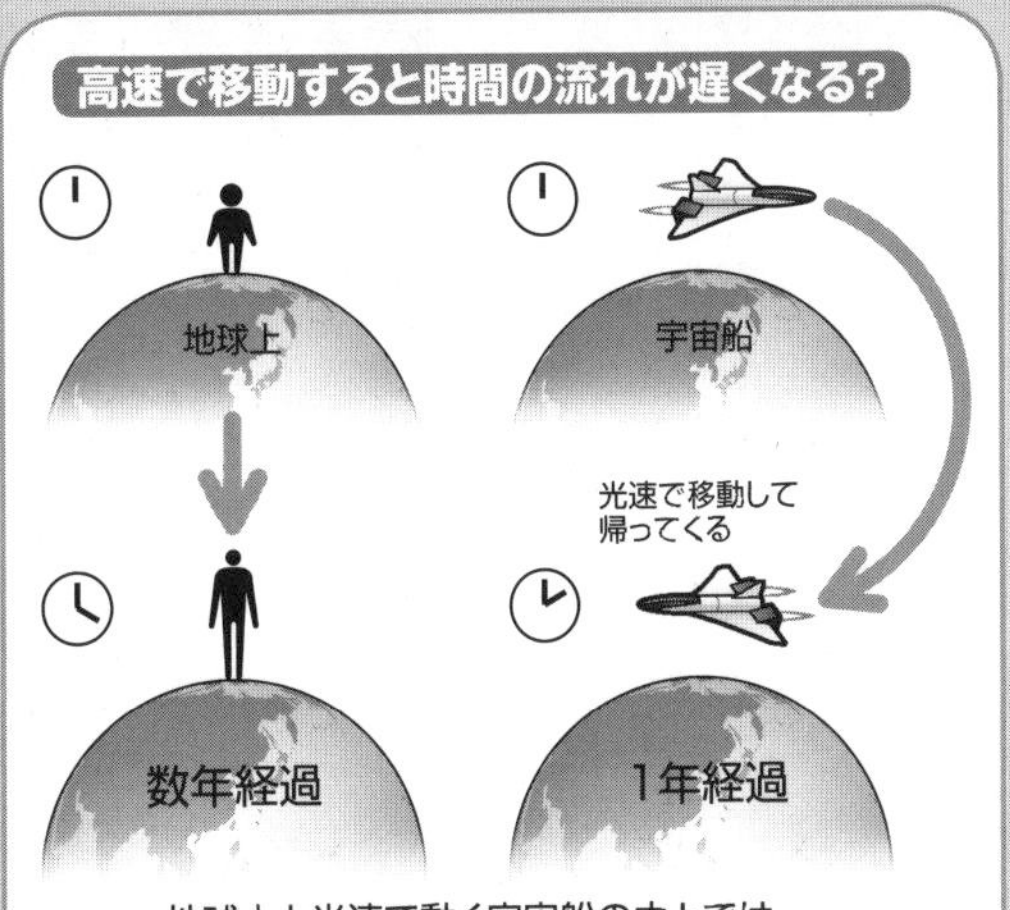

地球上と光速で動く宇宙船の中とでは、
時間の進み方に違いが生じる。

宇宙の謎を解明する一般相対性理論

特殊相対性理論が、重力を除いた（比較的）簡単な場合について述べているのに対し、一般相対性理論は重力が加わった場合など、より現実に即した運動について述べた理論だ。その中でアインシュタインは、「重力場の方程式」（「アインシュタイン方程式」）というものを導き出している。これは「重力レンズ効果」※やブラックホールなど、宇宙のさまざまな現象の説明や予測に利用されている重要な考え方だ。ひとことでいうと、「万有引力」※はニュートン力学でいうような「単純な引き合う力」ではなく、「空間が重力によって歪んだもの」という理論なのだ。

仮に、宇宙がゴムでできた平らな板だとしよう。そこにボーリングの球を乗せると、ゴムの板は球の重さで沈み込む。このとき、球の周囲も一緒に歪む。これが「重力による歪み」のイメージだ。そして、ボーリングの球の重さ（重力）が大きいほど、空間の歪みは大きくなり、時間の経過も遅くなるのだ。

相対性理論によって、数多くの宇宙の謎が解明された。アインシュタインは物理学、天文学の分野に飛躍的な進化をもたらしたのである。

※ 重力レンズ効果：巨大な質量によって時空が歪むことで、背後の天体の位置がずれて見えたり、明るく見えたりする現象。

※ 万有引力：質量を持つ物体すべてが持っている、互いに引き寄せ合う力。

想像を超える11次元の世界！

宇宙のすべては「ひも」でできている？

あらゆる事象を説明できる「万物理論」

過去、物理学者たちは身の周りで起こる物理現象を説明するために、さまざまな仮説を立て、実験し、実証することで理論を構築してきた。そして、彼らは常に「すべてを説明できる理論」、すなわち「万物理論」の発見を求めている。万物理論が解明できれば、人類は宇宙の始まりから終わりまでも知ることができるのだ。

現代物理学においては、私たちの宇宙には「強い力」「弱い力」「電磁気力」「重力」の4つの力が存在すると考えられている。「強い力」とは陽子や中性子を作って原子核を作る力であり、「弱い力」とは中性子を陽子に変化させるというような素粒子の変化を起こす力のことだ。ここでの「強い」「弱い」とは、日常生活での力の強弱とは異なる。「電磁気力」とは電子と原子核を結びつけて原子を作る力であり、電気を帯びた粒子に働く。そして「重力」とは、ここでは「万有引力」と同じ意味である。すべての物質間に働く力で、まだ発見されていない「重力子」という粒子とやりとりをする。

宇宙が生まれたころは、4つの力はひとつだったと推測されている。となれば、4つの力を統一する理論、つまり万物理論が存在するはずだ。すでに4つの力のうち、「弱い力」と「電磁気力」は「電弱理論(電弱統一理論)」によってまとめられている。現在は、電弱理論に「強い

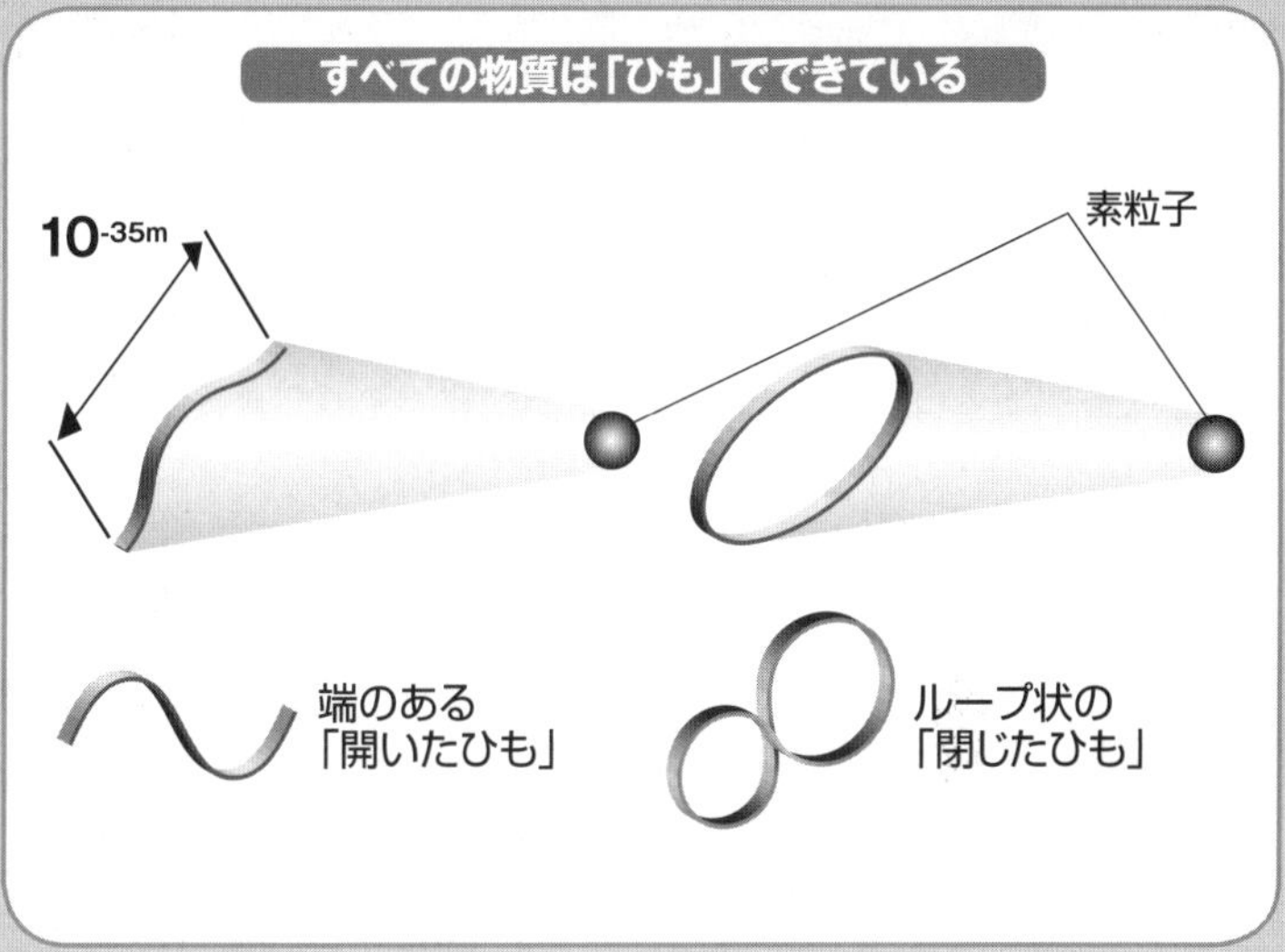

力」を統合した「大統一理論」が研究されており、最終的にはすべての力が万物理論によって説明できるようになると、多くの科学者が考えているのだ。

「ひも」の振動が素粒子の違いを生む?

宇宙は広大であり、人間は宇宙のほんの一部を観測できるだけでしかない。だが、そんな宇宙も物質からできており、その物質もすべて素粒子という小さな粒子からできている。この素粒子の動作を説明できる法則、すなわち万物理論を見つけ出すことができれば、それが宇宙のすべてを知ることの足がかりになるのだ。そして、万物理論のもっとも有力な候補と考えられているのが、「超ひも理論（超弦理論）」である。

超ひも理論によれば、物質を形作る素粒子のレプトンとクォークも、宇宙の4つの力を伝えるグルーオン（＝強い力を伝達）、ウィークボゾン（＝弱い力を伝達）、光子（＝電磁気力を伝達）、重量子（＝重力を伝達）といったそれぞれの粒子も、長さ10のマイナス35乗メートルの「ひも」が振動することによってできている、ということになる。

そして、振動する「ひも」の両端が、閉じて（ループして）いるか、開いているか、どの方向にどんな振動をするかによって、作られる素粒子や粒子が異なる。たとえば、弦楽器は弦の長さを調節することで振動数が変化し、さまざまな音色を奏でるように、超ひも理論では「ひも」が振動の仕方を変えることで、さまざまな粒子や素粒子が形成されると考えられるのだ。

11次元宇宙論がすべてを解決する？

超ひも理論には、現時点で5つの種類がある。そして、それぞれの理論に整合性を持たせるために、10次元（または26次元）という時空間が必要になってくる。次元とは「空間の広がり」を表す指標で、点は1次元、平面は2次元、その2次元に高さを加えた3次元が私たちの住む世界、さらに時間の要素を加えた4次元がある。そして、これらを除いた残りの6次元（または22次元）は、非常に小さいサイズに折りたたまれ、素粒子の内部空間に収められているため観測できないと考えられている。

ここにもう1次元を加え、「宇宙は11次元である」とする理論が登場した。「M理論」である。M理論では、「ひも」が「膜」（メンブレーン）でできている、つまり膜が丸まってひも状（チューブ状）になっているというのだ。

M理論は、先の5種類の超ひも理論を統合する可能性がある。膜が巻きつく方向によって、超ひも理論の5つの種類に変化するという、究極の理論なのだ。M理論が完成すれば、素粒子だけでなく空間や時間についても理解できるよ

万物の事象を説明できる究極の「M理論」

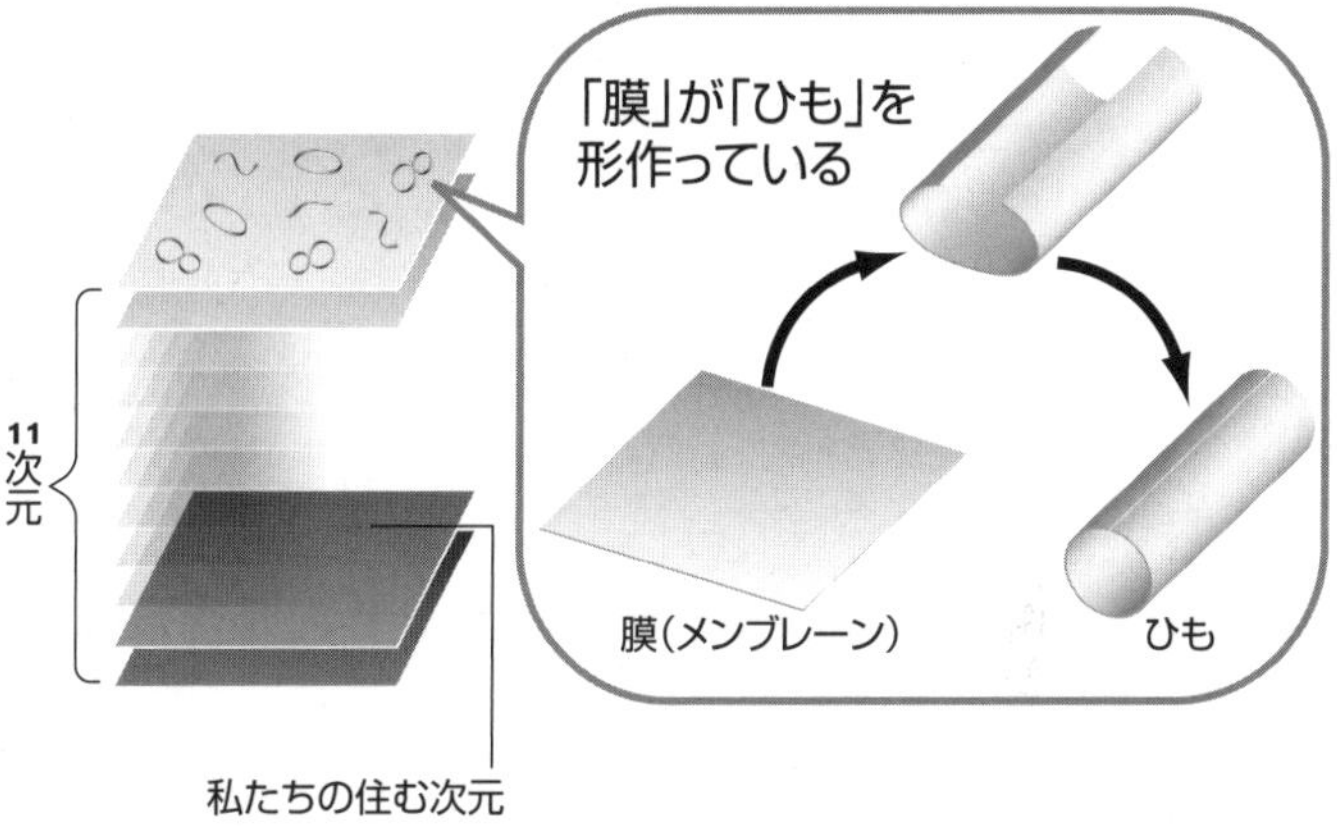

うになるという。まさに「万物を説明できる」理論というわけだ。

ホーキング博士の新たな仮説とは?

「車椅子の物理学者」として有名なイギリスのスティーブン・ホーキング博士は、以前は超ひも理論に懐疑的な立場を取っていたが、近年はM理論を取り入れた「ブレーンワールド」と呼ばれるアイディアを提示している。これは、私たちの宇宙(3次元に時間を加えた4次元)は、5次元に浮かんだ「膜」の中に閉じ込められている、という仮説で、私たちの宇宙のようなブレーンはひとつとは限らないという。つまり、この宇宙以外にも別の宇宙が存在する可能性があるというのだ。こうした超ひも理論やブレーンワールドは、宇宙の誕生を説明する「(宇宙の)インフレーション」理論を書き換える可能性がある仮説として、世界の注目を集めている。

「ワープ航法」は本当に実現できる?

SFの世界ではおなじみの移動方法

隣の恒星へ行くのに何年かかる?

天文学においては、恒星間の距離などを表す単位として「光年」を使用する。1光年とは、光が1年かかってたどり着く距離を表す。光が進む速度（光速）は、秒速約30万キロメートル。1秒間に地球を7周半もするスピードだ。そして、1光年をキロメートルに換算すると、約9兆4600億キロメートルになる。

ところで、私たちの住む太陽系の隣に位置する恒星系まではどのくらい離れているのだろうか。太陽系からもっとも近い恒星系は、4.22光年離れたプロキシマ・ケンタウリだ。4.22光年、つまり光速で飛べる宇宙船があるとして、それで向かうと、プロキシマ・ケンタウリには4年と少しで到着することができる計算だ。

だが、現在の私たちは、当然そんな高速で航行できる宇宙船など持ってはいない。現在、太陽系の果て付近に位置するNASAの探査機「ボイジャー1号」がプロキシマ・ケンタウリを目指したとしても、7万年以上かかるといわれている。人類がほかの恒星系に行くためには、少なくとも光に近い速度か、光の速度を超える宇宙船が必要となるのだ。

日本と欧米の「ワープ」の捉え方

光の速度を超える技術、いわゆる「超光速航法」については、数々のSF作品でさまざまな

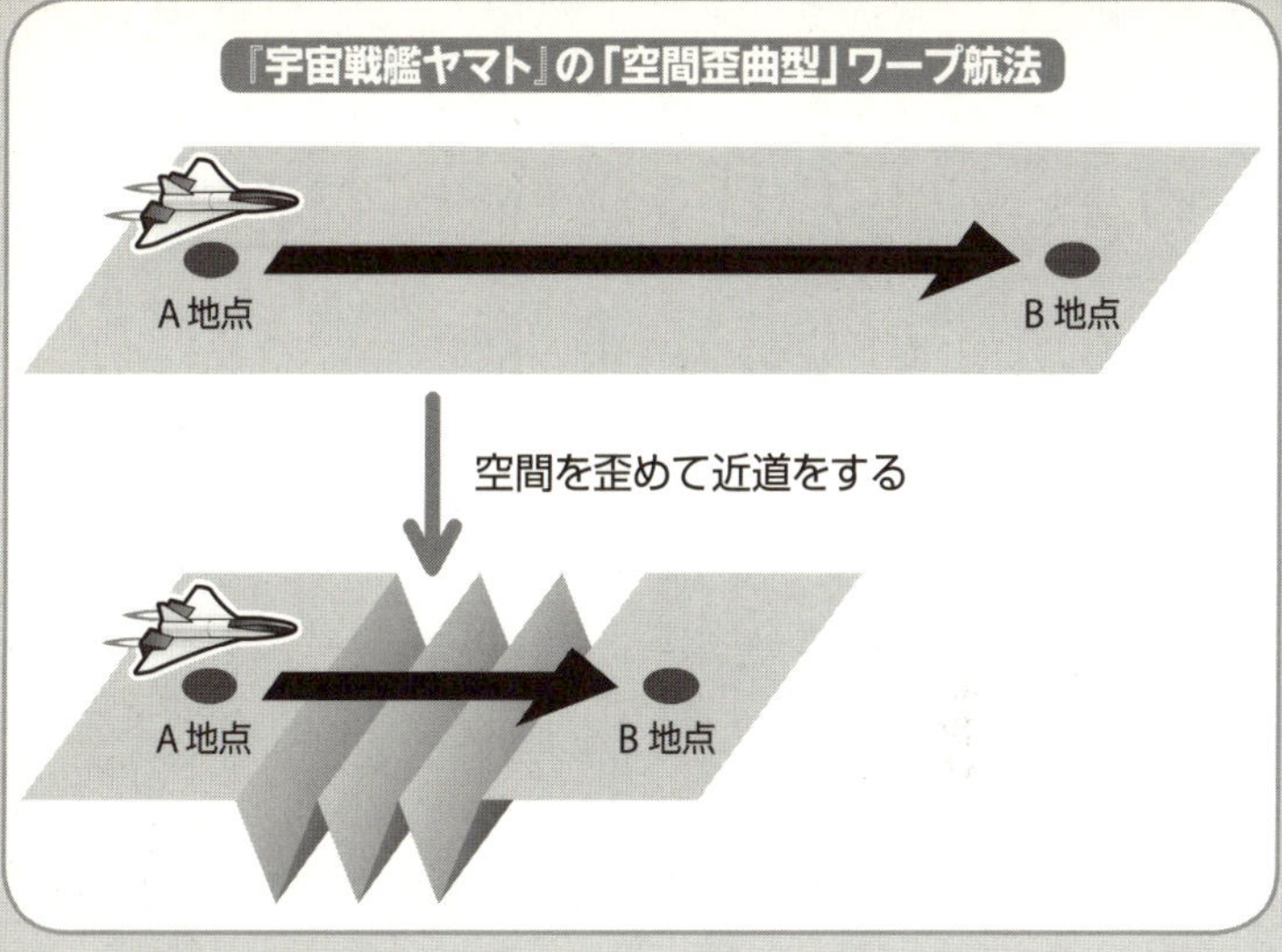

アイディアが提示されている。中でも有名なのが「ワープ航法」だ。日本でワープ航法といえば、アニメ『宇宙戦艦ヤマト』シリーズがもっともなじみ深い作品ではないだろうか。目的の星までの航路を短縮するだけでなく、敵艦の攻撃を受けピンチに陥ったときにも、ヤマトはワープ航法のおかげで何度も危機を逃れたものだ。

平面上にある2点間をもっとも速く移動するには、直線で結んだ経路になる。しかし、3次元で考えるならば、2点間の平面を折りたたんでしまえば距離はもっと短くなる。あるいは、平面を曲げて2点を重ねてしまえば距離はゼロになる。このアイディアを3次元空間に適用したのが「ヤマトにおけるワープ」だ。日本でワープ航法といえば、この方法を指す。

一方、欧米で「ワープ」といえば、映画やドラマで人気の作品、『スタートレック』シリーズの「超光速航法」が該当する。スタートレックでは、宇宙船を「亜空間のまゆ」で包み込むことで光速を超える。ワープは超光速航法の名称でもあり、同時に速度の単位でもある。作中では、「ワープ3が光速の27倍」というように、ワープ係数の3乗が光速の倍数と設定されているのだ。

ワープ航法は実現できるのか?

ワープ航法で宇宙空間を移動できれば、どんなに遠い恒星系でも、今より格段に短い時間でたどり着くことができる。そうなれば、人類の宇宙研究と宇宙開発はどれだけ革命的に飛躍することだろう。

残念ながら、ワープ航法は現時点ではフィクションの領域を出ない。けれども、さまざまなアプローチで、ワープ航法を含む超光速航法を研究している科学者も存在しており、超光速航法の実現性や新たなアイディアについても議論が行われているのだ。

たとえば、ブラックホールを使ったワープ航法というアイディアがある。これは、物質を吸収する性質のブラックホールに対して、ブラックホールが吸収した物質を吐き出す「ホワイトホール」という存在を仮定し、ブラックホールに飛び込んだ宇宙船がホワイトホールから飛び出せば、一瞬で長距離を超えられるという考え方で、「宇宙に空いた虫食い穴」という意味の「ワームホール航法」と呼ばれることもある。しかし、ホワイトホール自体はまだ観測されておらず、ブラックホールに突入できる宇宙船の建造などを考えても、現実的な方法とはいえない。

比較的現実味のあるアイディアとしては、メキシコの物理学者アルクビエールの考案した方法がある。これはスタートレックのワープ航法をヒントにした理論で、宇宙船の前後に時空の歪みを作り、泡のようなフィールド(ワープバ

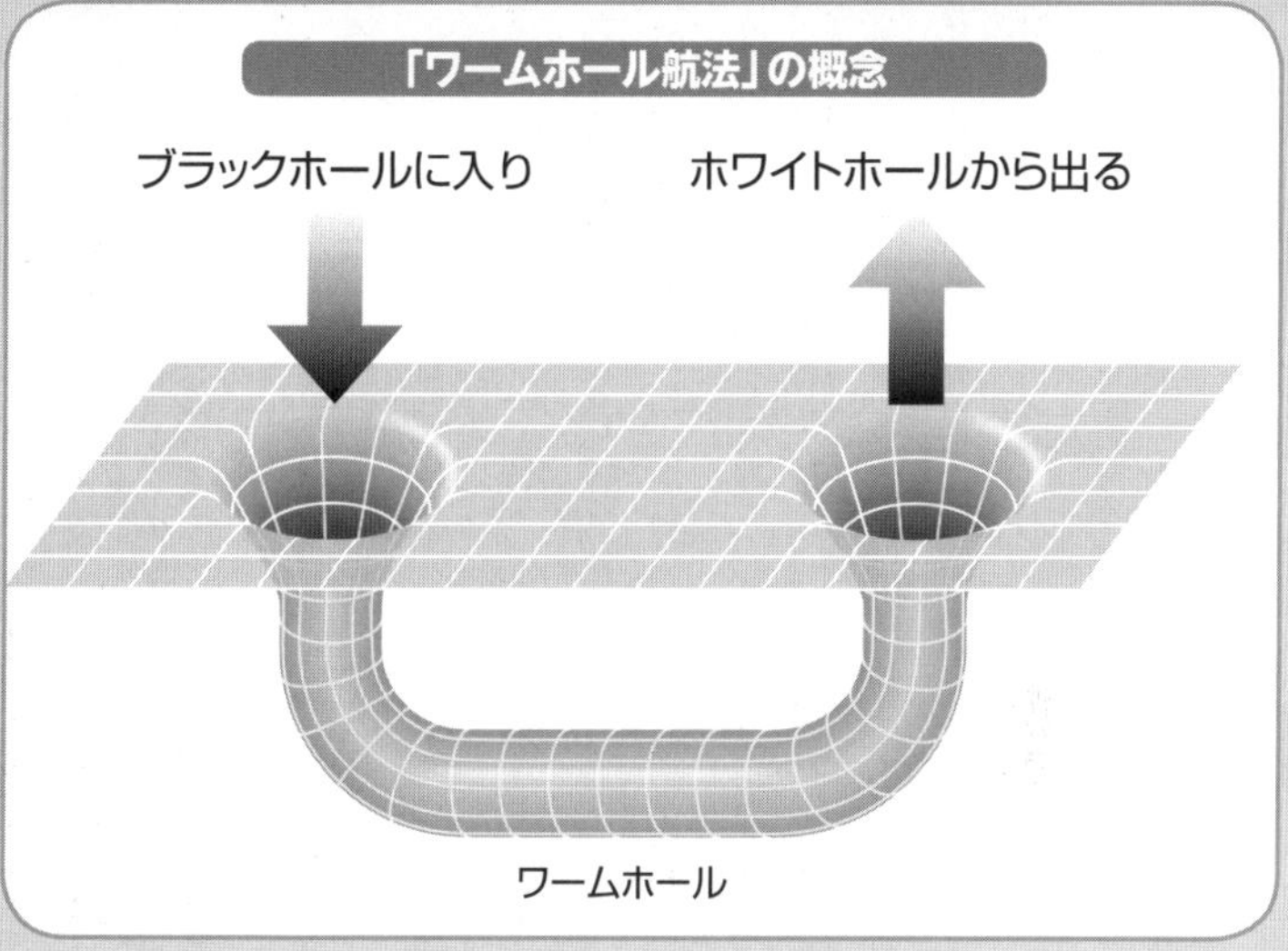

ブル）に包まれた宇宙船を押し出すというものだ。たとえるなら、時空を歪ませて作った坂道を下り降りる宇宙船と、その坂道自体も一緒に宇宙を進む、というイメージだろうか。このアイディアに対して、光速に達するだけでも、宇宙にある全エネルギーの100億倍のエネルギーが必要になるという反論もあるが、別の科学者によって、ワープバブルの構造を変化させることで、エネルギーの問題を回避する手段も考えられている。

ただし、「現実味がある」とはいっても、「どのようにして実現するか」という方法論までにはいたっておらず、現時点では机上の（論理的な）アイディアにすぎない。けれども、アインシュタインが「ニュートン力学」を書き換えたように、人類はいつか「相対性理論」を塗り替える理論を考えつき、超光速航法を手に入れる日が来るかもしれない。

パラレルワールドは存在する？

自分の行動によって世界が分岐していく？

「タイムトラベル」が抱える重大な問題

「歴史にIFはない」といわれる。けれど、人間の空想力は「もし〜だったら」という仮定をもとに、さまざまな物語を生んできた。中でも「タイムトラベル」という考えは、小説や映画など数多くの作品で登場する。しかし、もし現実にタイムトラベルが可能だとすると、大きな問題が立ちはだかる。時空を超えて過去の歴史に干渉することで、重大なパラドックス（逆説）が発生してしまうのだ。

「過去に行って、自分が生まれる前に親を殺してしまったらどうなるか？」ということを考えてみよう。いったい何が起こるだろうか。「自分が生まれないのだから、親を殺す人間は存在せず、親は殺されない」ことになるし、「親が生きていれば自分が生まれるので、過去へ行って親を殺す」ことにもなる。そこに、因果関係の逆転、循環が起こってしまうのだ。これを「親殺しのパラドックス」といい、このようにタイムトラベルが起こす矛盾を「タイム・パラドックス」という。映画『バック・トゥ・ザ・フューチャー』の中でも、母親が自分（子ども）に恋してしまったために、自分の存在が消えそうになるというパラドックスが描かれていた。

こうしたタイム・パラドックスの解決方法のひとつが、「パラレルワールド」（「平行宇宙」あるいは「並行宇宙」）という考え方だ。

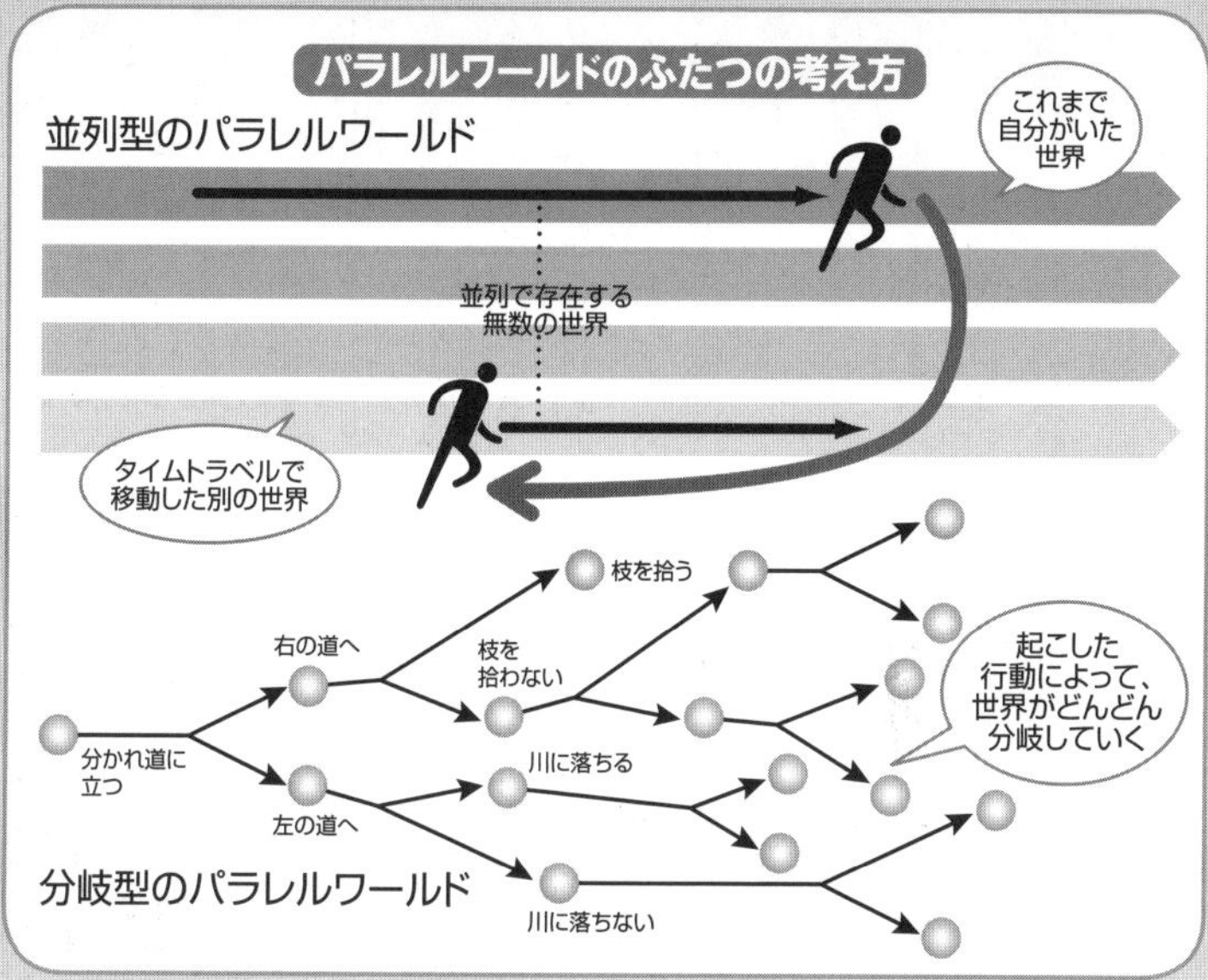

そっくりだけど何かが違う世界

パラレルワールドには複数の考え方があるが、代表的なものとして次のふたつがある。ひとつは、無数の宇宙が並列に並んでいるという「並列型」で、タイムトラベルをした時点で、自分が存在していた宇宙から別の宇宙に移動するというものだ。別の宇宙なのだから、パラドックスは起こらない。

もうひとつは、宇宙が無数に分岐していくという「分岐型」だ。たとえば、タイムトラベルをした過去で父親を殺すと、そこで宇宙が分岐して「父親が殺された世界」が生まれる。その時点で自分の存在した宇宙とは異なる宇宙になってしまうため、やはりパラドックスは生まれない。『バック・トゥ・ザ・フューチャー』を例に挙げれば、両親のロマンスを成就させ、結果として分岐した宇宙（世界）を元の宇宙に近い形に戻すことはできたが、戻ったところはやはり元の宇宙と同一ではない別の宇宙だったのだ。

パラレルワールドを肯定する量子論

ところで、「量子論」（ミクロの世界の現象を説明する理論）の登場によって、パラレルワールドが存在する可能性も否定できなくなっている。たとえば、量子論に「シュレーディンガーの猫」という有名な思考実験がある。鉄製の箱の中に、1匹の猫とある装置を一緒に入れる。この装置は、微量の放射性物質とアルファ粒子を検知するガイガーカウンター、カウンターに連動した青酸ガス発生装置が一緒になったもので、もし放射性物質が崩壊すれば、ガイガーカウンターが検知して青酸ガスを放出する仕組みだ。放射性物質が1時間以内に崩壊する可能性が50パーセントなら、1時間後に箱の蓋を開けたときに猫は生きているのか、死んでいるのか――ということを考えるのだ。

一般常識では、ガスが出た時点で猫は死んでしまい、箱を開けても開けなくても、猫の生死は変わらないと考える。しかし、量子力学の世界では、蓋を開けるまで（観測者が見るまで）は、猫の生死は「確定していない」と考えるのだ。猫が箱の中にいるとき、生きている状態と死んでいる状態とが「重なり合って」いる。量子力学においては、生死の確率が50パーセントならば、「生きていて」かつ「死んでいる」ことになるわけだ。このように「どちらの状態でもある」というのが量子力学の不思議なところなのである。

「シュレーディンガーの猫」に代表される思考実験を「観測問題」といい、さまざまな考察が行われてきた。現在主流となっている考え方は、箱を開けて観測者が観測した瞬間に、猫の生死が決定する（ひとつの結果に収れんする）とい

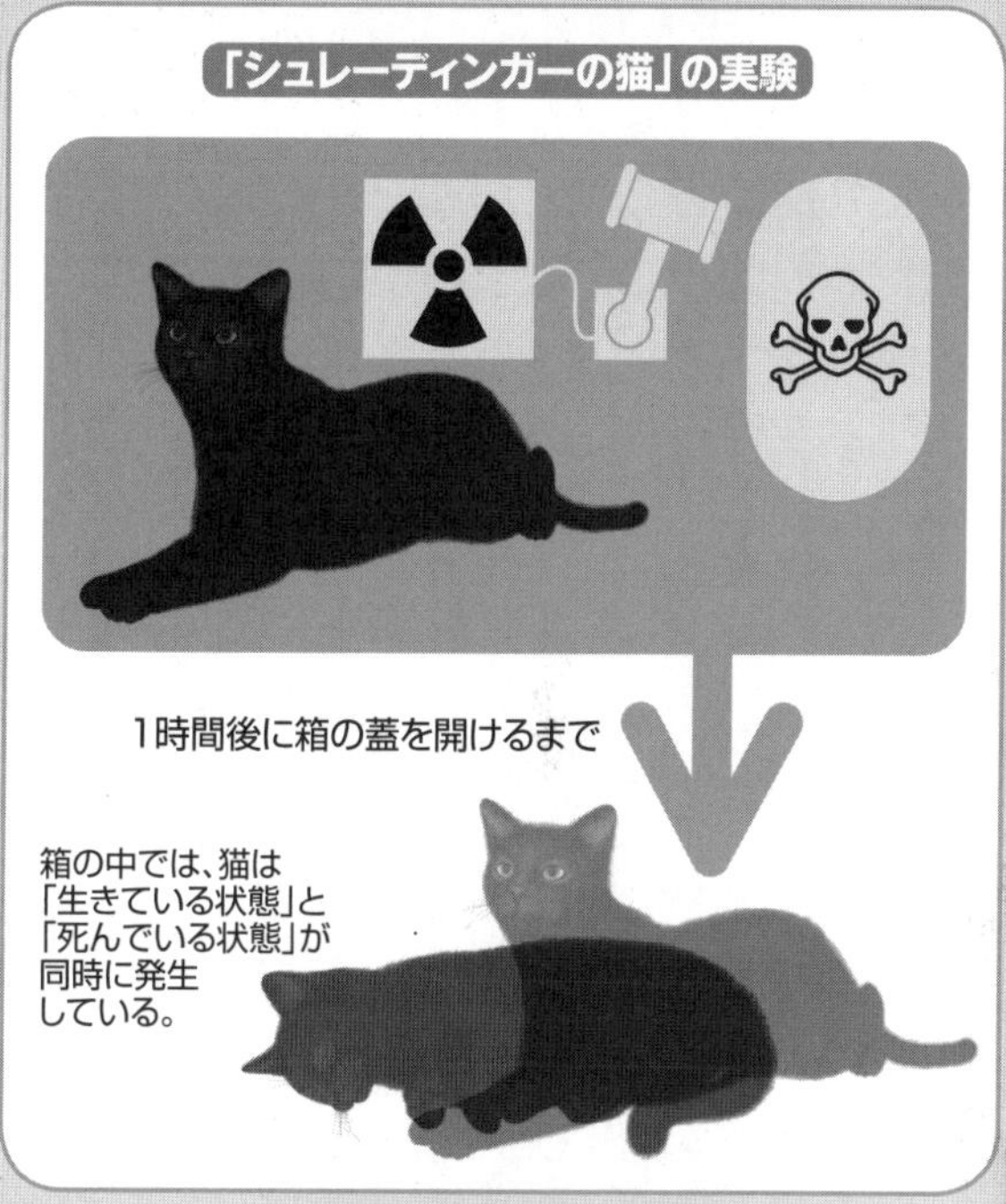
「シュレーディンガーの猫」の実験
1時間後に箱の蓋を開けるまで
箱の中では、猫は
「生きている状態」と
「死んでいる状態」が
同時に発生
している。

うものだ。観測者が知ることができるのは観測した結果だけなので、それまでがどのような状態にあっても関係はない。

また、今はあまり支持されてはいないが、箱を開けた瞬間に「猫が生きている世界」と「猫が死んでいる世界」に分岐するという考察もある。これ自身はパラレルワールドの存在を示すものではないが、このの考え方を進めていくと、世界は無限に分岐していくことになる。一方、世界が分岐するのではなく、最初から「猫が生きている世界」と「猫が死んでいる世界」があり、観測者が猫の状態を確認した時点で、それぞれの世界に移るという考察もある。この考え方では、最初から似たパラレルワールドが無数に存在し、観測によっていずれかの世界を選択することになる。

このように、量子力学の考え方なら、パラレルワールドが存在する可能性もある。現在の技術ではパラレルワールドを確認することはできないが、将来、量子力学の研究が進めば、別の世界をのぞくことが可能になるかもしれない。

Column 4

ハーシェルがもたらした天文学の新時代

ガリレオにコペルニクス、ニュートン、アインシュタインなど、科学史や天文史に大きな業績を残した偉人は数多く存在するが、18世紀から19世紀にかけて活躍したウィリアム・ハーシェルの名前は、一般の人々にはあまり知られていない。

ハーシェルは、もともとは音楽家だった。音楽教師を務めるかたわら、アマチュア天文学者として、自作の望遠鏡で星の観測を行い、1781年にそれまで知られていなかった天王星を発見した。それがのちの小惑星帯や海王星の発見につながったことから、その功績によってイギリス国王付天文官となる。天文学者として認められたハーシェルは、その後も土星の衛星ミマスやエンケラドゥスの発見、二重星の研究など、数多くの功績をあげた。また、望遠鏡の製造にも携わり、大小さまざまな望遠鏡を400台以上残している。

ハーシェルは全天を根気強く観測することで恒星の固有運動を調べ、そこから太陽系が運動していることに気づき、おおよその進行方向も導き出した。さらに、天の川周辺に恒星が集中していること、天の川から離れるにしたがって恒星の数が減ることもつきとめ、天の川銀河（当時は宇宙全体と考えられていた）は直径約6000光年、厚さ1300光年の円盤状であり、太陽系はそのほぼ中心にあると考えた。

現在では誤りであることが判明したものもあるが、地道な観測から導き出したハーシェルの考えは、当時としては画期的で、人類の宇宙観を変える転換点となった。彼もまた、天文史に大きな足跡を残した偉人なのだ。

イギリスの天文学者で音楽家のウィリアム・ハーシェル（1738 ～ 1822）。彼の数々の発見によって、天文学は新たな時代に入ったといえる。

5章

今さら聞けない宇宙の基礎知識

身近な疑問から最新の宇宙開発計画まで

これまでの章では、太陽と地球、月という身近な天体から、太陽系の惑星、さらに遠い宇宙の天体、そして宇宙論について紹介してきた。本章では、今さら人には聞けないような基本的な知識から、宇宙の話題で出てくる用語、そして、最新の宇宙開発情報まで、いわゆる「雑学」的な内容を取り上げている。

たとえば、「地球と宇宙の境目はどこにあるのだろう」と疑問に思ったことはないだろうか。地球（地上）と宇宙の一番の違いを考えた場合、まず「空気の有無」が思い浮かぶだろう。だから、「地上には呼吸できる空気があって、宇宙には空気がないから、空気がなくなる場所が境目なんだろうな」と思うかもしれない。はたしてそれが正解――なのだろうか？

そもそも、宇宙空間とはどんな世界なのだろう。よく「宇宙は無重力状態」と表現されるが、宇宙空間に行ったら、体重はどう変化するのだ

毎年12月中旬ごろに見られるふたご座流星群。どうして流星群は定期的に訪れるのだろうか？

© Asim Patel

ろうか。宇宙は寒いのか、暑いのか。宇宙空間で人間は生きていけるのだろうか?

　次に、テレビのニュースに目を向けてみよう。「今年もふたご座流星群がやってきます」という話題が紹介されている。流星は一度流れたらおしまいのはずなのに、「今年も」というのはどういう意味なのだろう。どうして何度も流星群はやってくるのだろうか?

　次の話題はロケットの打ち上げだ。勢いよく空に打ち上がったロケットが、弧を描くような軌跡を残している。ロケットはまっすぐ宇宙空間へ向かっているのではないのだろうか?

　それから、宇宙のニュースにありがちなのが、意味がわからない用語が出てくることだ。かろうじて用語自体は知っていたとしても、正しい意味や詳しい理論まではよくわからない、というものも多いだろう。宇宙に関するさまざまな用語を知って、その意味を理解できれば、宇宙のニュースをより深く楽しむことができるようになるだろう。

　そして、とうとう本格的に人類が宇宙へ進出する時代に入ってきた。国際宇宙ステーション(ISS)では、すでにたくさんの宇宙飛行士が半年以上の長期滞在を行うまでになっている。人類は宇宙空間で生活する術を獲得したのだ。これから先、人類はさらなる宇宙進出を目指して、どんな計画を持っているのだろうか——。

　ここで紹介するのは、宇宙に関する話題のほんの一部分である。ちょっと物足りないと思ったら、ぜひ自分でもっと調べてみてほしい。気がつけば、あなたも広くて深い宇宙の世界を楽しんでいることだろう。

宇宙と地球の境界線はどこにある？

宇宙ステーションは大気圏内を飛んでいる！

地球を取り巻く大気の層

地表から上空へ上がっていくと、いつか宇宙へ抜ける。それでは、どこまでが地球で、どこからが宇宙になるのだろうか。地球の大気（空気）がなくなる境界（真空になるところ）が宇宙だと考えている人も多いだろう。そこで、まず空気が存在する範囲を示す「大気圏」の定義についてまとめてみよう。

●対流圏：高度11キロメートルまで／高度が高くなれば高くなるほど気温が低下する。「高度11キロメートルまで」というのは平均の高さのことで、赤道付近ではもっと高くなり、逆に北極や南極では低くなる。

●成層圏：高度50キロメートルまで／フロンガスによる環境破壊で名前が挙がる「オゾン層」は、この成層圏の中にある。オゾン層が紫外線を吸収するため、高度が高くなれば高くなるほど気温も上昇する。だいたい成層圏の真ん中あたりが、飛行機が飛べる限界となる。

●中間圏：高度80キロメートルまで／こちらは高度が高くなれば高くなるほど気温が低下する。大気は存在するが、「生物の呼吸」という観点から見れば、もはや真空同然となる。

●熱圏：高度800キロメートルまで／ここは高度が高くなれば高くなるほど気温が上昇する。オーロラが発生するのはこの高さだ。

ちなみに、熱圏から上の高度800～1万キ

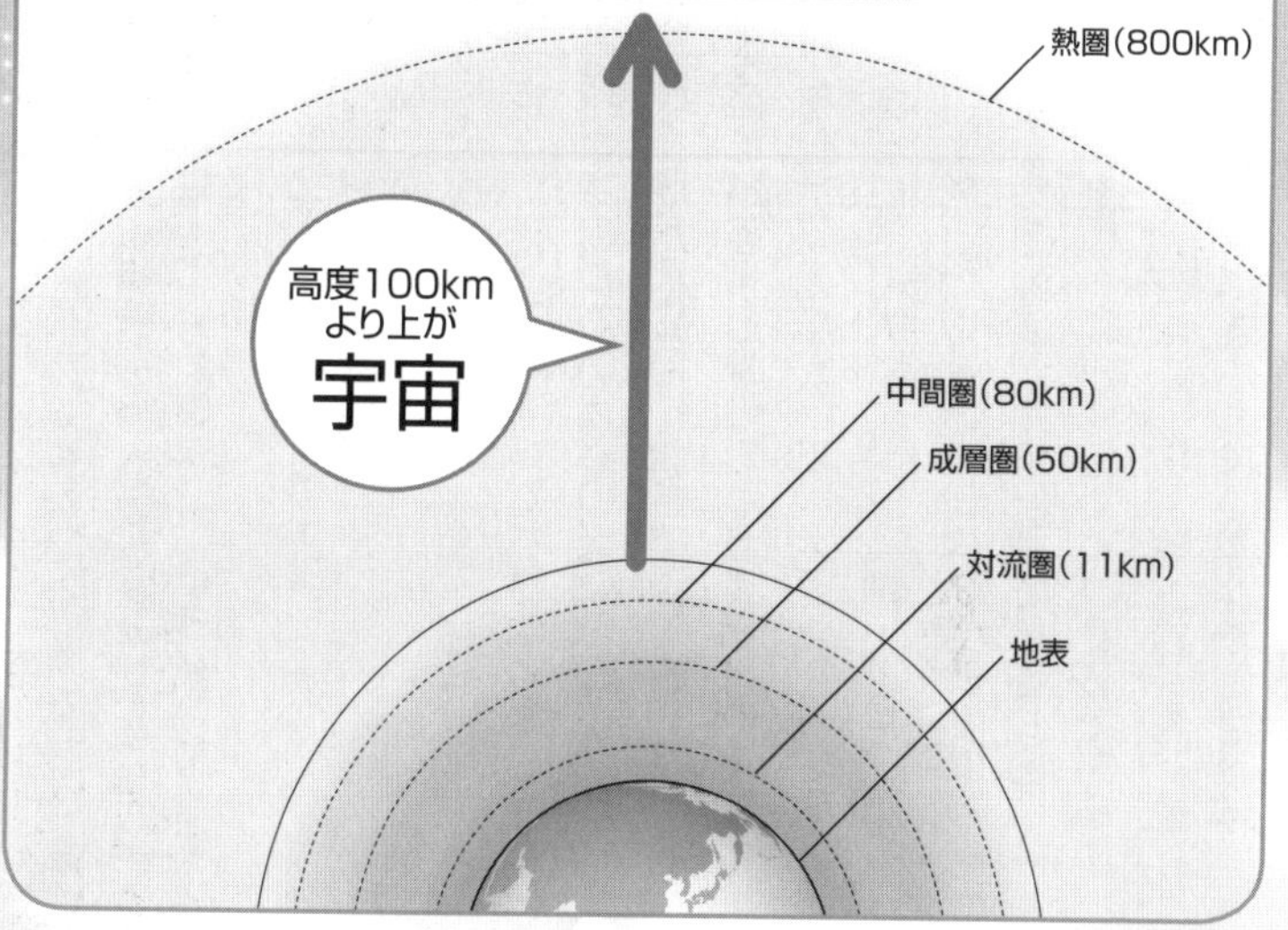

大気圏の範囲と「宇宙」の定義

ロメートルの範囲を「外気圏」と呼ぶが、重力の影響がほとんどないため、大気は宇宙へと逃げ出しており、外気圏は大気圏に含めないとする考えもある。

人工衛星が飛ぶところが「宇宙」？

では、「外気圏は大気圏としない」と考えた場合、「高度８００キロメートルより高いところが宇宙」ということになるのだろうか。

人工衛星が飛べる下限は高度１２０キロメートルといわれる。国際宇宙ステーション（ＩＳＳ）が設置されているのは、高度４００キロメートルで、いずれも「大気圏内」だ。

国際航空連盟（ＦＡＩ）では「人工衛星や宇宙ステーションはすべて宇宙を飛んでいる」ということを前提とし、高度１００キロメートル以上を「宇宙」と定義している。実は大気圏の内側から、すでに宇宙は始まっていたのである。

太陽の色はなぜ変化して見える？

日中は白いのに夕陽は赤い太陽の不思議

光の色の違いは波長の違い

「みんな、あの夕陽に向かって走ろう！」——昔の青春ドラマでは、登場人物たちはよく海辺を夕陽に向かって走っていたものだ。確かに、赤くて大きな夕陽が水平線に沈んでいく風景は、印象的で心に残る。しかし、なぜ夕陽は赤く見えるのだろう？

天頂にある日中の太陽は、白く輝いて見えるが、実は白1色というわけではない。太陽の光にはさまざまな色の成分が含まれているため、すべての色が重なって白く見えているのである。空にかかる虹が7色（赤、橙、黄、緑、青、藍、紫）なのは、空中にある水滴によって太陽の光が屈折し、分解されて見えるからだ。学校の理科の実験で、ガラスや水晶で作られた多面体（プリズム）を使って、光の観察をしたことはないだろうか。虹は、空中の水滴がプリズムの役目を果たすことで、7色に見えているのである。

光の色は、波長によって決まる。紫や青い光は波長が短く、赤い光は波長が長い。虹は、光の波長にしたがって順番に並んでいるのだ。

光の中でも、波長の長い赤い光に比べて、紫や青といった波長が短い光は、大気中の分子に衝突して「散乱」してしまう。そのため、波長の短い青い光は大気の中を通りにくいという性質を持っている。そして、散乱によって進む方向を変えられた光もやがて地上に届く。日中の

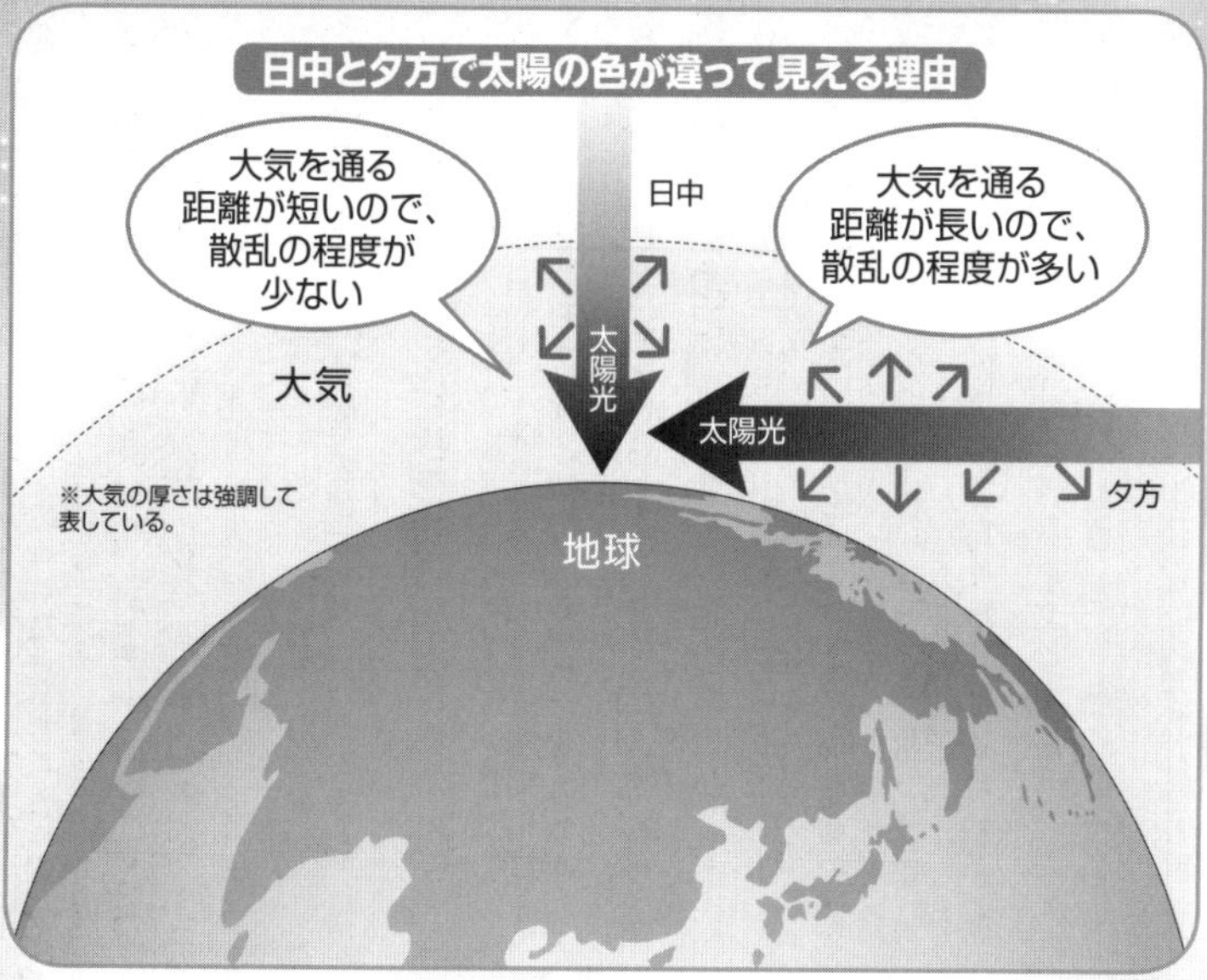
日中と夕方で太陽の色が違って見える理由
大気を通る
距離が短いので、
散乱の程度が
少ない
日中
大気を通る
距離が長いので、
散乱の程度が多い
太陽光
大気
太陽光
夕方
※大気の厚さは強調して
表している。
地球

空が青く見えるのは、あちこちに散らばっている青い光が目に入るからなのだ。

沈む夕陽が赤い理由とは？

太陽の色が変化して見えるのは、大気の厚みにも関係がある。地球を包み込んでいる大気の厚みは、どこでもほぼ一様だ。ある地点で考えると、頭上の大気が一番薄く、地平線（水平線）近くの大気は厚くなる。そのため、夕方、地平線に近い太陽からの光が進む距離は、太陽が頭上にあるときに比べて長くなる。光の進む距離が長くなれば、その分散乱も多く起こって光の成分から青い光が減り、赤い光だけが目に届くようになるため、夕陽が赤く見えるのだ。

同じ理由から、太陽だけでなく月や惑星も、頭上にあるときには白く、地平線に近くなると赤く色づいて見える。一度、確かめてみるといいだろう。

宇宙空間とはどんな世界なのか？

温度も重力も地上とはまったく違う環境

人間は宇宙空間で生きられる？

小説や映画などで、宇宙空間を題材にした作品は数多い。しかし、主に宇宙飛行士が該当するが、実際に宇宙空間を体験したことがある人は、全人類の中のほんの一握りだ。いったい宇宙とはどのような場所なのだろうか。

「宇宙」と聞いてまず思いつくのは、「空気がない」ということだろう。正確にいえば、「人間が呼吸できる空気がない」「大気が存在しない」ということになるが、大気がないということは、大気による圧力もない、すなわち「真空」※であるということだ。地上で進化してきた人間の体は、大気圧とうまくバランスを取るようにできているため、宇宙空間ではそのまま生きることはできない。

また、宇宙は圧力も低いが、温度も非常に低い世界だ。太陽のような熱源がない場所では、3K※（約マイナス270℃）という極低温環境だ。一方で、大気循環のない宇宙空間で太陽光にさらされると、熱が逃げにくいため、どんどん熱がたまっていく。宇宙服は、極低温から人体を守ると同時に、熱をうまく放出する仕組みも施されているのだ。

さらに、大気には放射線を防ぐ（あるいは弱める）という役割がある。大気がない宇宙では、放射線を防ぐ仕組みがないと、人間は生存することはできない。

※ 真空：圧力が大気圧以下の状態を指す。宇宙空間でもわずかな気体は存在するため、圧力がゼロの完全な真空ではない。

※ K：絶対温度。「ケルビン」と読む。すべての分子の運動が停止する温度のこと。

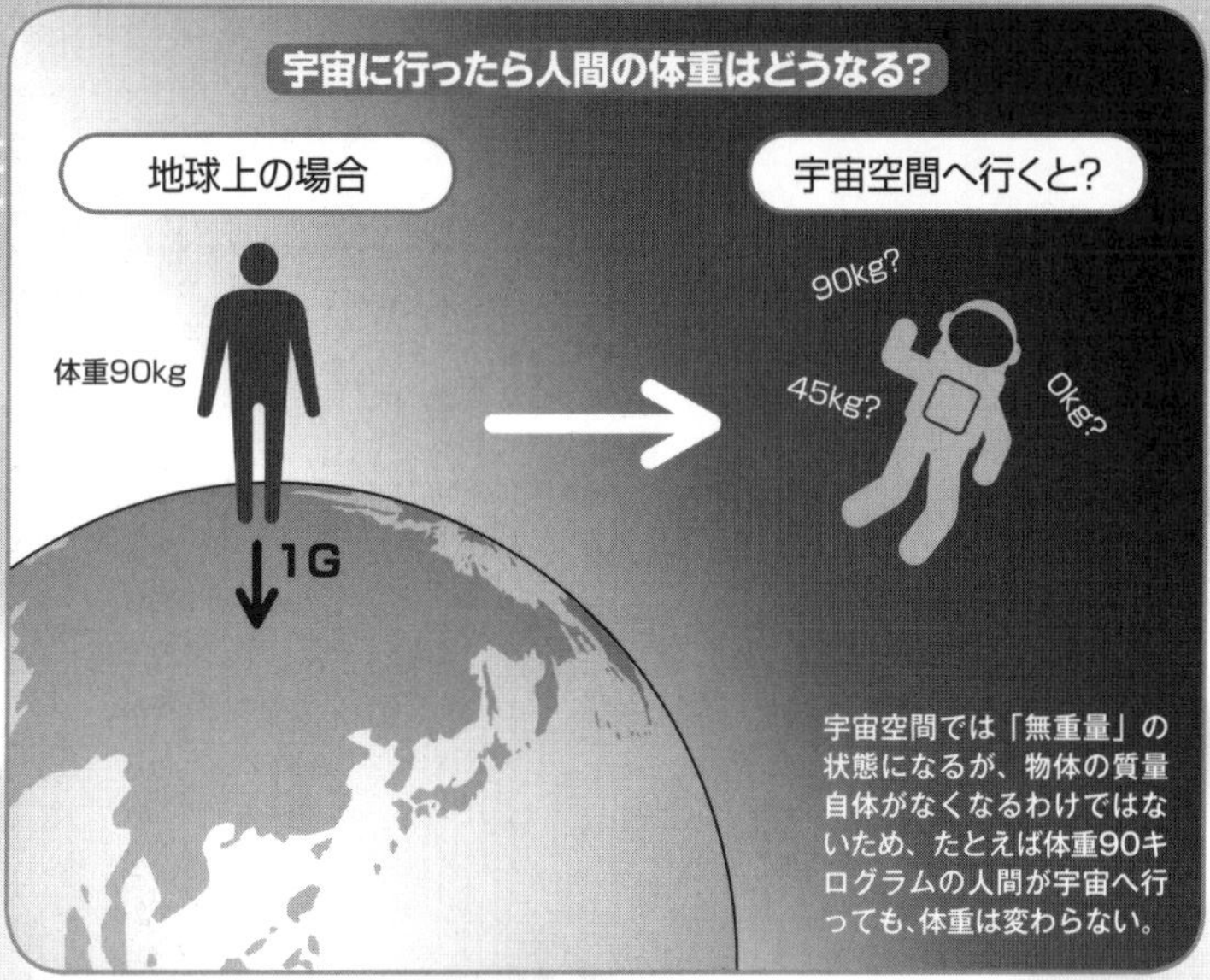
宇宙に行ったら人間の体重はどうなる?
地球上の場合
宇宙空間へ行くと?
体重90kg
1G
90kg?
45kg?
0kg?
宇宙空間では「無重量」の状態になるが、物体の質量自体がなくなるわけではないため、たとえば体重90キログラムの人間が宇宙へ行っても、体重は変わらない。

「重さ」そのものは変わらない?

「重力がない」ということも、宇宙空間の特徴だろう。ただし、宇宙空間であっても、厳密な意味での「無重力」は存在せず、「重力の影響が少ない」あるいは「極めて重力が低い(微少重力)」ということになる。そして、たとえ無重力の状態であっても、その物体の質量がなくなってしまうわけではない。たとえば、宇宙空間で人間が体重計に乗ると目盛りはゼロを指すが、体重計と人間に地上と同じ毎秒9・8メートルの加速度を与えれば、地上と同じ数値が表示されるのだ。そのため、「宇宙では無重量状態になる」といういい方が正しいのだ。

ちなみに、人間が宇宙に出ると、数分から数時間で嘔吐やめまいなどを起こすという。そのメカニズムはわかっていないが、無重量状態による上下感覚の喪失が関係していると思われる。

地球と彗星との出会いが見せる天体ショー

どうして流星群は毎年やってくる？

流星の正体は彗星の「残りカス」

一筋の光を残してはかなく消える「流れ星」。その正体は、宇宙空間に浮かぶ小惑星の破片や塵だ（彗星の尾については106ページ参照）。これらが、地球の大気圏に突入することで燃え上がり、光を発しているのだ。ビルやネオンの明かりに邪魔をされない地域に行けば、1日に何個か流星を見ることができるが、定期的に流星が大規模に発生する現象がある。「流星群」と呼ばれる現象だ。では、なぜ流星群は定期的に発生するのだろうか。

たとえば、毎年11月18日ごろにピークを迎える「しし座流星群」がある。しし座の方向を中心に流星が流れることからその名がついているが、実際には流星群が定期的に地球に向かってやってくるのではなく、流星群（の元になる物質の集まり）の中へ、地球のほうから飛び込んでいるのだ。

しし座流星群の場合、テンペル・タットル彗星と地球の公転軌道が交差しているため、彗星が軌道上に残した流星物質（ダストトレイル）が地球の大気圏に接触して流星群となる。特にしし座流星群のようにダストトレイルの密度が多い場合は、「大流星雨」あるいは「流星嵐」と呼ぶこともある。

しし座流星群のほかには、毎年1月上旬に来る「しぶんぎ座流星群」、8月中旬に来る「ペル

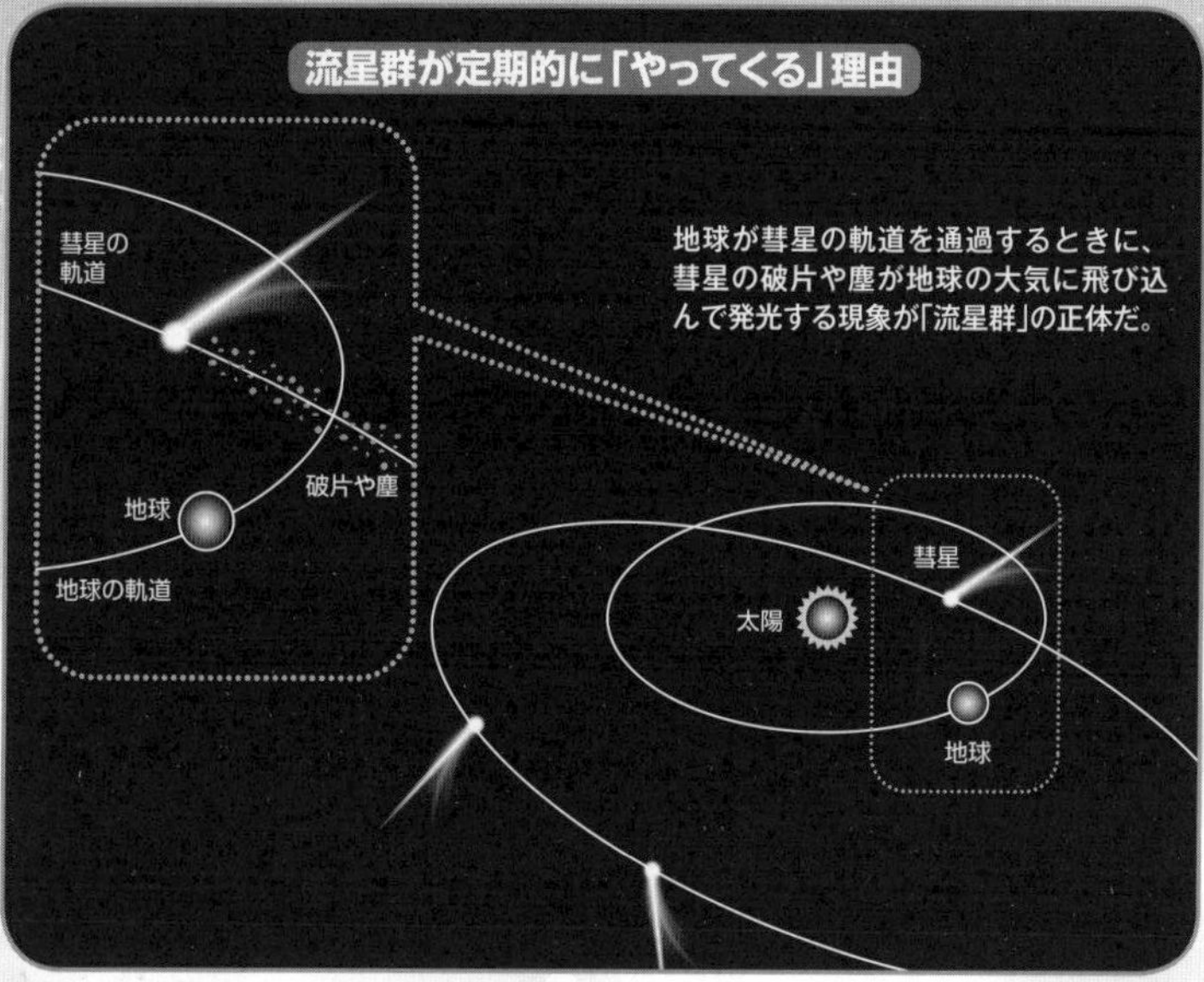
流星群が定期的に「やってくる」理由
地球が彗星の軌道を通過するときに、彗星の破片や塵が地球の大気に飛び込んで発光する現象が「流星群」の正体だ。
彗星の軌道
破片や塵
地球
地球の軌道
彗星
太陽
地球

セウス座流星群」、10月下旬に来る「オリオン座流星群」、12月中旬に来る「ふたご座流星群」などは、1時間あたりに見られる流星の数が多いことで知られている。特に、しぶんぎ座流星群、ペルセウス座流星群、ふたご座流星群は「三大流星群」と呼ばれている。

一瞬のきらめきが彗星の魅力

実は、現在は毎年観測されているしし座流星群も、太陽や木星の影響によって少しずつ軌道が変化しているため、やがて観測できなくなるときが訪れるかもしれない。しかし、流星群という現象がなくなることはないだろう。

前述した以外にも、毎年数多くの流星群がやってきては、美しい天体ショーを見せてくれる。たとえ、その正体が氷や岩石や塵であったとしても、そのきらめきに人類は魅了されてきたし、これからも感動を覚えることだろう。

5章

ロケットは真上には打ち上げていない？

打ち上げ時に力をプラスする方法がある

ロケットの軌跡が弧を描いて見える理由

今や宇宙開発に欠かせない存在のロケット。その原型は、10世紀ごろの中国の武器だといわれている。その後、18世紀の鉄製ロケットを経て、19世紀後半に近代ロケットが登場する。第2次世界大戦末期になって世界初の弾道ミサイル「V2ロケット」が打ち上げられ、その技術を礎に、現代に続くロケットが開発されたのだ。

現在では、日本も多くの国産ロケットを打ち上げているが、種子島宇宙センターから打ち上げたロケットの噴煙が、大きく弧を描くように伸びていく様子を見たことがある人も多いだろう。ロケットはまっすぐ上空に打ち上げられるが、そのまま宇宙まで飛ぶのではなく、実は途中で東に向かって進路を変更している。東、つまり地球の自転方向に打ち上げることで、ロケットの初期加速に地球が自転する力を加えられるうえ、衛星などの軌道投入もラクになる。したがって、もっとも効率がいいのは、赤道上から東に向かって打ち上げる方法なのだ。ボールを遠投する場合、立ったままよりも、走って加速をつけて投げたほうがより遠くへボールを投げられるだろう。理屈としては同じことだ。

逆に、自転と逆方向に打ち上げるとどうなるか。その場合、自転の加速度を打ち消すだけの加速度をロケットに与えなければならず、投入する衛星も自転方向の軌道よりも速い速度が必

ロケットは真上には打ち上げているわけではない
地球の自転方向に
打ち上げたほうが効果的
地球の自転方向

要になってしまう。そのためには、ロケット内の物を運べる空間を削り、余計に燃料を積まなければならなくなるため、非常に効率が悪くなるのだ。

ロケットの打ち上げに適した日本

東側に他国が隣接していない日本は、ロケットの打ち上げには非常に恵まれているといえる。たとえば中国やロシア、アメリカのように広い国土を持つ国であれば、自国内で打ち上げに適した場所を見つけることもできるが、南北に細長いような国では、ロケットの発射場所を見つけるだけでも困難だ。その典型的な国がイスラエルで、隣接する他国に配慮し（政治的意図も含めて）、わざわざ非効率的な西に向けてロケットを発射している。そんなロケット発射に有利な地理的条件を活用すれば、日本のロケットによる国際貢献も可能になるはずだ。

5章

惑星探査機はどうやって進んでいる？

宇宙を航行するには効率のよさが求められる

物体は「作用・反作用」で前に進む

地上でも空中でも、そして宇宙でも、物体が前方に進むのは「作用・反作用の法則」によるものだ。地上では、自動車はタイヤが回転して地面を押し（作用）、その反作用で前に押し出される。空を飛ぶジェット機は、吸い込んだ空気を圧縮・燃焼させ、後方に噴き出すことで推力を得て前に進む。だが、宇宙では地面（との摩擦）も、（推進剤としての）空気も利用できない。その代わり、空気のような抵抗がほとんど存在しないため、非常に小さな力であっても、何らかの作用を加えることができれば、その反作用で進むことができるのだ。

惑星探査機などの宇宙機が目的の軌道に乗るまでは、打ち上げロケットの推力を借りることができるが、いったん打ち上げロケットから分離した後は、宇宙機自身が何らかの方法で推力を出す必要がある。

イオンエンジンとソーラーセイル

宇宙機が推進するための一般的な方法は、推進剤（燃料）を放出する方法だ。推進剤の量が多ければ、それだけ大きな推力を得られて速度も速くなるが、その分宇宙機の質量も大きくなり、推進剤用のスペースも必要になる。そこで、少ない燃料で長時間効率よく進むための方法として生まれたのが、電気エネルギーを利用した

燃料を必要としない宇宙機の推進方法

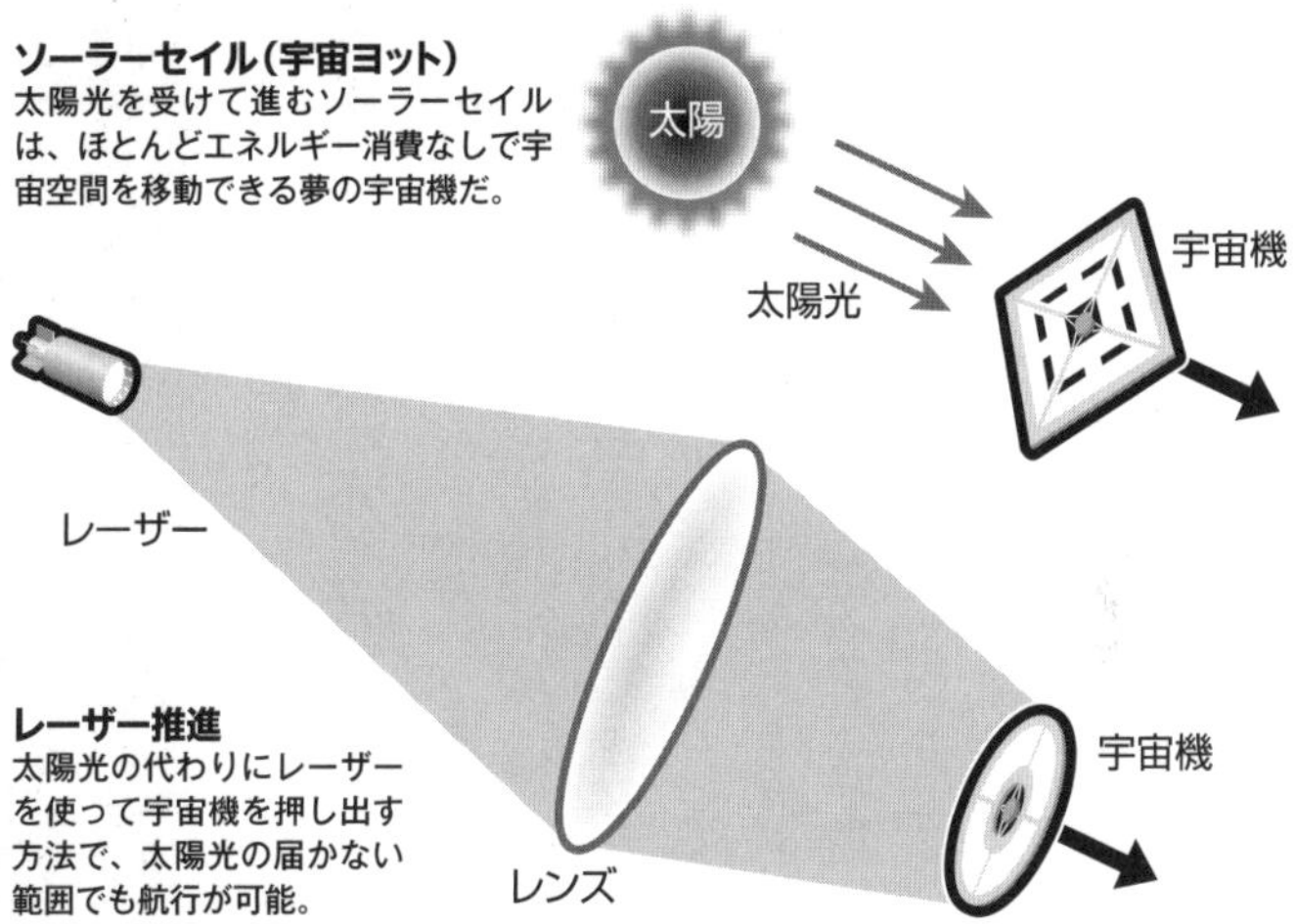
ソーラーセイル（宇宙ヨット）
太陽光を受けて進むソーラーセイルは、ほとんどエネルギー消費なしで宇宙空間を移動できる夢の宇宙機だ。
太陽
太陽光
宇宙機
レーザー
レーザー推進
太陽光の代わりにレーザーを使って宇宙機を押し出す方法で、太陽光の届かない範囲でも航行が可能。
レンズ
宇宙機

電気推進である。ＪＡＸＡの小惑星探査機「はやぶさ」にも搭載されたイオンエンジンは、電気推進の代表例だ。「はやぶさ」が延べ60億キロメートルもの壮大な旅を続けられたのも、イオンエンジンのおかげだったといえる。

また、推進剤を必要としないソーラーセイル（太陽帆）宇宙機も実現されている。「宇宙ヨット」という別名がついていることからもわかる通り、海に浮かぶヨットが帆に風を受けて進むように、ソーラーセイルは広げた帆に太陽の光を受けて宇宙を進むのだ。

ただし、太陽光を利用したソーラーセイルでは、太陽光を得られる木星圏へ到達するのが限界だ。そこで、ソーラーセイルの技術を発展させたアイディアもある。太陽光の代わりに、大出力のレーザービームでソーラーセイルを押し出す「レーザー推進」だ。レーザー推進なら、時間はかかるが恒星間航行も夢ではないだろう。

惑星探査機は目的地へまっすぐ飛んでいない？

宇宙の省エネルールは楕円軌道と重力

最小エネルギーで飛べるホーマン軌道

私たちが目的地へ歩いていく場合、普通ならできるだけ直線になるルートを選ぶだろう。それがもっとも早く到着できて、しかも余分なエネルギーを使わないですむからだ。しかし、これが宇宙空間になると話が違ってくる。たとえば、地球から火星へ向かう場合には、直線の軌道ではなく、「ホーマン軌道（ホーマン遷移軌道）」と呼ばれる楕円軌道を使う。このほうが、もっともエネルギーを使わずにたどり着けるのだ。

その理由は、地球も火星も円軌道を描いて動いていることにある。

宇宙空間では、太陽（と他の惑星）の重力を無視することができない。そのため、ひとつの軌道から別の軌道に移動する場合、できるだけそれらの重力に逆らわない、あるいはそれらの重力を利用する方法をとる。これがホーマン軌道なのだ。ちなみに、ホーマン軌道へ飛ばすよりもさらに速度を上げ、打ち上げ方向などを微調整することで、より効率的に目的の惑星と会合する方法を「準ホーマン軌道」と呼ぶ。現在の惑星探査機は、この方法で打ち上げられることが多い。

天体の重力を利用するスイングバイ

ホーマン軌道は、最小のエネルギーで目的の惑星へ到達させるための基本的な考え方だ。実

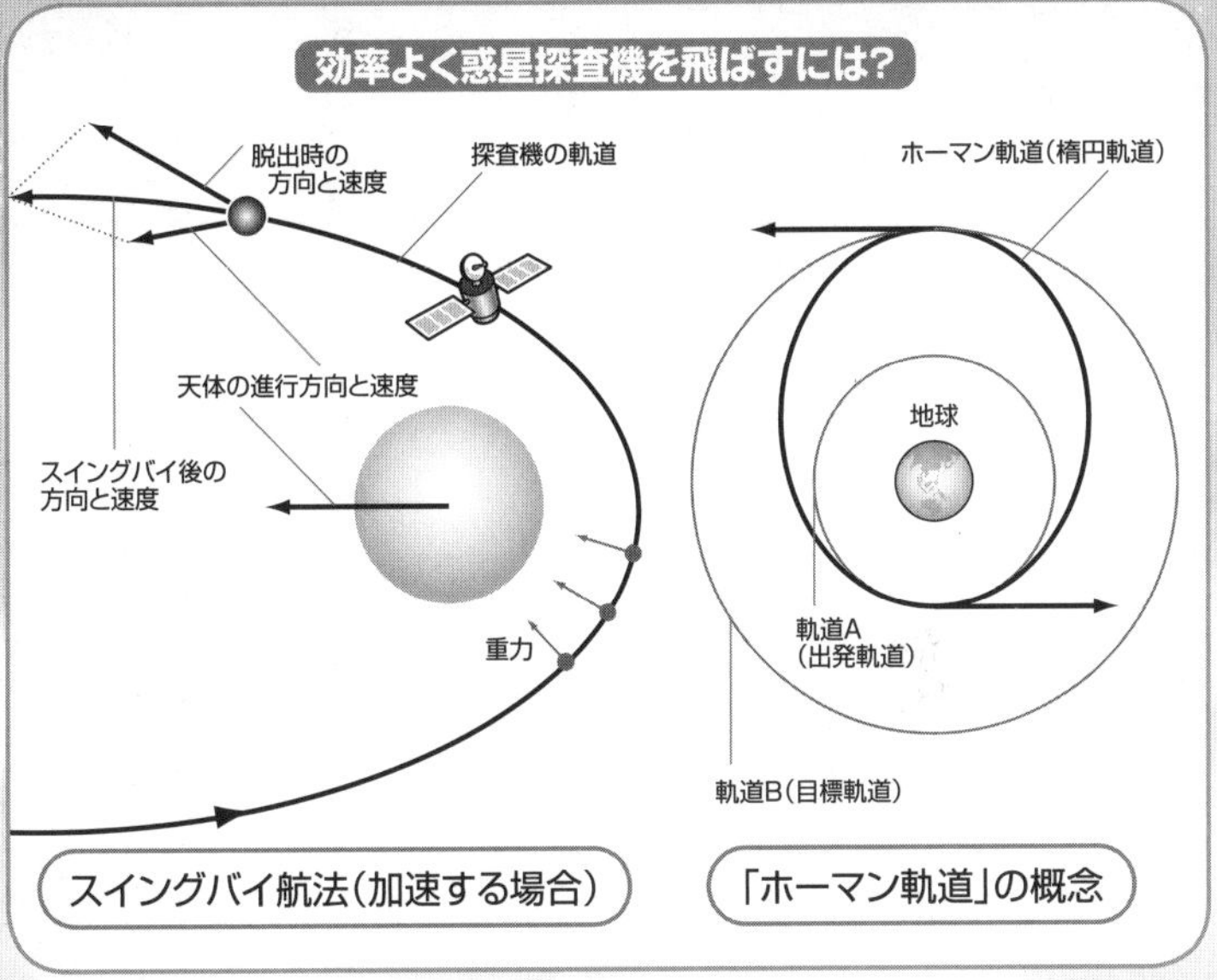

際には、もっと積極的に惑星の重力を利用する「スイングバイ航法」と組み合わせている。スイングバイ航法とは、惑星などの天体の重力を加速、または減速に利用する宇宙空間の航法だ。「重力アシスト」あるいは「重力ターン」などとも呼ばれる。2015年12月3日、JAXAの小惑星探査機「はやぶさ2」が小惑星リュウグウへ向けて軌道を変更するために、地球の重力を利用したスイングバイを行ったことで、耳にした記憶がある人もいるだろう。

たとえば、惑星探査機を加速させる場合には、天体の進行方向とは逆の面に進入させ、天体に落下するエネルギーを受け取って加速させる。反対に減速させる場合には、天体の進行方向に回り込む形で進入させ、その速度を天体の重力で打ち消すわけだ。ホーマン軌道やスイングバイ航法は、人工衛星や惑星探査機の運用で利用される常識のひとつなのだ。

「ラグランジュ点」とは何か？

宇宙は微妙なバランスで成り立っている

天体同士の間にある重力の均衡点

宇宙に関するニュースの中で、「ラグランジュ点」という言葉を聞いたことはないだろうか。人工衛星や宇宙望遠鏡の中には、このラグランジュ点に配置されているものもあるのだが、ラグランジュ点とはなんなのだろうか。

左右の力が拮抗している綱引きでは、綱の中心は動かない。宇宙でも、天体同士の重力が釣り合うことで、重力がゼロになる領域が存在する。だが、宇宙には多数の天体があり、そのすべての影響を考慮して計算を行うことは難しい。そこで、他の天体の影響を除外し、3つの天体が存在する領域のみを扱うことで、重力が均衡する場所を算出する。これを「三体問題」という。その中で、3つの天体のうちのひとつが非常に小さいため、無視できる場合の特殊解として得られた領域がラグランジュ点である。簡単にいえば、ラグランジュ点とは、ふたつの天体から受ける重力のバランスがとれている位置のことだ。

ラグランジュ点は、天体の軌道を含む平面上（黄道面と考えてよい）にあり、ふたつの天体を結ぶ直線上に3点、それぞれの天体から60度の位置に2点の計5点存在する。5点はラグランジュ点の頭文字を取って、L_1からL_5まで番号を振られている。中でも、特に安定しているL_4とL_5を「正三角形解（三角解）」、あるいは「トロヤ点」といい、トロヤ点に存在する小惑星群を「トロヤ群」と呼ぶ。たとえば、太陽と木星の例を挙げると、両者におけるトロヤ点には小惑星群が存在する。太陽—木星—小惑星群という3つの天体の重力が均衡した三体問題の実例と考えることができるわけだ。

天体とラグランジュ点の位置関係

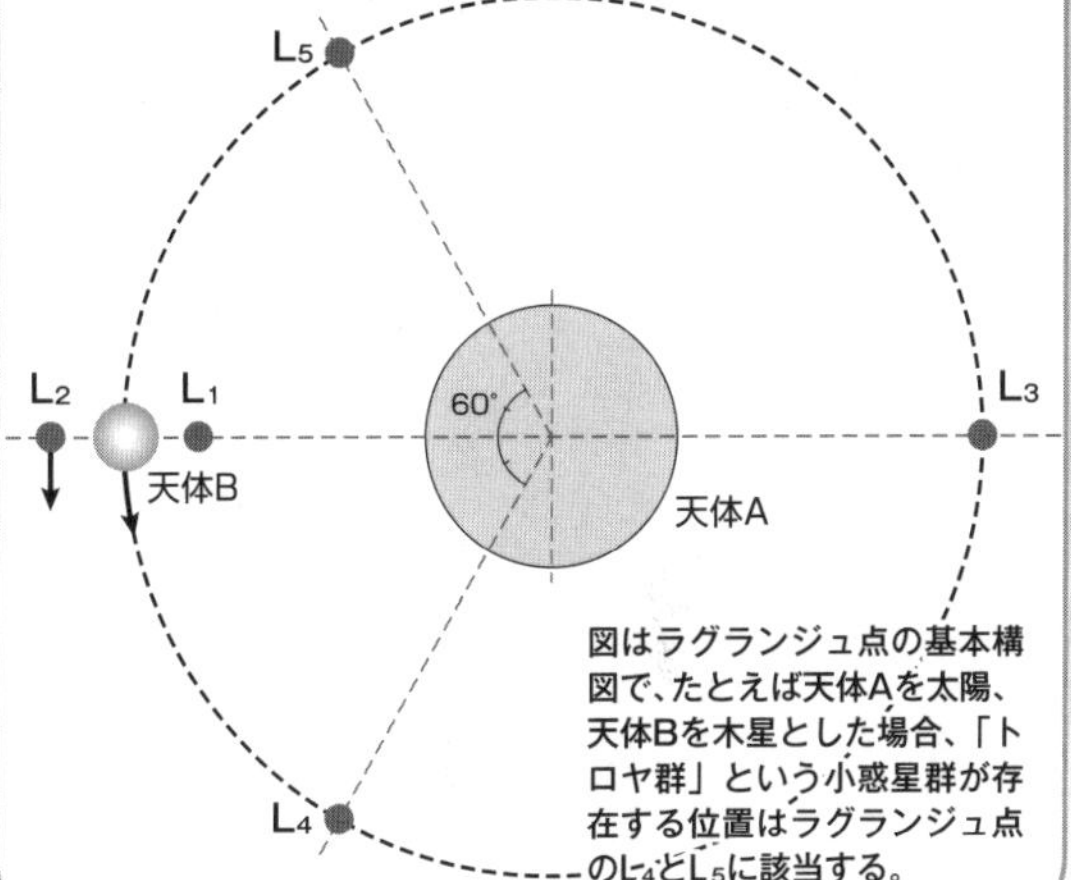

図はラグランジュ点の基本構図で、たとえば天体Aを太陽、天体Bを木星とした場合、「トロヤ群」という小惑星群が存在する位置はラグランジュ点のL_4とL_5に該当する。

天体観測に役立つラグランジュ点

ラグランジュ点では、太陽と地球や地球と月など、それぞれの天体に対する相対位置がほとんど変化しないため、観測点として非常に便利である。そこで、人工衛星や宇宙望遠鏡などがラグランジュ点に配置されているわけだ。たとえば、太陽と地球のラグランジュ点では、L_1にNASAの「SOHO」や「ACE」などの太陽観測衛星が、L_2にはESAの天体観測衛星「ガイア」が配置されている。

ちなみに、アメリカ・プリンストン大学のオニール博士は、ラグランジュ点に巨大な人工の居住空間（コロニー）を浮かべるという壮大なアイディアを提唱している。博士のこの「スペースコロニー構想」は、アニメ『機動戦士ガンダム』に登場したことで有名になったが、残念ながら実現性は非常に低いようだ。

5章

なぜ国際宇宙ステーションを作ったのか？

宇宙を飛ぶ巨大な実験場

宇宙空間に作られた実験場

地上約400キロメートルの上空を、毎秒約7・7キロメートルというスピードで飛行し、約90分で地球を一周する国際宇宙ステーション（ISS）。ISSは、NASAやJAXA、ESA、ロシア連邦宇宙局（FSA）など、世界15か国が協力して作り上げた人工物で、居住用モジュールや実験用モジュール、発電用の太陽光パネルなどから構成されている。その大きさは約108・5メートル×約72・8メートル。ちょうどサッカーのフィールド程度のサイズで、重さは420トンにもなる。これまでISSには世界各国から多くの人間が乗務員として搭乗しているが、2015年7月から12月まで長期滞在した油井亀美也宇宙飛行士をはじめ、日本人宇宙飛行士も数多くISSに搭乗している。

ISSを建造した大きな理由は、宇宙空間で実験を行うためだ。ISSが周回している400キロメートル上空では、地球の重力による影響が少ない。この低重力環境を利用して、地上では重力の影響が大きすぎて行えない実験や、宇宙空間で生命がどのように成長するかといった実験、宇宙の放射線による影響の研究などを行っているのだ。また、ISSの乗務員は、実験を行う研究者であると同時に、宇宙空間が人間に与える影響を調べる被験者でもある。乗務員はみな、常に放射線測定器を身につけ、被曝

上空400キロメートルを飛行する宇宙実験場

15か国が共同で運用する国際宇宙ステーション（ISS）。1998年から建造が始まり、2011年7月に完成した巨大な宇宙実験場である。

© NASA

量を計測している。

2024年で運用が終了する？

当初の計画では、ISSの運用は2016年で終了する予定だった。しかし、その後何度か延長され、2016年1月現在では、2024年までの運用が決まっている。決定は遅かったが、日本も2024年までISSミッションへの参加を決めた。

2024年以降の運用については決まっていないが、アメリカや日本は消極的だ。学術的な成果はいくつか挙がっているが、莫大な費用がかかる割に、生活に直結するような成果がほとんどないからだという。一方、ロシアは他国がISSから撤退しても、ロシア製モジュールのみで計画を継続することを検討しているようだ。13年もかけて作った巨大な宇宙の実験場は、どんな終わり方を迎えるのだろう。

5章

「次の階は宇宙です」が日常になる未来

エレベーターで宇宙へ行く日が来る？

ロケットの打ち上げは非効率？

現時点で、人類が宇宙へ行くためにはロケットを打ち上げるしかない。しかし、ロケットは非常に効率が悪く、地球の周回軌道上に乗るだけでも膨大な量の推進剤を燃焼させなければならない。一般的なロケットの場合、全質量の94パーセントほどが推進剤の重さになってしまい、どんなに大きなロケットであっても、（ロケット全体に比べると）わずかな荷物しか運べない。

ロケットが運べる荷物の量を搭載量（ペイロード）と呼ぶが、たとえばJAXAのH・ⅡBロケットは、総重量531トンに対し、ペイロードは1・65〜1・9トン。1回の打ち上げ費用は約110億〜147億円だから、単純計算で1キログラムあたりの荷物を打ち上げるのに、580万〜890万円もかかることになる。

新素材の登場で計画が実現できる？

ロケットよりももっと簡単に、効率よく宇宙へ行くことはできないのだろうか。そのアイディアのひとつが、旧ソ連の科学者ユーリ・アルツターノフが考えた「宇宙エレベーター（軌道エレベーター）」だ。

まず地表から約3万5800キロメートル上空にある静止軌道上に宇宙ステーションを建設し、そこから上下にテザー（ケーブル）を伸ばす。下に伸びたテザーは、地上に建設した「ア

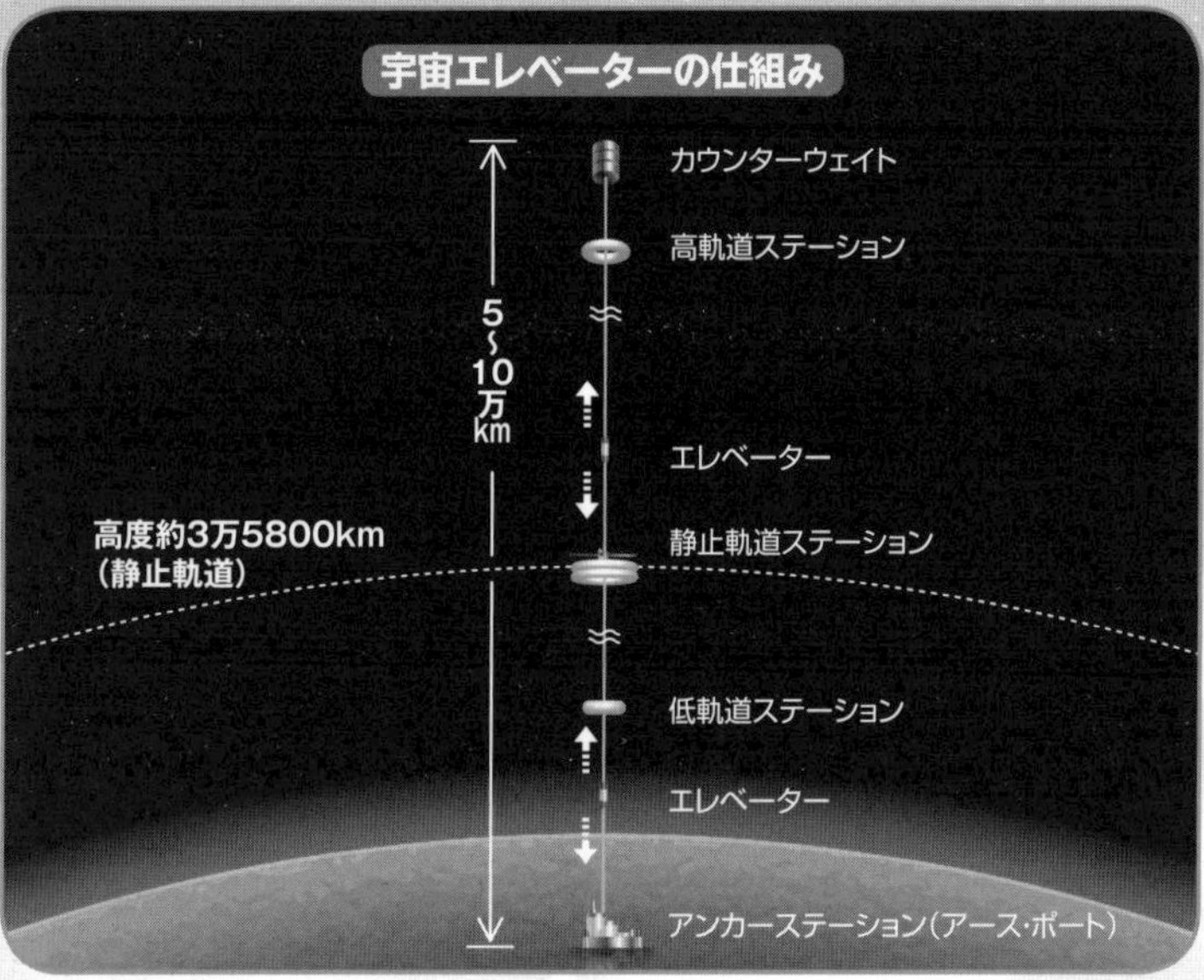

ンカーステーション(アース・ポート)」に固定し、上に伸びたテザーの先にはバランスを取るための「カウンターウェイト」を取りつける。このテザーに沿って、人やものが乗る「かご」を上下させれば、宇宙まで行けるエレベーターができあがる。その全長は、5万~10万キロメートルになると考えられている。

宇宙エレベーターを建造するうえで、これまでは十分な強度を持ったテザーをどんな素材で作るかということが大きな課題だったが、1990年代に「カーボンナノチューブ(CNT)」が発見されたことで、この計画が現実味を帯びてきた。CNTは炭素分子が組み合わさった物質で、アルミニウムよりも軽く、引っぱり強度はダイヤモンドを超えるとされる。ただし、現時点でCNTを宇宙エレベーターに使うには、引っぱり強度が十分でなく、大量生産をすることもできない。今後の研究に大いに期待したい。

次の宇宙開発計画は小惑星を捕獲すること?

SF映画の世界が現実になってきた!

月よりも小惑星を探査したいNASA

NASAやESA、JAXAなどの宇宙研究機関は、現時点における宇宙開発の最終的なゴールとして、火星の有人探査を目標に研究開発を進めている。その前段階として、月面基地の建設と「ディープ・スペース・ハビタット(DSH)」と呼ばれる宇宙での生活環境の構築、小惑星探査などが考えられている。

こうした宇宙開発を、国際的な協力の下に達成しようと検討しているのだが、各国の考えは少しずつ異なっている。アメリカは小惑星探査を優先させたいと考えていたが、ほかの国はまだアメリカしか到達していない月面の有人探査や基地建設を優先したいと考えていたこともあり、「国際宇宙探査協働グループ(ISECG)」で策定された宇宙探査ロードマップでは、月探査を優先することに決まった。

それに対抗してかどうかは不明だが、NASAは2013年に独自の小惑星探査プログラム「小惑星捕獲計画(ARM:アステロイド・リダイレクト・ミッション)」を発表している。

小惑星を月の裏側へ持ってくる!?

ARMでは、2010年代の終わりまでに、ロボットアームを装備した探査機を地球近傍の小惑星に送り込み、そこから岩石の塊をサンプルとして採取、それを月の裏側にあるラグラン

NASAの「小惑星捕獲計画(ARM)」とは?

NASAは2020年を目標に、探査機で目的の小惑星からサンプルを採取し、月付近まで運んだのちに、宇宙飛行士が直接調査を行う「小惑星捕獲計画（ARM)」を進めている。

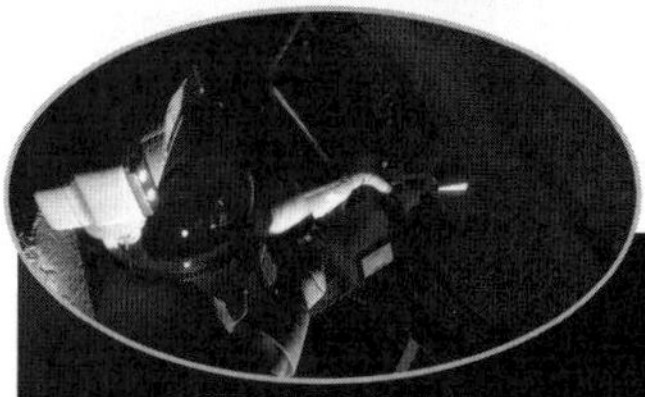

小惑星のサンプルを回収する宇宙飛行士(想像図)。

小惑星表面に着陸し、岩石を採取する探査機(想像図)。

© NASA

ジュ点のL_2（218ページ参照）へ運ぶことを予定している。現在は、そのターゲットとなる小惑星をどれにするか検討している段階だ。そして、2020年にはその小惑星のサンプルへ宇宙飛行士を送り込み、探査を行うという。

この計画が発表された当初は、小惑星全体を包み込み、丸ごと地球近傍へ持ち帰るというアイディアもあったようだが、より現実的な方法に変更されたようだ。しかし、採取用のロボットアームや小惑星探査機、宇宙飛行士を月の近くまで送る宇宙船（オライオン宇宙船）など、まだ数多くの研究開発課題が残されている。

NASAは、ARMを2030年代に行う火星の有人探査計画の前段階と位置づけている。また、小惑星を捕獲して移動する技術は、地球への小惑星衝突を回避する技術の開発にも寄与すると考えている。SF映画のような世界が、徐々に現実のものになってきているのだ。

5章

人類はいつか火星に住むことになる？

天体の環境を変えるテラフォーミング

惑星を人類好みに改造する？

現時点で、人類がそのまま居住できる環境の天体は地球だけだ。しかし、このまま人口が増え、地球の資源を利用しつづければ、いつかは資源が枯渇してしまう日が訪れるだろう。

そこで、人類が生き延びるための手段のひとつとして、別の天体の環境を作り変え、人類が生活できるようにするという考え方がある。これを「テラフォーミング（地球化）」と呼び、古くからその方法や必要な技術について研究が行われてきた。中でも、1991年にNASAの研究者が公表した「火星のテラフォーミング構想」は、「マリナー4号」や「バイキング」などの探査機が収集したデータに基づいたもので、実現性と実効性が高いとして注目された。

火星を「第2の地球」にする方法

では、火星のテラフォーミングはどのように行われるのだろうか。まず重要なのは大気の温度だ。火星は平均気温がマイナス55℃という低温の環境のため、気温を上昇させる必要がある。その方法として、たとえば「深い穴を掘って地熱を放出させる」「火星軌道上に巨大な鏡を配置し、太陽光で温める」「地表の反射率を低くし、太陽光の吸収率を上げる」などの方法が検討されている。火星がある程度暖まれば、地下や極地に存在するドライアイスが蒸発し、大気中の

火星がテラフォーミングの対象になるのはなぜ？

地球と火星は隣り合う惑星でありながら、その環境は大きく異なる点が多い。しかし、似ている点もあり、水が存在する可能性も高いため、火星がテラフォーミングの対象に選ばれたのだ。

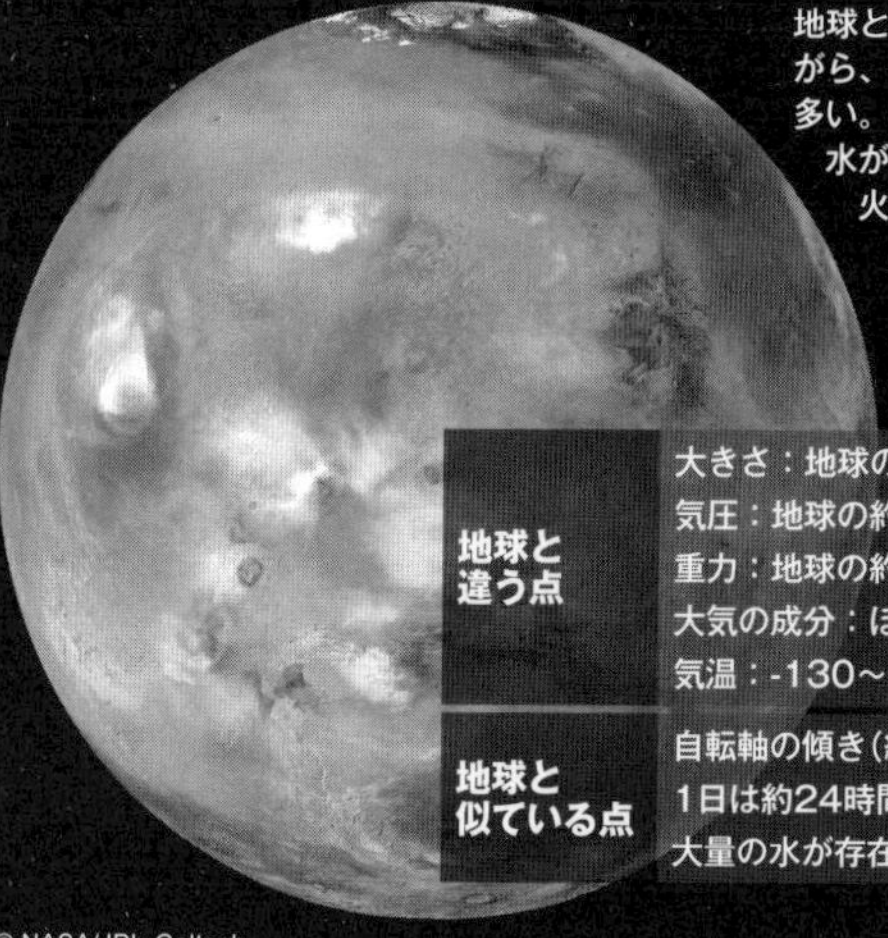

地球と違う点	大きさ：地球の半分ほど 気圧：地球の約100分の1 重力：地球の約3分の1 大気の成分：ほとんどが二酸化炭素 気温：-130～30℃（平均気温：約-55℃）
地球と似ている点	自転軸の傾き（約25度）によって四季がある 1日は約24時間 大量の水が存在する（可能性が高い）

© NASA/JPL-Caltech

二酸化炭素濃度が増える。そうすれば、温室効果によって気温がさらに上昇するはずだ。

次は、生命の生存に欠かせない水の問題である。最新の観測では、火星の地中に大量の水が存在する可能性も指摘されているが、もし足りなければ地球から運ぶか、あるいは近くを通過する彗星を捕捉し、火星に衝突させることで水を確保する方法が考えられる。そして、火星に河川や海ができれば、環境に適合させて品種改良したシアノバクテリア※を投入して酸素を作る。こうした方法で、早ければ100年程度で、火星は人類の生存に適した惑星になるという。

さらに重要なのは、テラフォーミング技術をそのまま地球の環境修復に役立てることができるという点である。たとえば火星の地表を緑の大地に変える技術は、地球の砂漠を緑化することなどにも役立つ。テラフォーミング技術は、人類が生存していくために不可欠な技術なのだ。

※ シアノバクテリア：藻類の一種。太古の地球でも、シアノバクテリアの光合成によって大気中に酸素が増えた。

ハッブルの法則――180
ハビタブルゾーン――104,156,157,158,159
パラレルワールド――196,197,198,199
パルサー――131
バルジ――8,134
パンスペルミア説――30,31
反物質――148
万物理論――188,189
万有引力(の法則)――67,187
光のドップラー効果――160
非周期彗星――108,110
ビッグクランチ――177,178
ビッグバン(宇宙論)――150,169,170,171,172,176,177,178
ビッグリップ――179
ビーナス・エクスプレス(金星探査機)――75, 76, 77
ヒペリオン(衛星)――92,93
プトレマイオス――66
部分月食――46
部分日食――44
ブラックホール――121,131,133,134,142,143,144,145,148,149,153,178,187,194
プランク(天文衛星)――174
ブルーノ――164,165
プレートテクトニクス――73,75
ブレーンワールド――191
プロミネンス(紅炎)――22
分裂説――48
ヘリオシース――113
ヘリオスフィア(太陽圏)――112
ヘリオポーズ――112,113
ボイジャー1号(探査機)――84, 90,104,112,113,192
ボイジャー2号(探査機)――84, 97,112,113
ボイド(超空洞)――183
捕獲説――48,49
ホーキング――191
ホーマン(遷移)軌道――216, 217
ポールシフト(現象)――26, 27
ホワイトホール――194

ま行

マーズ・リコネサンス・オービター(火星探査機)――79
マゼラン(金星探査機)――74,76
マリナー10号(探査機)――72
マリナー4号(探査機)――226
マンガルヤーン(探査機)――80
ミッシング・マス(失われた質量)――173
無重量――209
無重力――209
メッセンジャー(水星探査機)――72,73
木星型惑星――88,122

や・ら・わ行

ラグランジュ点――218,219,224
流星群――50,210,211
量子ゆらぎ――170
量子論(量子力学)――198,199
リング(環)――4, 68, 89, 90, 91
ロシュの限界――68, 91
ロゼッタ(探査機)――110
ワープ(航法)――193,194,195
ワームホール(航法)――194

索引

た行

大暗斑(大黒斑)――97
第一宇宙速度――54
大気圏――204,205,210
大赤斑――84,85,97
タイタン(衛星)――43,48,105
ダイナモ理論(ダイナモ効果)――26
第二宇宙速度――142
タイム・パラドックス――196
太陽嵐――23
太陽系外縁天体――5,59,98,103,112,122
太陽系外惑星(系外惑星)――138,157
太陽系小天体――106,122
太陽向点――20
太陽黒点(黒点)――24,25
太陽の活動周期(太陽周期)――25
太陽風――22,112
太陽フレア(フレア)――22,23
太陽面爆発――23
ダークエネルギー――155,172,173,174,179
ダークマター――127,155,172,173,174,175,178,179,183
地球型惑星――88,122,158
地動説――59,67,164
中性子星――121,130,131
超銀河団――123,183
超新星爆発――6,7,130,133,142
潮汐摩擦――40
潮汐力――40,41,43,46,47,52,68
超ひも理論(超弦理論)――189,190,191
塵の尾(ダストテイル)――108
定常宇宙(論)――168,169,176
テラフォーミング――226,227
天球――66,120,164
天動説――66,67,120,164
天王星型惑星――94,122
天文単位(AU)――111,113
特異点――142,143
ドップラー偏移法――138,139
トランジット法――138,139,140
トリトン(衛星)――68,69
ドレイク――158,159
ドレイクの方程式――158,159
ドーン(探査機)――61,100,101

な行

内惑星――1
二重星――200
二重惑星――37
日食――44
ニュートン――67,126,184,200
ニュートン力学――184,187,195
ニューホライズンズ(探査機)――61,98,99
二連星(連星)――83,99
年周視差(法)――67,124

は行

バイキング(探査機)――226
白色矮星――121,129
ハーシェル――122,200
パーセク――124
ハッブル――168,180
ハッブル宇宙望遠鏡――7,84,86,101,114,119,150
ハッブル定数――180

ケスラーシンドローム——33
月食——46
月相——42
ケプラー——65,67
ケプラー(探査機)——138,140
ケプラーの法則——65,67,126
ケレス(準惑星)——100,101
原始星——121,128
降着円盤——60,69,144,145,148
公転(速度)——1,2,3,20,42,45,62,65, 68, 71, 76, 91, 110, 136, 152, 210
公転周期——43,71,76,91,126,139
黄道面——62,94,110,136,139,218
氷惑星——122
枯渇彗星核——109
国際宇宙ステーション(ISS)——23,33,205,220,221
黒色矮星——129
極超新星爆発——34
黒点周期——25
コペルニクス——67,164,165,200
コマ——107
コロナ——22
コロナ質量放出(CME)——23
コンパクト星——121

さ行

歳差運動——136,137
歳差周期——136
ジェイムズ・ウェッブ宇宙望遠鏡——114
磁気圏——22,112
事象の地平面(イベント・ホライズン)——143
自転(速度)——26,38,40,41,43,45,46,47,52,53,62,63,68,70,71,76,77,103,136,212
自転軸——4,27,52,62,63,70,90,94,95,136,137
自転周期——43,71,76,103
ジャイアント・インパクト説——48,49,50,51,95
シュヴァルツシルト半径(重力半径)——143
周期彗星(短・長)——108,110
周転円——66,67
自由浮遊惑星(浮遊惑星)——121
重力崩壊——131,142
重力レンズ効果——187
主系列星——128,132
JUICE(ジュース)(探査機)——87
ジュノー(木星探査機)——61,85
シュレーディンガーの猫——198
順行衛星——68
準ホーマン軌道——216
準惑星——1,5,58,98,100,102,122
スイングバイ航法——217
スノーボールアース(仮説)——28,29
スーパーアース——158
すばる望遠鏡——114,150
スピッツァー宇宙望遠鏡——151
スペースデブリ(デブリ)——32,33,54
赤色巨星——121,129,130,132
赤色超巨星——121
赤色矮星——157
赤道傾斜角——62,70
赤方偏移——147,160,168,180
相対性理論(特殊・一般)——144,165, 168, 176, 184, 186, 187, 195

索引

※人名は姓のみ（ガリレオのみ名で表記）

あ行

アインシュタイン——144,165,168,176,184,187,195,200
あかつき（探査機）——77
アポロニウス——66
天の川銀河（銀河系）——1,20,34,123,134,135,145,147,149,153,180,181,182,183,200
イオ（衛星）——43,86,104
イオンの尾（イオンテイル）——108
（宇宙の）インフレーション——169,170,191
宇宙エレベーター（軌道エレベーター）——222,223
宇宙ジェット——145
宇宙の大規模構造（宇宙の泡構造）——174,183
宇宙の果て——166,167
宇宙の晴れ上がり——170
宇宙背景放射（宇宙マイクロ波背景放射）——155,171,174
うるう秒——41
エウロパ（衛星）——43,86,105
エッジワース・カイパーベルト（天体）——58,69,110,111,122
エディントン限界——133
M理論——190,191
エンケラドゥス（衛星）——102,105,200
オールト——111,173
オールトの雲（オールト雲）——5,111,173
温室効果（ガス）——2,28,74,227

か行

皆既月食——46
皆既日食——44,45,47
外惑星——1,64,65
角運動量保存の法則——46
核融合反応（核融合）——2,7,24,82,83,129,130,132,133
ガス惑星——122,140
カッシーニ（土星探査機）——92,93,105
褐色矮星——82,121,130
活動銀河核——148
ガニメデ（衛星）——43,48,86,87,105
カーボンナノチューブ——223
ガモフ——169
カリスト（衛星）——43,86,87,105
ガリレオ——24,96,114,200
ガリレオ衛星——86
カロン（衛星）——99
慣性系——184,185,186
岩石惑星——60,61,122
観測可能な宇宙——154,167
ガンマ線バースト——34
逆行——64,65,66,69
逆行衛星——68,69
キュリオシティ（火星探査ローバー）—78,80
共成長説——48,49
共通重心——36,37,99
局部銀河群——152,182
巨大ガス惑星——60,88,94,96,122
巨大氷惑星——60,94,96,122
銀河群——8,182
銀河団——8,123,182
金環日食——46
クエーサー——146,147,148,149
グレートウォール——183

●主な参考文献
『宇宙がまるごとわかる本』（学研パブリッシング）／『一冊でまるわかり！　宇宙』(学研パブリッシング)／『宇宙の事典』（ナツメ社）／『図解雑学　宇宙論』（ナツメ社）／『史上最強カラー図解　宇宙のすべてがわかる本』（ナツメ社）／『太陽系ビジュアルブック改訂版』（アスキー）／『宇宙』（成美堂出版）／『図解入門　よくわかる宇宙の基本と仕組み』(秀和システム)／『ここまで解けた！　宇宙の謎と不思議を楽しむ本』(PHP研究所)／『大宇宙101の謎』（河出書房新社）／『宇宙の新常識100』（ソフトバンククリエイティブ）／『宇宙の地図帳大全』（青春出版社）／『これからの宇宙論』（講談社）／『SFはどこまで実現するか』（講談社）／『天文学入門』（岩波書店）／『宇宙論入門』（岩波書店）／『宇宙と生命の起源』（岩波書店）／『スノーボール・アース』（早川書房）／『ＳＦ宇宙科学講座』（日経BP社）／『パラレルワールド』（日本放送出版協会）／『魔法の数10^{40}　偶然から必然への宇宙論』（地人書館）／『21世紀宇宙への旅』（日経サイエンス）／『ブラックホール宇宙』（ニュートンプレス）／『真空とインフレーション宇宙論』（ニュートンプレス）／『天文年鑑2016年版』（誠文堂新光社）／『理科年表　平成26年』（丸善出版）／他

●主な参考サイト
NASA（アメリカ航空宇宙局）　http://www.nasa.gov/
ESA（欧州宇宙機関）　http://www.esa.int/
JAXA（宇宙航空研究開発機構）　http://www.jaxa.jp/
※その他、多数の書籍やウェブサイトを参考にさせていただいております。

宇宙の秘密がわかる本
2016年３月８日　第１刷発行

編集制作 ◎ 出口富士子（ビーンズワークス）
執筆協力 ◎ 水野寛之
デザイン ◎ 新井美樹（Le moineau）
イラスト制作 ◎ 有限会社ケイデザイン
写真・図版協力 ◎ NASA／ESA／ESO／Fotolia／他

編者 ◎ 宇宙科学研究倶楽部
発行人 ◎ 鈴木昌子
編集人 ◎ 吉岡　勇
企画編集 ◎ 宍戸宏隆

発行所 ◎ 株式会社　学研プラス
〒141-8415　東京都品川区西五反田2-11-8
印刷所 ◎ 大日本印刷株式会社

この本に関する各種のお問い合わせは、次のところへご連絡ください。
【電話の場合】
●編集内容については　Tel 03-6431-1506（編集部直通）
●在庫、不良品（落丁、乱丁）については　Tel 03-6431-1201（販売部直通）
【文書の場合】
〒141-8418　東京都品川区西五反田2-11-8　学研お客様センター「宇宙の秘密がわかる本」係
この本以外の学研商品に関するお問い合わせは右記まで。　Tel 03-6431-1002（学研お客様センター）